Madeleine Becker

Hin & weg

(Über)Leben auf dem Bauernhof –
zwischen Kühen, Krisen und Kohlrabi

Mit 59 farbigen Abbildungen

PIPER

Mehr über unsere Autorinnen, Autoren und Bücher:
www.piper.de

Von Madeleine Becker liegen im Piper Verlag vor:
Erstmal für immer
Hin und weg

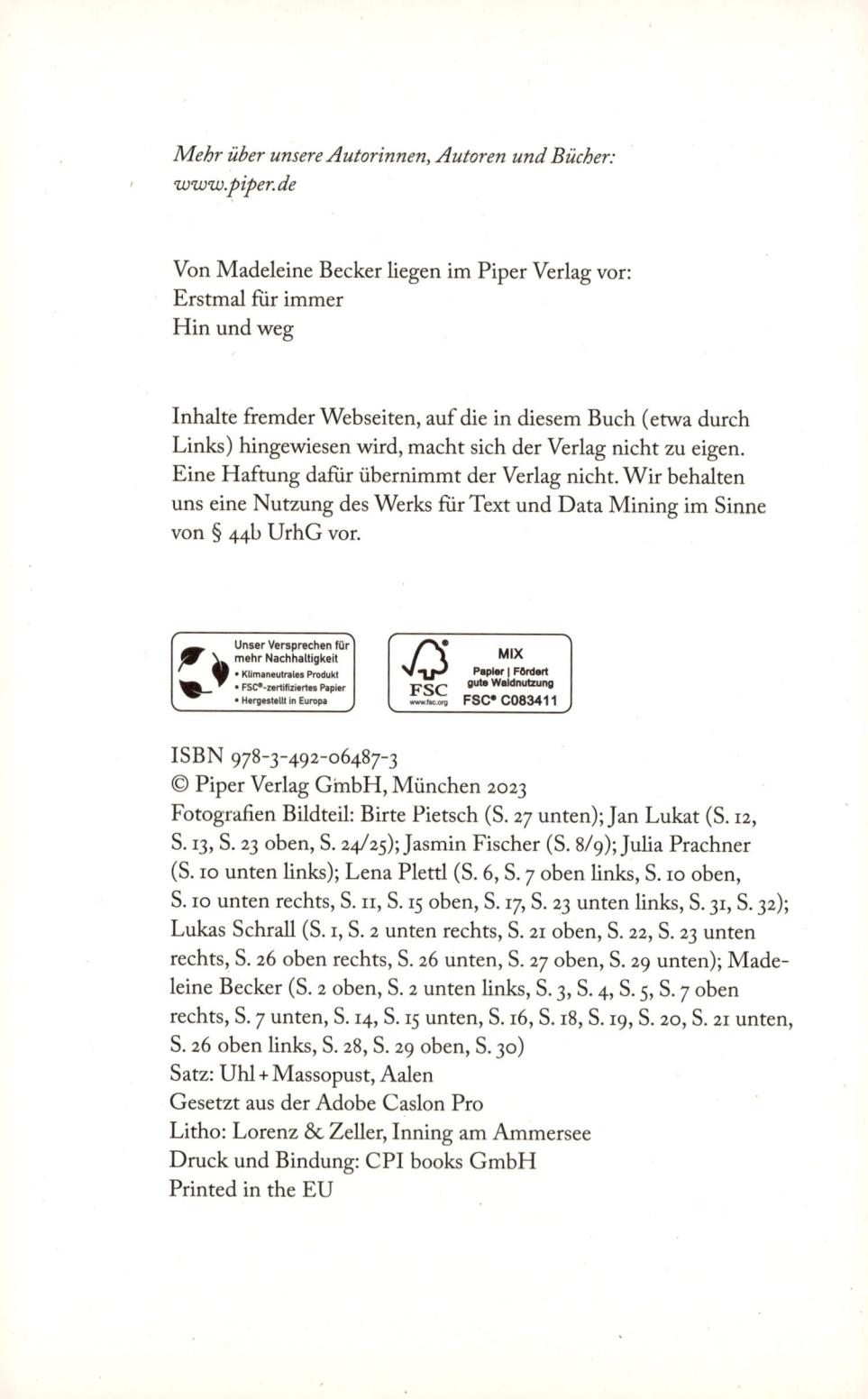

ISBN 978-3-492-06487-3
© Piper Verlag GmbH, München 2023
Fotografien Bildteil: Birte Pietsch (S. 27 unten); Jan Lukat (S. 12, S. 13, S. 23 oben, S. 24/25); Jasmin Fischer (S. 8/9); Julia Prachner (S. 10 unten links); Lena Plettl (S. 6, S. 7 oben links, S. 10 oben, S. 10 unten rechts, S. 11, S. 15 oben, S. 17, S. 23 unten links, S. 31, S. 32); Lukas Schrall (S. 1, S. 2 unten rechts, S. 21 oben, S. 22, S. 23 unten rechts, S. 26 oben rechts, S. 26 unten, S. 27 oben, S. 29 unten); Madeleine Becker (S. 2 oben, S. 2 unten links, S. 3, S. 4, S. 5, S. 7 oben rechts, S. 7 unten, S. 14, S. 15 unten, S. 16, S. 18, S. 19, S. 20, S. 21 unten, S. 26 oben links, S. 28, S. 29 oben, S. 30)
Satz: Uhl + Massopust, Aalen
Gesetzt aus der Adobe Caslon Pro
Litho: Lorenz & Zeller, Inning am Ammersee
Druck und Bindung: CPI books GmbH
Printed in the EU

Wenn du nicht guten Gewissens Ja sagen kannst,
musst du Nein sagen.

Inhalt

Zum Soundtrack geht's hier lang:

https://open.spotify.com/playlist/oF9I8NtCkdczPRhdcod-5So?si=b5695b4f4a2d4b7e

Hin

Lose Your Head – London Grammar
Electric Feel – Henry Green
Bamboo – Elder Island
Home – Edith Whiskers
Steal – Maribou State, Holly Walker
Landed On Mars – Atlas Bound
Tiger Striped Sky – Roo Panes
The Breach – Dustin Tebbutt
In Case I Fall For You – Black Sea Dahu
A Storm Is Going To Come – Piers Faccini
The Ocean – The Bravery
Revival – Soulsavers
Begin Again – Nick Mulvey
Black Fur – Elder Island
Grund Genug – Madeline Juno
Skin (Acoustic Version) – BOY
Brave For You (Marfa Demo) – The xx
Out Of My System (Acoustic) – Youngr
Nowhere Warm – Kate Havnevik
Kape Fear – Elder Island
Ride – Cary Brothers
I Walk This Earth All By Myself – EKKSTACY
Cosmic Love – Florence & The Machine

Prolog

1. August 2023

Es ist nun schon fast fünf Jahre her, dass ich mein Zelt und sämtliche Campingutensilien, die ich in meiner Wohnung in Jena fand, in den Kofferraum meines alten Autos warf und für einen Roadtrip in Richtung Österreich fuhr. Weit kam ich nicht, denn wie es der Zufall so wollte, blieb ich direkt bei meinem ersten Halt hängen – und zwar die gesamten zwölf Tage. Es war ein Campingplatz in einem kleinen Dorf inmitten der Hohen Tauern in Kärnten, und ich verliebte mich schnell in die Gegend, die Stallarbeit, sämtliche Tiere des Bauernhofs, auf dessen Grund sich der Campingplatz befindet, und nicht zuletzt eben auch in Lukas, den jüngsten Sohn der Eigentümer. Die Dinge nahmen ihren Lauf, und ehe ich mich versah, arbeitete ich im nächsten Sommer als Praktikantin auf besagtem Bauernhof und kehrte im Herbst nicht wieder nach Deutschland zurück.

Ich tauschte den Hörsaal gegen den Kuhstall ein, zog mit Lukas zu seinen Eltern und seinem Bruder in das große Bauernhaus mit den roten Geranien vor den Fenstern, brachte Kälber zur Welt, baute Gemüse an und verbrachte 99 % meiner Zeit in knallgelben Gummistiefeln, schwer damit beschäftigt, eine Herausforderung nach der nächsten zu meistern. Plötzlich war ich diejenige, die die Sommerpraktikantinnen einarbeitete und in diesem Sinne nicht nur viel Verantwortung für jede Menge Tiere, sondern zeitweise auch für so manche Menschen auf dem Hof übernahm. Unterdessen lehrte mich die Zeit und auch der Blick hinter die Kulissen eines kleinbäuerlichen Betriebs so einiges – und das waren wahrlich nicht immer nur angenehme Lektionen. Ich betrauerte ausgediente Milchkühe, deren letzter Weg in einen silbergrauen Hänger führte, der die nächste Fleischerei ansteuerte, und überlegte mir angestrengt, welche Alternativen es perspektivisch für einen Hof wie diesen hier und letztlich auch für die dazugehörigen »Nutztiere« geben könnte. Aber nicht nur die Kühe sollten den Rest ihres Lebens in gewohnter Umgebung verbringen dürfen; auch Lukas und ich wollten von dem anstrengenden, aber eben auch sehr erfüllenden Leben hier auf dem Hof nicht mehr lassen.

Denn eines änderte sich niemals, ganz gleich, wie groß die Hürden und wie unbequem die Herausforderungen auch waren: die Liebe zu dem, was wir tun – zur Natur, den Tieren und letztlich auch zum jeweils anderen. Wir wollten dieses Leben an diesem Ort wie kein anderes – und zwar nicht nur gestern, heute und morgen, sondern wirklich und wahrhaftig

Erstmal für immer.

(Über)Leben

Anfang und Ende

August 2023

Es gab tatsächlich schon so einige Entwürfe für den Beginn dieses Buchs, doch alle verloren mit der Zeit derart an Aktualität, dass ich letztlich keine andere Möglichkeit sah, als sie allesamt wieder zu verwerfen und diese ersten Zeilen nun ganz zum Schluss zu verfassen.

Einen Anfang zu formulieren, wenn das Ende offen und gänzlich ungewiss zu sein scheint, ist ein Leichtes. Man kann sich voller Optimismus all den Möglichkeiten widmen, die vor einem liegen, manches Mal vielleicht sogar ein wenig Fantasie beimischen und dabei einfach nur gespannt abwarten, wohin das Leben einen am Ende tatsächlich führt. Doch den Anfang zu schreiben, wenn man den Ausgang der Geschichte bereits kennt oder vielleicht sogar just in diesem Moment erlebt, sich sozusagen mitten im »Ende« befindet, gestaltet sich schon ein wenig schwieriger. Denn einerseits muss man darauf bedacht sein, nicht zu viel von einer möglicherweise überraschenden Wendung vorwegzunehmen, andererseits läuft man natürlich Gefahr, den Fluchtpunkt zum Ausgangspunkt zu machen und bei allen

Erzählungen dem Ende der Geschichte mehr Aufmerksamkeit zu schenken als der Geschichte selbst. Und das wäre wahrlich eine Schande.

Denn diese Geschichte, *meine* oder eher noch *unsere* Geschichte, ist in vielerlei Hinsicht völlig anders als die vorangegangene: die rosarote Brille und die Naivität der ersten Jahre wichen langsam, aber sicher der Realität, die uns an manchen Tagen wie ein eisiger Wind ins Gesicht schlug. Dementsprechend hat sich vermutlich auch die Stimmung und der Blick auf viele Dinge verändert – doch nicht zwangsläufig zum Schlechten hin.

Andere Sachen indes haben sich weit weniger verändert: weitere Sommer, neue Praktikantinnen, etliche Kälber, Seelebaumeln-Lassen auf der Alm, ganz besondere Gäste und jede Menge Abenteuer. Ja, in den vergangenen beiden Jahren war schon so einiges los, doch dabei lässt es sich dieses Mal nicht bewenden. Es gab Verluste, bei denen ich mir bis heute die Frage stelle, wie man sie jemals überwinden soll, dazu immer wiederkehrende Konflikte, die manches Mal in einer (Beinahe-)Katastrophe mündeten, und zu allem Überfluss auch noch Probleme mit der eigenen Gesundheit. Müsste ich eine Bilanz über die vergangenen Jahre ziehen, wäre ich mir nicht so sicher, ob ich dabei in Summe wohl nicht sogar rote Zahlen notieren müsste.

Ich habe lange gezögert und lange mit mir selbst gehadert, dieses Buch hier zu schreiben. Denn wie schön wäre es, wenn die Fortsetzung bloß das *Happy End* schreibt? Wenn Lukas den Hof seiner Eltern übernimmt, alle Tiere mit uns alt und grau werden und wir für immer unser Glück in diesem kleinen Ort in den Bergen finden würden? Ja. Das wäre vermutlich das, was alle gerne lesen würden. Der perfekte rote Faden für ein zweites Buch. Die Veränderung, der finale Wandel, den alle so dringlich herbeisehnen. Wenn da nicht das Wörtchen »*Wenn*« wäre.

Blicke ich auf die letzten beiden Jahre zurück, so sehe ich vor allem die Herausforderungen, die immer größer wurden, und die Kämpfe, bei denen ich mich irgendwann zwangsläufig gefragt habe, wofür wir eigentlich kämpfen. Ich blicke auf eine Zeit, die meinem subjektiven Empfinden nach mehr Tiefen als Höhen mit sich gebracht hat, mehr Realität als Romantik. Doch gleichzeitig ist es eine Geschichte, die erzählt werden muss, denn wir sind noch nicht am Ende unserer Reise angekommen. Ich kann mich noch gut daran erinnern, wie Lukas am Ende des ersten Jahres, das war im Dezember 2020, zu mir gesagt hat, dass es nun, da wir bereits so viel geschafft und so viel erlebt haben, eigentlich nur noch entspannter werden könne. Dass wir nun allen Stürmen trotzen könnten und uns nichts so leicht aus der Bahn werfen würde. Wenn er nur gewusst hätte, wie sehr er damit doch irren sollte, denn auch für Lukas und mich, für unsere Beziehung, waren die letzten beiden Jahre eine immense Härteprobe.

Auch auf die Gefahr hin, das Ende nun doch ein Stück weit vorwegzunehmen: Auf gewisse Art und Weise birgt diese Fortsetzung tatsächlich ein Happy End. Garantiert nicht so, wie alle (allen voran wir selbst) es erwartet hätten, aber das spielt heute im Grunde nur mehr eine untergeordnete Rolle. Denn unterm Strich ist das hier nicht nur das Ende einer Geschichte, sondern gleichzeitig auch der Anfang einer ganz anderen. Und ich habe so den leisen Verdacht, dass das alles ziemlich großartig werden könnte.

Aber fangen wir von vorne an.

Flocktown

Über einen Winter, der noch einen draufsetzt

Jahreswechsel 2020/2021

Nach dem Schlagsahne-Winter 2019/20 war ich offen gestanden davon überzeugt, dass ich nun gegen alles, was in Zukunft an harten Wintern so auf mich zukommen mag, gewappnet sein würde. Doch der darauffolgende Winter sollte mich in dieser Hinsicht eines Besseren belehren.

Am 2. Dezember 2020 fiel der erste Schnee. Doch wie schon im Vorjahr waren es nicht bloß ein paar Zentimeter, sondern direkt eine ordentliche Ladung, die da vom Himmel herunterrieselte. Es war so viel und es kam so unverhofft, dass ich, die gerade für einige Erledigungen nach Lienz gefahren war, sofort alle offenen Punkte auf der Einkaufsliste für nicht weiter notwendig befand und mich auf den Weg zurück zum Hof machte. Ich tat gut daran, denn das Schneetreiben auf dem Iselsbergpass, den man auf dem Weg von Lienz nach Mörtschach überqueren muss, wurde quasi im Minutentakt dichter und letztlich auch gefährlicher. Ich fuhr nur noch im Schneckentempo und passierte etliche Lastwagen, Transporter und auch ganz normale Pkws, die in den plötzlichen Schneemassen keine Straßenhaftung mehr hatten und sich entweder mitten auf der Straße quer stellten oder irgendwo am Seitenstreifen zum Stehen kamen. Meine Rettung waren die Spikes des Jeeps, denn andernfalls hätte ich mich in die traurige Ansammlung der liegen gebliebenen Fahrzeuge einreihen können. Kaum dass ich auf dem Hof angekommen war, teilten die Behörden über das Radio mit, dass der Pass nun für den Verkehr endgültig gesperrt sei.

Was auf dem Bergpass schon für massive Probleme sorgte, war bei uns auf dem Hof in den ersten Tagen noch recht hübsch anzusehen. Es war kein nasser oder gar eisiger Schnee, der uns hier ein *Winter Wonderland* bescherte, sondern feinster Pulverschnee. In den ersten Tagen hatten wir alle noch unsere Freude damit, und ich kann mich sogar erinnern, wie Lukas, meine Schwägerin Anna-Lena und ich in der Nacht vom 4. auf den 5. Dezember aus einer Laune heraus in unsere Schneeanzüge schlüpften und hinaus in den knapp dreißig Zentimeter hohen Schnee sprangen. Wir veranstalteten kurz vor Mitternacht eine epische Schneeballschlacht und lachten uns kringelig, als wir Lukas dabei beobachteten, wie er mit dem Fahrrad (!) über den Campingplatz fuhr und irgendwann an einer besonders tiefen Stelle einfach stecken blieb. Triefnass und mit roten Wangen kehrten wir irgendwann völlig glückselig ins Haus zurück. Keiner hatte mit dem gerechnet, was wir acht Stunden später beim Blick aus dem Fenster sehen würden, denn am Morgen des 5. Dezember stand ich hüfthoch im Schnee. Es hatte die ganze Nacht durchgeschneit, und dank der Temperaturen knapp unter dem Gefrierpunkt stapelte sich Flocke auf Flocke fein säuberlich auf der Erde. Selbst zu diesem Zeitpunkt war ich noch recht amüsiert und ließ mich rücklings in den tiefen Schnee fallen, während der Kater, der mich skeptisch von einem trockenen Plätzchen unter dem Dachvorsprung aus beobachtete, meinen Enthusiasmus über die Flocken definitiv nicht zu teilen schien. Nachdem wir am Vormittag sämtlichen Wetterprognosen aufmerksam gelauscht hatten, wurde uns doch recht schnell klar, dass wir nun damit beginnen sollten, die Schneemassen in den Griff zu bekommen. Laut Wetterbericht würde es so schnell nicht mehr aufhören zu schneien, weswegen Lukas und sein Vater nun anfingen, den Schnee von den Wegen und der Hofeinfahrt zu räumen. Lukas saß in unserem Hoflader, einem Fahrzeug, das sehr viel wendiger ist als ein herkömmlicher Traktor und dementsprechend mit engen Gegebenheiten sehr viel besser klarkommt, und bediente die Schneefräse, während sein Vater mit dem großen Traktor und dem Schneeschild unterwegs war. Im Grunde schoben sie den Schnee wortwörtlich nur von A nach B, denn – wie bereits erwähnt – im Gegensatz zum Vorjahr, als wir klatschnassen und extrem schweren Schnee zu bewältigen hatten, war dies hier nun lockerer Pulverschnee, der auch so schnell nicht in sich zusammenfiel. Sagen wir so: Es war recht viel Volumen, das da aus dem Weg geräumt werden musste.

Besagtes Volumen wurde bis zum Abend hin auch nicht merklich weniger, und das, obwohl Lukas und sein Vater fast ununterbrochen mit Räumungsarbeiten beschäftigt gewesen waren. Gegen 18 Uhr fiel schließlich zum ersten Mal der Strom aus. Ich staffierte das gesamte Obergeschoss mit Kerzen aus, um wenigstens ein bisschen was zu sehen und mir nicht zum dreihundertachtundfünfzigsten Mal den großen Zeh an einer der schweren alten Holztruhen im Flur zu stoßen. Als der Strom etwa drei Stunden später zumindest für kurze Zeit wieder ansprang, hängten wir sämtliche elektronischen Geräte an die Ladekabel und hofften bloß, dass es bei diesem einen Stromausfall bleiben würde. *Surprise*: Es blieb natürlich nicht dabei. In der Nacht vom 5. auf den 6. Dezember machte ich schließlich wortwörtlich kein Auge zu, denn da es immer weiter schneite und langsam bedenklich viel Schnee auf den Dächern lag, gingen nun nach und nach die ersten Dachlawinen ab. Sehr zu meinem Leidwesen stürzten diese Schneemassen direkt vor unserem Schlafzimmerfenster herab, und das klang zumeist, als würde der Schnee das gesamte Dach mit sich reißen. Es rumpelte und krachte, und ich weiß noch, wie ich mich irgendwann gefragt habe, wie nach all diesen Dachlawinen überhaupt noch Schnee dort oben liegen kann. Nachdem es morgens gegen 5:30 Uhr einen besonders lauten Schlag tat, gab ich die Sache mit dem Schlaf endgültig auf. Als es langsam hell wurde und ich auf den Balkon hinaustrat, um mir einen Überblick zu verschaffen, erkannte ich, was in der vorangegangenen Nacht für so viel Lärm gesorgt hat: Zwischen den Schneemassen, die vom Dach gerutscht waren, fanden sich einige in ihre Einzelteile zerbrochene Dachziegel wieder, und als ich den Blick vom Boden in Richtung Dach wandte, sah ich, dass sich die Verkleidung des Dachüberstandes auf einer Länge von gut anderthalb Metern gelöst hatte. Sie hing scheinbar nur noch an einem seidenen Faden am Haus. Ich wusste nicht, was mich mehr verwundert hat: die lose herumtaumelnde Dachverkleidung oder die Tatsache, dass Lukas bei all dem Lärm trotzdem wie ein Baby schlafen konnte.

Am Nikolaustag waren wir alle, das heißt Lukas, sein Vater sowie sein Bruder, Anna-Lena und ich, eifrig damit beschäftigt, das Schneechaos etwas einzuhegen. Unglücklicherweise gingen die Dinge nicht so geschmiert, wie wir es uns erhofft hatten: Lukas' Vater blieb mit dem großen Traktor an einer unwegsamen Stelle im Schnee stecken und war zu allem Überfluss noch im Begriff, langsam mit dem gesamten Gefährt hinunter in Richtung Hoppelhütte zu rutschen. Wir mussten sofort handeln, und es blieb uns nichts anderes übrig, als den Nachbarn, der gerade selbst mit Traktor und Schneeschieber unterwegs gewesen war, herbeizuwinken und darum zu bitten, unser Gefährt aus der Bredouille zu ziehen. Anna-Lena und mir erging es kaum besser, denn unsere Aufgabe bestand darin, den Unterstand der Kälber, der schon ohne Schnee nicht gerade die vertrauenerweckendste Konstruktion darstellt, von der gut anderthalb Meter hohen Schneeschicht zu befreien. So weit, so gut – wenn nicht allein der Weg dorthin uns schon fast eine halbe Stunde gekostet hätte. Vom Hauptweg (der in den letzten Stunden regelmäßig von Lukas geräumt wurde) sind es nur etwa zehn oder vielleicht fünfzehn Meter in Richtung Hoppelhütte; ein Weg, für den man für gewöhnlich keine dreißig Sekunden braucht. Das Areal hinter dem Stall ist in Terrassen aufgebaut, sodass man von der Etage mit der Hoppelhütte bequem auf das Dach des Kälberunterstands (der sich in der untersten Terrasse befindet) steigen könnte. Doch die Betonung liegt hier eindeutig auf *könnte,* denn normalerweise muss man sich nicht erst durch die immense Schneemasse kämpfen, die Anna-Lena und mir mittlerweile bis über den Bauchnabel reichte. Wir hatten keine Möglichkeit, über die geschlossene Schneedecke zu laufen, da der luftig leichte Pulverschnee sofort unter unserem Gewicht nachgab und wir im wahrsten Sinne des Wortes versanken und feststeckten. Also robbten wir bäuchlings über den Schnee und sahen dabei vermutlich wie unbeholfene Seelöwen aus, die völlig die Orientierung verloren hatten. Zu allem Überfluss musste jede von uns noch einen großen Schneeschieber hinter sich herziehen, und es ist wohl kaum nötig zu erklären, dass das die Sache nicht wirklich erleichterte. Als wir nach einer gefühlten Ewigkeit endlich auf dem Dach angekommen waren, brauchten wir noch einmal mindestens genauso lange, um es von den Schneemassen zu befreien, denn mit einer Fläche von etwa vier mal zwanzig Metern war das schon ein etwas größeres Unterfangen. Nachdem wir alles geräumt hatten, war von der Dachkante bis zum Schnee darunter kaum mehr ein halber Meter Höhenunterschied. Wie gut, dass ich zu diesem Zeitpunkt noch nichts davon wusste, dass mir diese Räumungsarbeiten in den nächsten Wochen noch weitere drei Mal blühen würden!

»Nehmen wir den gleichen Weg zurück, oder sollen wir springen?«, fragte ich Anna-Lena mit einem Blick auf die Schneemassen unter dem Dach spaßeshalber. Doch sie antwortete voller Überzeugung:»Wir springen!« Und so sprangen wir. Unglücklicherweise hatten wir dabei nicht bedacht, dass der Schnee weich wie Butter war und uns fast gänzlich verschluckte. Es brauchte mehrere Anläufe und einen stecken gebliebenen Gummistiefel, bis wir uns aus unserer Landeposition befreien und zurück in Richtung Stall robben konnten. Selbstverständlich wieder bäuchlings und mit dem Schneeschieber im Schlepptau. Vielleicht sogar mit den passenden Seelöwen-Geräuschen.

Im Grunde ist diese Aktion bezeichnend für die Art und Weise, wie ich diesem zweiten Winter in Mörtschach begegnet bin: mit viel Humor und noch mehr Unfug. Es war meine Art, mit dieser doch mittlerweile recht anstrengenden und irgendwie auch nervigen Großwetterlage umzugehen, denn – sind wir mal ehrlich – ohne Humor als Bewältigungsstrategie wäre ich da ganz schnell ziemlich verloren gewesen.

Die Bundesstraße sah mittlerweile nur noch wie ein schlecht geräumter Wanderweg aus, vom Asphalt war nichts mehr zu sehen. Entweder haben die Räumfahrzeuge es nicht besser hinbekommen, oder sie haben (was ich, offen gestanden, durchaus hätte nachvollziehen können) irgendwann resigniert und den Dienst quittiert. In meinem Gemüsegarten türmte sich mittlerweile so viel Schnee auf, dass ich bequem an die Baumkrone des Apfelbaums am unteren Ende des Gartens reichen konnte. Die Johannisbeerbüsche indes waren gänzlich von der Bildfläche verschwunden und hinterließen nur noch eine hügelige Silhouette, die aus der Ferne irgendwie an ein Zwergendorf erinnerte. Oder an hartgesottene Camper, die mitsamt ihren Zelten unter dem Schnee begraben wurden. Die Kühe waren inzwischen notorisch schlecht gelaunt, da sie sich nicht ganz im Klaren darüber waren, was sie eigentlich wollten: Ließen wir sie im Stall, war das Geschrei groß, doch schickten wir sie hinaus in den Auslauf, standen sie nach kurzer Zeit, aufgereiht wie eine dunkelbraune und leicht angezuckerte Perlenkette, vor dem Zaun und starrten uns so lange entnervt an, bis wir sie wieder in den Stall hineinlotsten. Von der Unzufriedenheit der Kälber möchte ich gar nicht anfangen, denn die sahen sich dank der vielen Lawinen vom Stalldach mittlerweile mit einer zweieinhalb Meter hohen Schneewand konfrontiert. In mühevoller Schwerstarbeit schaufelten Lukas und ich uns und den Kälbern zumindest einen einspurigen, schmalen Durchgang in den Unterstand, der jedoch durch die nahtlos ineinander übergehenden Schneewände mehr an ein Iglu erinnerte. Nachdem insbesondere die jüngsten Kälbchen bei dem kühnen Versuch, querfeldein durch den Schnee zu waten, jämmerlich stecken geblieben waren und nur durch den beherzten Einsatz von Lukas wieder hinausgeschoben werden konnten, freundeten sie sich schließlich auch mit den von uns vorgegebenen und freigeschaufelten Wegen an. Kopf durch die (Schnee-)Wand war dieser Tage kein probates Mittel, um sich vorwärtszubewegen.

Acht lange Tage schneite es fast ununterbrochen durch. Der 10. Dezember war der erste Tag, an dem keine einzige Flocke vom Himmel fiel, doch die Pause hielt letztlich nur gute zwei Wochen an, denn um den Jahreswechsel herum bescherte uns der Wettergott erneut fast sieben Tage lang Dauerschnee. Tatsächlich freute ich mich ein wenig über den erneuten Schneefall, da meine Familie mich nach langer Zeit über Silvester in Mörtschach besuchen kam. Sie staunten nicht schlecht über die noch immer meterhohen Schneewände und die aufgetürmten Hügel, die nun fast bis zu unserem Balkon im ersten Stock des Hauses reichten (was im Übrigen dazu führte, dass sich bisweilen die ein oder andere Katze auf unseren Balkon verirrte und vor meinem Küchenfenster um Futter zu betteln begann…). In ihrem ganzen Leben hatten meine Eltern (meine Schwester und ihr Freund sowieso) noch nie so viel Schnee gesehen. Der Enthusiasmus war riesig, daher verbrachten wir die Tage damit, die Hänge herunterzurodeln, eine Schneebar zu bauen und aus Spaß an der Freude (kleiner Scherz am Rande) noch einmal sämtliche Dächer von der Schneelast zu befreien. Insbesondere die Räumungsarbeiten auf dem Dach der Campingbar sind mir noch bestens in Erinnerung, denn mein Papa hatte sich höchstmotiviert dazu bereit erklärt, uns dabei zu unterstützen. Das tat er zunächst auch, und wir bekamen das Dach wirklich in kürzester Zeit fast gänzlich geräumt. Nur leider entzog sich der schmale Spalt, der am Ende des Dachs zwischen Bargebäude und Steinmauer dahinter lag, der Kenntnis meines fleißigen Vaters. Ein Schritt zu viel, ein dumpfes *Plöpp*, und mein Papa war in dem Spalt verschwunden. Mit nur einem Arm hielt er sich noch am Bardach fest, als ich ihm entgegensprang und am anderen Arm langsam aus seiner misslichen Lage herauszog. Ich weiß bis heute nicht, wie dieser Kraftakt physikalisch eigentlich möglich gewesen ist, aber nun gut. Papa war aus der Schlucht des Schreckens befreit, und meine Mama und ich konnten anschließend nicht anders, als in schallendes Gelächter auszubrechen.

Im Laufe der ersten Januarwoche beruhigte sich das Wetter langsam. Der Schnee blieb nun gänzlich aus, doch dafür hielt eine fast schon arktische Kälte Einzug. Bei Temperaturen von bis zu −20 Grad froren im Stall sämtliche Fenster zu. Dazu bildete sich auf allen Türen eine dünne Eisschicht, und auch so manches Schloss war von zarten Eisblüten übersät. Selbst die Möll, der Fluss, der durch unser Tal fließt, war zu einem Drittel zugefroren. Die Kombination aus den ungeheuren Schneemassen und eisigen Temperaturen führte schließlich dazu, dass uns die weißen Hügel mancherorts bis in den April hinein erhalten blieben. Die schattigen Stellen hinter dem Stallgebäude blieben sogar noch bis Anfang Mai von Schnee und Eis bedeckt. Dieser Winter war für meine Gartenplanung also alles andere als zuträglich, denn während zu dieser Jahreszeit normalerweise schon die ersten Salate und Kohlrabiknollen erntereif sind, waren wir gerade einmal damit beschäftigt, den Boden wieder aufzulockern.

Immerhin kann ich verkünden, dass die nächsten beiden Winter, 2021/22 sowie 2022/23 deutlich, also wirklich *deutlich* nachsichtiger mit uns waren. Zwar gab es auch in diesen Wintern etwas Schnee und auch mal Tiefsttemperaturen von knapp −20 Grad, doch das Schneechaos der vorangegangenen zwei Jahre blieb uns erspart. Wer weiß, vielleicht kommt der Schnee nur alle drei Jahre in rauen Mengen. Doch wenn dem so ist, kann ich mich für den nächsten Winter auf jeden Fall ganz besonders warm anziehen ...

Birke

Wer ist die (fast) blinde Kuh?

Juli 2021

Es gibt kaum ein Tier bei uns auf dem Hof, für das ich nicht einen gewissen Grad der Verbundenheit empfinde, doch es gibt ein paar wenige, bei denen diese Verbundenheit weit über das übliche Maß hinausgeht. Man achtet noch ein wenig mehr auf diese ganz speziellen »Felle« und leidet wirklich sehr mit ihnen, wenn irgendetwas für sie nicht so läuft, wie es soll. Eines dieser besagten Felle hat die Farbe von Gerste, hört auf den Namen Birke und ist schon seit etwa fünf Jahren Teil unserer Milchkuhherde.

Birke unterscheidet sich in einem Punkt wesentlich von all ihren Kolleginnen, denn sie ist seit ihrer Geburt nahezu blind. Wir wissen nicht so recht, ob und was sie überhaupt noch erkennen kann oder wie eingeschränkt ihr verbliebenes Sichtfeld genau ist. Birke orientiert sich in ihrem Alltag an gewohnten Wegen, an den Kühen, die vor ihr gehen, oder an unseren Stimmen, weswegen sie heillos überfordert ist, wenn die Kühe plötzlich auf eine andere Weide sollen und daher nicht den gewohnten, sondern einen ganz anderen Weg gehen. Birke ist dann zumeist sehr zögerlich und traut sich nicht so recht, einen Fuß vor den anderen zu setzen. Wenn ihre Vorderkuh möglicherweise schon längst von dannen gezogen und Birke allein zurückgeblieben ist, ist das Drama vollkommen. Auch die dünnen weißen Elektrozäune erkennt Birke nur sehr schwer, weswegen sie mindestens einmal im Jahr aus nächster Nähe Bekanntschaft mit dem Stromzaun machen muss. Ich bilde mir zwar ein, dass sie größere Objekte wie Menschen oder Kühe zumindest schemenhaft erkennen und zu weiten Teilen auch zuordnen kann, doch das führt bisweilen dazu, dass ich hinter einem Zaun stehe, den Birke noch nicht in ihrer inneren Karte abgespeichert hat, mir die Kuh aus Gewohnheit folgen möchte (es könnte ja in den Stall gehen) und sie blindlings in den Stromzaun hineinläuft. Ich zucke dabei stets genauso zusammen wie Birke selbst und überlege angestrengt, wie ich solche Kuh-Zaun-Begegnungen künftig vermeiden könnte. Eine Zeit lang habe ich extra die knallgelben Weidezaunpfähle für den Auslauf der Kühe ausgewählt und einmal auch kleine, bunte Fähnchen an den Stromzaun gehängt, doch abgesehen davon, dass der Zaun anschließend wie eine Partygirlande aussah, brachte das Ganze nicht die gewünschte Wirkung mit sich. Immerhin passieren Birke solche Missgeschicke nur einmal, denn sie mag vielleicht nahezu blind sein, aber sie ist ganz sicher nicht blöd. Diese ganz besondere Kuh merkt sich ausgesprochen schnell, wohin sie sicher gehen kann und von welchen Abschnitten sie sich besser fernhalten sollte. Ihr Zaun-Gedächtnis reicht zumindest bis zum Ende der jeweiligen Weidesaison, im Folgejahr muss sie diese Erfahrungen erneut sammeln.

Die Toleranzgrenze der Natur oder insbesondere der Tiere für schwächere Herdenmitglieder ist nicht besonders hoch, weswegen Birke, seit ich sie kenne, die rangniedrigste Kuh der Milchkuhherde ist. Es ist völlig einerlei, wie viele junge Kühe nach ihr noch dazugestoßen sind oder wie klein oder zart sie im Vergleich zu der doch recht groß gebauten Birke sind: Jedes Mal gehen sie in den Rangkämpfen als Siegerinnen hervor, und unsere Birke hat das Nachsehen. Es ist leider sehr offensichtlich, dass die anderen Kühe Birke aufgrund ihrer eingeschränkten Sicht als das perfekte Opfer auserkoren haben. So lieb ich sie auch alle habe, wenn es um Birke geht, benehmen sich die übrigen Damen wirklich nicht sonderlich damenhaft:

Wenn die Kühe gemeinsam an der Futterraufe stehen (die wohlgemerkt Platz für ausnahmslos *alle* Kühe bietet), die Köpfe in einem Berg frischer Silage vergraben und die vergorenen Grasbüschel dabei genüsslich von einer Backe in die andere schieben, ist alles in Ordnung. Allerdings nur so lange, bis Birke es wagt, auch einen Happen zu sich nehmen zu wollen. Die anderen Kühe scheinen es schon beinahe als Majestätsbeleidigung zu sehen, wenn sich das Fußvolk zum Fressen neben sie stellt, und schubsen Birke sofort energisch mit den Köpfen vom Futter weg. Falls sie aufgrund dieser ersten Drohgebärde nicht sofort von allein Reißaus nimmt, folgt oftmals ein besonders grober Kopfstoß in ihre Flanke. Wenn sie Glück hat, ergattert Birke dabei gerade so noch ein Maul voll Futter und flüchtet sich dann direkt wieder in einige Meter Entfernung, wo sie dann zufrieden auf ihrem kleinen Büschel Diebesgut herumkaut. Diese (fast) blinde Kuh darf nicht nur nicht mit den anderen Kühen fressen, sondern sie darf im Grunde überhaupt nichts mit oder bei den anderen Kühen machen. Der Salzleckstein, die Viehbürste, das Tränkebecken, der Mineralstoffeimer und manches Mal auch nur irgendein x-beliebiges Plätzchen in der Sonne: Das alles ist tabu für Birke, solange eine andere Kuh auch nur in der Nähe steht und eventuell Anspruch auf dieses oder jenes erheben könnte. Und ich? Ich kann an dieser Rangordnung, so furchtbar ich sie auch finde, rein gar nichts ändern. Ich kann lediglich versuchen, Birke im Alltag nicht noch mehr Steine in den Weg zu legen.

Wenn ich die Kühe nach dem Melken aus dem Stall lasse,

schicke ich daher Birke immer vor Gretel hinaus, denn Gretel ist eine derjenigen Kühe, die der Meinung sind, ein alleiniges Hoheitsrecht auf den gesamten Auslauf zu besitzen. Das äußert sich darin, dass Gretel wie ein Wachhund direkt am Weidegatter stehen bleibt und keine Anstalten macht, einer rangniedrigen Kuh wie Birke Zugang zu gewähren. Dieses Spektakel habe ich mir bloß zweimal angesehen, und danach galt für alle ganz klar die Ansage: Birke geht vor Gretel. Mittlerweile habe ich die Hoffnung aufgegeben, dass sich an ihrer prekären Stellung in der Herde jemals etwas ändern wird.

Doch Not macht bekanntermaßen erfinderisch: Da die anderen Kühe es Birke wie gesagt nicht gestatten, zeitgleich mit ihr an der Futterraufe zu fressen, bin ich irgendwann zu Plan B übergegangen und habe mir das unsägliche Verhalten der übrigen Damen zunutze gemacht. Während die Herde diese einzelne, etwas verloren und abseits von allen anderen stehende Kuh geflissentlich ignoriert, lotse ich sie mit leisen Rufen zu unserer geheimen Futterstelle. Der Auslauf der Kühe geht einmal um das halbe Stallgebäude herum, und hinter dem Stall gibt es ein zweites, im Sommer jedoch in der Regel unbenutztes Fressgitter, durch das die Kühe ihren Kopf stecken und ganz normal fressen können. Und genau dort begannen Birke und ich uns irgendwann allabendlich zu treffen. Ich hielt eine große Schubkarre voll mit feinem Heu oder frischem Rasenschnitt und manchmal sogar eine kleine Schaufel Kraftfutter für sie bereit, und sobald sie um die Ecke bog und den Kopf durch das Fressgitter steckte, kippte ich alles direkt vor ihrer Nase aus. Dieses Treffen wurde recht schnell zu einem festen Bestandteil unserer abendlichen Stallroutine, und falls doch mal eine der anderen Kühe Wind von der Sonderfutterstelle hinter dem Stall bekam, stellte ich mich wie ein Bodyguard zwischen sie und die genüsslich fressende Birke. Da ich als Zweibeiner über der herdeninternen Rangordnung stehe, kommt selbst eine Gretel nicht an mir vorbei, wenn ich sie nicht lasse. Ich weiß das, Gretel weiß das, und

Birke genießt indes weiterhin ihr *Dinner for One*. Ich bin mir bis heute nicht ganz sicher, wen von uns beiden diese Rendezvous eigentlich glücklicher gemacht haben.

Es ist vermutlich nur wenig überraschend, wenn ich nun sage, dass es Birke auf unseren Weideflächen nur bedingt besser ergeht. Das Grünland wird den Kühen nicht komplett und auf einen Schlag zur Verfügung gestellt, sondern es wird jeden Tag ein- bis zweimal ein Stück Weide dazugezäunt. Die Kühe grasen nach und nach alles sauber ab, und wir können dadurch deutlich besser mit dem Futter haushalten, als wenn wir ihnen ein *All you can eat*-Buffet präsentieren. Allerdings ist der Stresspegel – landläufig in dieser Situation wohl besser bekannt unter dem Begriff *Futterneid* – selbstverständlich enorm. Eine Kuh wie Birke hat da keine Chance. Während also alle Kühe wie die Wahnsinnigen hinter dem Weidetor direkt nach links, in Richtung des frischen Stücks Grünfutter stürmen, hält Birke kurz inne. Sie blickt der Herde hinterher (und wir können nur vermuten, wie viel sie dabei wirklich sieht) und entscheidet sich für die entgegengesetzte Richtung. Sie trottet langsamen Schritts nach rechts; dorthin, wo die Weide schon lange abgegrast ist und eine kleine Raufe mit einem Siloballen steht, den wir den Kühen auch während der Weidesaison anbieten. Manchmal bleibe ich noch einen Moment am Zaun stehen und beobachte meine zweigeteilte Kuhherde ganz wehmütig. Ich kann nur hoffen, dass die Situation nur für Außenstehende so furchtbar traurig anzusehen ist und Birke sich nicht so ausgeschlossen fühlt, wie sie es in Wahrheit ist.

Die Situation auf der Weide entspannt sich erst, wenn ein Großteil der Herde zwischen Juni und Oktober auf die Alm geht, denn Birke gehört dabei immer zu der Handvoll Kühen, die bei uns im Tal bleiben. Wir würden ihr diesen Urlaub auf der Alm eigentlich nur zu gerne ermöglichen, doch eine (fast) blinde Kuh hat auf den steilen und unwegsamen Almflächen definitiv nichts zu suchen – vor allem dann nicht, wenn sie dabei ständig von den anderen herumgescheucht und geschubst wird. Im Sommer 2020 haben wir es ein letztes Mal versucht, aber nachdem Birke schon nach zwei Wochen plötzlich humpelnd über die Alm stolperte, zogen wir sofort die Reißleine und holten die Kuh zurück auf den Hof.

Im Stall selbst weiß Birke, dass die Spielregeln andere sind. Dort steht sie rechts neben Rehsi, einer kleinen, aber dafür sehr aufgeweckten Krawallschachtel von Kuh, und während Birke auf der Weide oder im Auslauf niemals einer anderen Kuh das Fell lecken darf und diese Form der hingebungsvollen Körper- und Beziehungspflege auch andersherum ihr niemand je zuteilwerden lässt, laufen die Dinge im Stall anders. Beim Melken sind die Kühe angebunden, jede hat ihren ganz persönlichen Platz, und das wissen auch die Kühe ganz genau. Birke weiß entsprechend auch, dass ihr Platz ihr persönlicher *safe space* ist, denn hier schubst sie niemand weg, und sie kann schalten und walten, wie sie möchte. Nun möchte sie die meiste Zeit jedoch Rehsi, der (un)glückseligen Kuh neben ihr, das Fell und wahlweise auch die Ohren abschlecken. Manchmal auch die Nase. Oder am besten gleich alles auf einmal. Drücken wir es so aus: Birke ist eine Kuh, die eine ganze Menge Liebe und Fellpflege zu vergeben hat. Allerdings hat Rehsi zumeist irgendwann keine Lust mehr auf die feuchte Zuneigung, woraufhin die beiden Grazien beginnen, einander anzuzicken. Und weil Birke weiß, dass Rehsi ihr in dieser Situation nichts tun kann, ist sie mutiger als auf der Weide. Mutiger – oder einfach nur beharrlich. Wenn ich zum Melken dazukomme, muss ich häufig ein Machtwort sprechen, andernfalls zappeln die Damen weiter herum, drücken die Köpfe gegeneinander und testen, wer den längeren Atem hat. Besagtes Machtwort ist jedoch spätestens nach fünf Minuten wieder vergessen, sodass Birke den Kopf wieder zu Rehsi dreht und ihr vorsichtig hinter dem Ohr entlangschlabbert. Kaum merklich seufzt Rehsi und lässt das Prozedere schließlich in stoischer Ruhe über sich ergehen.

Birke ist eine der Kühe, die beim Melken unfassbar brav sind, sofern man eine einzige Sache immerzu beachtet: Man muss sich ankündigen, bevor man loslegt, da sie aufgrund ihres eingeschränkten Sehvermögens sehr schreckhaft ist. Also spreche ich mit ihr, während ich mich ihr mit meinem Melkschemel und der Melkmaschine nähere, ansonsten ist für nichts zu garantieren. Ich werde oft gefragt, ob ich denn bei der Melkarbeit schon einmal von einer Kuh getreten wurde, und ungeachtet der Tatsache, dass ich Birke gerade absolute Bravheit attestiert habe, muss ich dann immer zugeben: Ja. Zweimal. Beide Male von Birke. Aber: Beide Male war es rein mein Verschulden, und die Kuh selbst konnte nichts dafür. Wenn ich die Arbeit im Stall in völliger Routine abspule, bin ich dabei manches Mal so sehr vertieft, dass ich vergesse, Birke Bescheid zu geben. Und zweimal führte das eben zu einem erschrockenen und zugegebenermaßen ziemlich heftigen Tritt gegen mein Brustbein, bei dem mir für einen kurzen Moment richtiggehend die Luft wegblieb. Die anderen Kühe nehmen mich zumindest aus den Augenwinkeln wahr, wenn ich zu ihnen komme, doch bei Birke funktioniert das eben nicht, denn sie braucht meine Stimme. Mehr als jede andere Kuh in unserem Stall und in manchen Situationen ganz besonders. So auch damals, als uns der Klauenschneider besucht hat.

Normalerweise ist der Besuch eines Klauenschneiders beziehungsweise Klauenpflegers etwas, das zur (halb)jährlichen Routine auf einem landwirtschaftlichen Betrieb gehören sollte. Aus verschiedenen Gründen war bei uns jedoch seit zweieinhalb Jahren kein Klauenpfleger mehr von der Betriebsleitung bestellt worden, weswegen es mir schon sehr vor seinem Urteil über die Fußgesundheit unserer Damen graute. Lukas war an jenem Tag leider arbeiten, und auch seine Eltern erschienen an diesem Vormittag kein einziges Mal im Stall, sodass meine einzige Unterstützung die Praktikantinnen waren, die zu diesem Zeitpunkt gerade einmal zwei Wochen auf dem Hof arbeiteten.

Ich war noch nie dabei, wenn den Kühen die Klauen geschnitten wurden, weshalb ich selbst nicht wusste, was mich erwartete oder was ich wie am besten tun konnte – oder wie die Kühe selbst auf ihre Fußpflege reagieren würden. Noch dazu kannte ich den Klauenpfleger nicht. Dass es ein Mann war, ja, so viel wusste ich, doch wie würde er mir begegnen? Würde er mich ernst nehmen oder, wie so viele andere, auf die Gegenwart »des Chefs« bestehen?

Der Klauenschneider entpuppte sich als ein stattlicher Mann um die fünfzig. Anfangs schien er ein wenig verwundert ob der Tatsache, dass nur ich da war und sich »der Altbauer« selbst nicht einmal für eine Begrüßung blicken ließ. Doch diese Verwunderung legte er schnell *ad acta*. »Das kriegen wir schon hin«, brummte er mit einem angedeuteten Lächeln in seinen Bart hinein. »Wir brauchen zwei Halfter. Das eine kommt an die Kuh, die als Erstes in den Klauenstand geht. Das zweite legst du der nächsten Kuh an, während ich der ersten noch die Klauen schneide.« Ich tat wie mir geheißen. Selma ging als Erste anstandslos in den Klauenstand, eine Art Box, in der man die Kuh fixiert, während der Klauenpfleger seine Arbeit tut. Für die Mädels (die Vierbeinigen sowie die Praktikantinnen-Mädels) war das natürlich sehr aufregend und ungewohnt. Die Praktikantinnen Vanessa und Katrin waren dafür zuständig, die Halfter anzulegen und wieder abzunehmen. Sie blieben also im Stall, während Marie, eine Freundin und ebenfalls ehemalige Praktikantin, die gerade eine Woche zu Besuch in Mörtschach war, und ich draußen bei dem Klauenschneider blieben. Nachdem Selmas Fußpflege beendet war, kamen die anderen der Reihe nach dran: Primel, Elena, Peggy, Serita. Insgesamt hatten heute elf Kühe einen Pediküre-Termin, und alle folgten dem Klauenpfleger brav, wenn er sie am Führstrick nahm und streng und bestimmt mit sich zog. Einzig Suzil unternahm einen wahnwitzigen Ausbruchsversuch, doch auch sie konnten wir mit einiger Mühe wieder bändigen. Nach der Hälfte der Kühe nickte der Klauenschneider schließlich zufrieden und verkündete sein gnädiges Urteil: »Das sieht doch gar nicht so schlecht aus. Also ich würd jetzt nicht meinen, dass da schon jahrelang nix gemacht worden ist. Die sind gut beisammen!« Nach über zwei Stunden blieben nur noch zwei Kühe übrig, Birke und Perin. Ich zögerte innerlich, denn ich wusste, wie sehr Birke auf Stimmen, noch dazu strenge, reagiert. Manchmal reicht es schon, wenn ich mit einer der anderen Kühe schimpfe oder einfach nur vor mich hin fluche, weil mal wieder etwas nicht so klappt, wie ich das möchte – Birke bezieht das sofort auf sich, denn jedes Mal, wenn irgendwo irgendwer die Stimme erhebt, glaubt sie scheinbar, etwas falsch gemacht zu haben. Sie wird dann ganz nervös und versucht mitunter sogar, ihr Heil in der Flucht zu suchen. Ich wandte mich also an den Klauenschneider:

»Die nächste ist nahezu blind, das könnte schwierig werden.«

Der Mann wischte sich die staubigen Hände an seiner Hose ab.

»Okay«, sagte er schließlich, »wie willst du es machen?«

»Ich werde sie rausführen«, sagte ich und bemühte mich dabei, mir meine Nervosität nicht anmerken zu lassen. Ich ging in die Milchkammer und schaltete das Radio im Stall aus. Der Mann folgte mir in den Stall, wo Katrin und Vanessa Birke bereits ein Halfter umgelegt hatten. Als die Kuh die Schritte hinter sich hörte, klappte sie die Ohren nach hinten.

»Okay, sagt jetzt mal bitte gar nichts mehr und macht keine großen Bewegungen, wir brauchen jetzt Ruhe und möglichst wenig Ablenkung«, instruierte ich die Praktikantinnen. Der Klauenschneider hielt sich im Hintergrund und beobachtete das Ganze schweigend. Ich trat neben Birke, strich ihr mit kräftigen Bewegungen über den Hals und redete beruhigend mit meiner Birke-Spezial-Tonlage auf sie ein, bei der ich mir einbilde, dass sie diesen Klang kennt. Dass sie *mich* (er)kennt.

Meine Hand wanderte langsam zum Klippverschluss ihrer Kette. Wenn sie wollte, könnte sie mich problemlos über den Haufen rennen oder durch die Gegend ziehen, denn Birke ist, auch wenn sie sich dessen vielleicht nicht bewusst ist, wirklich groß und stark. Ich atmete noch ein letztes Mal tief ein und aus. In der rechten Hand hielt ich den Führstrick, und die linke Hand öffnete mit einem leisen Klicken den Verschluss von Birkes Kette.

Ich ging zwei Schritte zurück, um ihr zu ermöglichen, sich umzudrehen und mir zu folgen, während der Führstrick locker zwischen uns beiden hing.

»Birkeee … na kooomm …«

Die Praktikantinnen standen auf dem Futtertisch und beobachteten uns gespannt. Und dann, als habe sie nie etwas anderes getan, drehte sich Birke auf ihrem Platz herum und trottete mir und meinem Singsang langsam hinterher. Ich musste sie nicht ziehen, und ich musste kein einziges Mal die Stimme heben. In diesem Augenblick gab es nur sie und mich. Wir traten hinaus ins Freie, ich führte Birke in den Klauenstand hinein und blieb anschließend während der gesamten Klauenpflege neben ihrem Kopf stehen und sprach weiter beruhigend auf sie ein. Nach wenigen Minuten hatte der Klauenschneider seine Arbeit beendet, und wir gingen genauso entspannt, wie wir gekommen waren, wieder in den Stall zurück. Ich lächelte.

»Belohnungskraftfutter, bitte«, wies ich Vanessa an.

Der Klauenschneider war richtiggehend begeistert. »Na, die ging ja mit dir wie ein Lämmchen«, lobte er uns. Ich konnte mir meinen Stolz nicht so recht verkneifen. »Ja, das hat wirklich richtig gut geklappt«, antwortete ich.

Vanessa nannte das, was sich hier zwischen Birke und mir abgespielt hat, später schlicht und ergreifend »Urvertrauen«. Und ja, irgendwie war es genau das. Solche Momente sind meine persönlichen Highlights, denn dann merke ich, dass alles, was ich hier mit und für die Tiere mache, am Ende einen Sinn ergibt. Ich merke, dass sie mir vertrauen. Und das ist wohl das größte Geschenk von allen.

Birke, meine *Blindfisch-Birke*, ist eben irgendwie der Herden-Underdog. Manchmal erweckt sie ein wenig den Beschützerinstinkt in mir, wobei das an und für sich schon beinahe lächerlich erscheinen muss: Wenn ich Dreikäsehoch (und nichts anderes bin ich im Vergleich zu den Kühen) mich in deren Rangkämpfe einmische. Und auch wenn es langfristig betrachtet überhaupt nichts bringt, tue ich es immer wieder und stelle mich wie eine Boxtrainerin hinter den Zaun und feuere Birke an, wenn sie sich in einem Zweikampf mal nicht sofort geschlagen gibt, sondern dagegenhält. Seit ich sie kenne, hat sie solche Kämpfe erst zweimal gewonnen. Der Sieg hielt wahrlich nicht lange an, denn die Verliererkuh bestand stets sofort auf eine Revanche, in der sie dann doch noch den Sieg davontrug, aber dennoch. Zweimal hat Birke nicht klein beigegeben. Zweimal ging sie erhobenen Hauptes als Siegerin vom Feld. Und zweimal bin ich ganz enthusiastisch zurück ins Haus gekommen und habe Lukas begeistert davon erzählt.

»Weißt du, was heute passiert ist?«

»Nein, was denn?«

»Birke hat gegen Rehsi gewonnen!«

»Nicht dein Ernst!«

»Doch«, entgegne ich dann. Und lächle.

Als hätte ich sie höchstpersönlich zum Champion gemacht.

Und dann regnet es plötzlich Kälber

Aller guten Dinge sind drei

September 2021

Anfang des Jahres 2021 ließ Lukas' Vater etliche Kühe von unserem Tierarzt besamen. Drei davon, Birke, Serita und Gretel, sogar am gleichen Tag. Im Umkehrschluss hieß das, dass wir nun drei Kuhdamen hatten, deren prognostizierter Geburtstermin auf den 23. September 2021 fiel. Lukas und ich waren Mitte September noch für eine Woche bei meiner Familie in Deutschland, und als wir wieder in Mörtschach ankamen, beschlossen seine Eltern indes, nun auch ein paar Tage zu verreisen. Es war der 20. September, als die beiden den Hof verließen. Auf dem Campingplatz war nicht mehr viel los, die Praktikantinnen waren schon lange abgereist, und Lukas und ich freuten uns auf ein paar Tage, in denen wir das Haus ganz für uns hatten. Doch da waren eben auch noch die besagten drei Kühe. Bei Serita und Birke würde sicherlich alles recht unspektakulär über die Bühne gehen, da sie beide bereits einige Geburten erlebt hatten. Doch für Gretel war das alles Neuland. Nicht nur die Geburt als solche, sondern auch das Melken war für sie völlig unbekanntes Terrain. Ich habe bei vielen unserer Kühe die ersten Melkversuche live miterlebt. An manchen war ich nicht bloß beteiligt, sondern scheiterte auch auf ganzer Linie, denn der ein oder anderen Kuh war das Prozedere einfach nicht geheuer. Wenn ich da an Elena, Rehsi, Selina und auch an Serita denke, erinnere ich mich auch unwillkürlich an all die blauen Flecken, die mir diese Damen zugefügt haben. Ich weiß noch genau, wie ich mir bei Elena irgendwann nicht mehr anders zu helfen wusste, als vor dem schwiegerelterlichen Schlafzimmer zu stehen und Lukas' Vater aus dem Schlaf zu klopfen. Aber ja, aller Anfang ist schwer. Auch für so manche Milchkuh.

Während die Schwiegereltern im Urlaub waren, hatte Lukas lediglich zwei Dienste, davon einen Nachtdienst. An jenem Mittwochabend begannen wir ein wenig früher als gewohnt mit der Stallarbeit, damit wir alles noch gemeinsam erledigen konnten, ehe Lukas in Richtung Dienststelle aufbrechen würde. Als alle Tiere versorgt und die Kühe gemolken waren, schickte ich Lukas schon mal in Richtung Haus. »Geh ruhig schon duschen, ich sammle noch flott die Eier ein und komme dann nach«, sagte ich, während ich ihn sanft aus der Stalltür schob. Es war kurz vor sechs. An ein gemeinsames Abendessen war nicht mehr zu denken, denn um sieben musste Lukas seinen Dienst antreten.

Ich angelte siebzehn Eier aus acht Hühnernestern, wechselte das Wasser bei den Hasen und schaltete schließlich das Licht im Stall aus. Als ich mir gerade die Stiefel wusch, dachte ich an Gretel. Die war mittlerweile kugelrund und ihr Euter so prall, dass man schon fast fürchtete, es könne jeden Augenblick platzen. Am Vormittag war ich bei ihr auf der Weide gewesen, da war noch alles ruhig. Doch lange würde es nicht mehr dauern.

Kurz bevor ich die Haustür erreichte, entschied ich mich um. Ich ging an der Tür vorbei in Richtung Weide, um einen letzten Kontrollgang zu machen und dabei zu überprüfen, ob mir eine ruhige oder wohl eher eine schlaflose Nacht bevorstand.

Kaum dass ich unter dem Zaun durchgeschlüpft war und an den dichten Hecken vorbeiblickte, sah ich Gretel am anderen Ende der Weide dicht neben dem Zaun liegen. Wellenartige Schübe gingen durch ihren ganzen Körper. Sie hatte Wehen. Meine Hand glitt in meine Hosentasche und griff nach meinem Handy. 18:03 Uhr. Ich rief Lukas an. »Gretel legt los«, sagte ich nur – was am anderen Ende der Leitung mit einem fassungslosen Ächzen beantwortet wurde. Was für ein Timing! Ich näherte mich Gretel ganz vorsichtig, um zu überprüfen, ob die Position des Kälbchens richtig war. So weit passte alles, und die Kuh erweckte außerdem nicht gerade den Eindruck, als würde sie sich mit der Geburt noch viel Zeit lassen. Eine Färsengeburt mitten auf der Weide, ich konnte mir wahrlich Schöneres vorstellen. In einer halben Stunde würde es stockfinster sein, von den Temperaturen ganz zu schweigen. Doch Gretel lag der Länge nach und mit starken Wehen im Gras – und mir kam es nun wirklich nicht in den Sinn, sie in dieser Situation wieder auf die Beine und in Richtung Stall zu treiben. Lukas hechtete mir um 18:15 Uhr schließlich auf der Weide entgegen. »Ich habe meine Kollegin angerufen und gefragt, ob sie ein wenig länger machen kann – eine halbe Stunde hat sie Zeit!« Wenigstens etwas. Wir überlegten hin und her, was wir nun tun sollten. Viele Optionen ließ uns Gretel nicht. Ich stapfte los, um die große grüne Schubkarre mit Stroh zu füllen und auf die Weide zu bringen. Lukas bereitete indes im Stall die Box für das Kälbchen vor, denn das konnte unmöglich die Nacht auf der Weide zubringen, dafür waren die Septembernächte einfach schon zu kühl. Als wir uns wenig später wieder auf der Weide trafen, stand eine fragend dreinblickende Gretel vor uns. Anscheinend hatte sie sich in unserer Abwesenheit aufgerafft und wusste gerade selbst noch nicht so recht, welche Position ihr die liebste war. Es dämmerte bereits. »Wenn wir sie in den Stall bekommen wollen, müssen wir es jetzt versuchen«, sagte ich zu Lukas. Er nickte bloß. »Ich geh schnell einen Eimer Kraftfutter holen, versuch du, sie in Richtung Gatter zu bringen«, wies er mich an. Während Lukas in der Ferne immer kleiner wurde, redete ich ruhig auf Gretel ein. Mit sanftem Druck auf ihre Flanke schob ich sie langsam in Richtung Weidetor. Die Kuh setzte träge einen Fuß vor den anderen. Nach wenigen Metern erschien ihr diese Wanderung jedoch recht unsinnig, weshalb sie einfach wieder stehen blieb. Doch das änderte sich, sobald Lukas mit dem Kraftfuttereimer in Sicht- und Hörweite kam: Er klapperte laut mit den kleinen Pellets im Eimer, und Gretel erkannte das Geräusch sofort. Anscheinend konnte Kuh noch so sehr in den Wehen liegen – eine kleine Zwischenmahlzeit geht immer.

Mit dem Kraftfutter als Lockmittel war es nun also ein Leichtes, die kugelrunde Kuh in Richtung Stall zu bewegen. Auf den letzten Metern hielt ich noch einmal den Atem an, denn hier ging es ein kurzes Stück sehr steil hinab. Kurz befürchtete ich, dass Gretel, deren Körperumfang am Ende der Trächtigkeit etwas von einer überdimensionierten, unförmigen Bowlingkugel hatte, das Gleichgewicht verlieren und einfach hinunterkullern würde. Doch mit viel Geduld und vorsichtigen Schritten schafften wir auch diese letzte Hürde. Kaum dass Gretel im Stall und in der Abkalbebox angekommen war, legte sie sich sofort ins weiche Stroh. Die Kuh gab ein geräuschvolles Stöhnen von sich, und Lukas und ich seufzten beide merklich erleichtert. »Den Rest bekommen wir jetzt schon allein hin«, sagte ich. »Du kannst ruhig zur Arbeit fahren.« Wie durch ein Wunder schaffte es Lukas tatsächlich noch, pünktlich um sieben auf der Dienststelle zu erscheinen, und seine Kollegin konnte planmäßig Feierabend machen.

An Feierabend war bei mir jedoch noch nicht zu denken. Ich eilte kurz ins Haus, um mir etwas zu essen zu machen, doch ich wollte nicht zu lange von Gretel fernbleiben. Also kippte ich die kalten Nudeln vom Mittagessen einfach in eine Teigschüssel, löffelte ein wenig Soße darüber und eilte so wieder zurück in den Stall. In gebührendem Abstand saß ich schließlich auf dem Melkschemel und harrte der Dinge, die da kommen würden. Gretel begann mittlerweile wieder, in kürzeren Abständen zu pressen, und bald konnte ich die Vorderfüße erkennen; es schien ein recht kleines Kälbchen zu sein. Das war nur von Vorteil, denn alles andere würde die Geburt unnötig erschweren. Es dauerte kaum mehr dreißig Minuten, bis Gretel ihr Kälbchen bis zum Bauchnabel herausgepresst hatte, aber die Kuh schien langsam am Ende ihrer Kräfte angelangt zu sein. Ich bewegte mich also vorsichtig auf die Box zu, öffnete leise das Tor und sprach beruhigend auf Gretel ein. Die Kuh störte sich jedoch nicht an meiner Anwesenheit, weshalb ich nun also nach den beiden Vorderläufen des Kälbchens griff und jedes Mal, wenn die Kuh wieder presste, ganz sachte an ihnen zog. Nach drei weiteren Wehen lag ein kleines, klatschnasses Kalb zwischen uns im Stroh. Gretel selbst schien kein bisschen begriffen zu haben, was da gerade passiert war. Das Kälbchen jedoch auch nicht so recht, denn zu meinem Erschrecken musste ich feststellen, dass es nicht richtig atmete. Man hörte bloß ein schwaches Röcheln. Erst nachdem ich den Geburtsschleim aus seiner Nase und dem Mund entfernt hatte und noch einmal kräftig mit Stroh über sein Fell rieb, schnappte es mit einem Mal ordentlich nach Luft. Im gleichen Moment begann auch ich wieder zu atmen.

Gretel nahm noch immer keinerlei Notiz von dem, was da gerade hinter ihr passierte. Erst als ich ihr das Kälbchen direkt vor die Nase legte, begann sie, es abzuschlecken und kehlig zu muhen. Gretel hatte in dieser Nacht ein Kuhkalb auf die Welt gebracht: die kleine Gurke. Jene Gurke, die sich ein halbes Jahr später als der größte Schreihals von ganz Mörtschach erweisen würde.

Nun – das war der erste Streich …

Doch die Geburt von Gurke sollte nicht die einzige bleiben, die wir in Abwesenheit der Schwiegereltern sicher über die Bühne brachten. Denn bereits am folgenden Tag hielt Birke uns auf Trab: Kurz vor der Mittagspause machte ich mich auf den Weg zur Weide, um zu entscheiden, ob wir Birke und Serita noch ein wenig draußen lassen konnten oder sie vorsorglich schon in den Stall holen sollten. Als ich unter dem Zaun durchschlüpfte und mit den Augen die Weide absuchte, entdeckte ich Serita, die friedlich neben unserem kleinen Stier, Mr. T, stand und ihr Maul im tiefen Gras vergrub. Birke hingegen war nicht zu sehen. Ich erblickte sie erst, nachdem ich fast ans andere Ende der Weide spaziert war. Doch was soll ich sagen: Neben Mama-Birke stand eine kleine, staksige Mini-Birke.

Es folgte also wieder der Griff zum Handy, um Lukas zu informieren, das zufriedene Lächeln, als ich feststellte, dass hier ein kleines Kuhkalb eifrig an den Zitzen der Mama saugte, und schließlich der Weg in Richtung Stall. Obwohl das kleine Kälbchen schon eifrig seine erste Milch zu sich nahm und um seine Mama herumwackelte, war es noch zu schwach, um den weiten Weg zu Fuß zurückzulegen. Lukas organisierte uns kurzerhand ein Kälbchen-Taxi. Entgegen unserer inoffiziellen Hof-Tradition entschied er sich gegen die große grüne Schubkarre, in der wir schon so viele Kälber von A nach B transportiert haben, und startete den alten roten Steyr, einen kleinen Traktor mit einer großen Ladekiste. In selbiger nahmen Mini-Birke und ich Platz, während Mama-Birke brav hinter dem Traktor hertrottete. Sobald wir in der Nähe des Kuhstalls angelangt waren, eilte Birke, die nun die Umgebung wiedererkannte, ohne einen weiteren Blick zurück auf ihr Kälbchen zur übrigen Kuhherde in den Stall, wo sie direkt ihren gewohnten Platz einnahm und sich an dem frischen Heu gütlich tat. Während manche Trennungen von Kuh und Kalb von schmerzvollen Klagerufen begleitet werden, kann es bisweilen eben auch so vonstattengehen: ziemlich unspektakulär. Doch während bei Birke alles so komplikationslos und ruhig über die Bühne gegangen war, sollte die folgende Nacht weitaus aufregender werden.

Denn auf den zweiten Streich folgt zweifellos… der dritte sogleich…

Nachdem wir im Anschluss an die Birke-Eskorte in den Stall die Kühe gemolken und auch alle anderen Tiere versorgt hatten, war es bereits Abend geworden. Fix und fertig setzten wir uns gegen 21 Uhr schließlich an den Essenstisch und kauten beinahe schon im Halbschlaf auf unserer Pizza herum. »Gehst du noch mal nach Serita schauen?«, fragte ich Lukas.

»Magst nicht du gehen?«, entgegnete er mir mit einem bittenden Unterton.

»Du die Kuh, ich den Abwasch«, bot ich ihm schließlich an, denn nach der heißen Dusche hatte ich mich bereits in den Schlafanzug geworfen und wollte diesen nur sehr ungern wieder verlassen, um in die nächtliche Kälte hinauszugehen.

»Ruf an, wenn du was brauchst«, rief ich ihm hinterher, als er die Treppen hinunterging. Ich checkte noch kurz meine Nachrichten am Handy, bevor ich unsere Teller zur Spüle trug. Ich griff nach dem letzten verbliebenen Stück Pizza, das auf dem Blech lag, und wollte gerade hineinbeißen, als mein Handy klingelte.

»Das ist jetzt ein Scherz, oder?«, nahm ich den Anruf entgegen.

»Nein, ernsthaft, komm bitte sofort her«, sagte Lukas knapp.

Also legte ich auf, schlüpfte in meine Stallhose und stürmte mit der großen Fernleuchte in der Hand in die Dunkelheit hinaus. Ich hechtete den Hang hinauf, immer in Richtung des kleinen schwachen Lichts dort oben auf der Weide, das von Lukas' Handytaschenlampe herrührte. Als ich näher kam, erkannte ich, dass Serita vor ihm stand.

»Na gut, so eilig scheint sie es nicht zu haben«, dachte ich noch für mich, doch da sah ich Lukas auch schon wild mit den Armen wedeln.

»Beeil dich!«, rief er.

Auf den letzten Metern begriff dann auch ich, warum Lukas so drängte: Serita hatte sich gerade umgedreht, sodass ich sie von hinten sehen konnte. Das Kälbchen war bis zum Bauchnabel schon geboren und hing im wahrsten Sinne des Wortes in der Luft. Serita selbst war von der Geburt völlig überfordert und sah wohl absolut keine Notwendigkeit darin, sich hinzulegen, um dem Kälbchen den nicht ganz ungefährlichen Sturz ins Leben zu ersparen. Ich erreichte mit keuchendem Atem die Kuh und meinen Freund, Serita presste ein letztes Mal, und Lukas fing mit beiden Armen das Kälbchen auf, das im gleichen Augenblick mit viel Schwung richtiggehend aus Serita herausploppte. Für einen kurzen Moment starrten Lukas und ich uns bloß völlig entgeistert an. Dann brach die Hölle los. Lukas ließ das Kälbchen sanft auf den Boden gleiten, während Serita sich sogleich umdrehte und das kleine Wesen beschnupperte. So weit wäre alles ganz normal gewesen, hätte sie nicht daraufhin angefangen, das Kälbchen unsanft mit dem Kopf zu stoßen und immer und immer wieder auf es loszugehen. Lukas und ich stellten uns zwischen Mutter und Kind und verscheuchten Serita, sodass sie uns nur noch aus einigen Metern Entfernung skeptisch beäugte. Mr. T, der junge Stier, machte das Ganze nicht viel besser, denn er war derartig neugierig, dass wir ihn uns und dem Kalb nur mit viel Mühe vom Leib halten konnten.

»Das geht nicht lange gut«, fasste Lukas die Situation zusammen. »Ich gehe die Schubkarre holen, oder soll ich lieber hierbleiben und du gehst?«, fragte er mich.

»Geh«, sagte ich. »Aber beeil dich bitte.«

Er nickte nur und verschwand in der Dunkelheit der Nacht. Ich stand nach wie vor schützend über dem Kälbchen und behielt Serita und Mr. T im Blick. Im Fenster des benachbarten Hofs war die Silhouette eines Menschen zu erkennen, der zu uns auf die Weide herüberblickte. Kein Wunder, denn was sich in den letzten 48 Stunden auf diesem Stück Grünland abgespielt hatte, war ja wohl mehr als bühnenreif. Ehe ich mich weiter über die Neugierde der Nachbarn wundern konnte, eilte Lukas auch schon wieder herbei. Wir verfrachteten den kleinen Krümel, der sich zu unserer unbändigen Freude als Kuhkalb herausstellte, wie es die Tradition verlangt, in die große grüne Schubkarre und wanderten zunächst nur mit dem Nachwuchs in Richtung Stall. Die Kuh würden wir gleich separat nachholen. Seritas Kälbchen hatte sich anscheinend kurz vor der Geburt noch um einige Ausscheidungen erleichtert, sodass das Fruchtwasser einer klebrigen und gelblichen Masse glich. Das hing nun alles im Fell des kleinen Wurms, denn seine Mama hatte ja keine Notwendigkeit darin gesehen, ihr Neugeborenes trocken zu lecken. So führte der erste Weg also nicht in ein gemütliches Strohnest, sondern zur nächtlichen Waschung in die Milchkammer. Das Kalb war irgendwann wieder sauber – was man von mir nun wahrlich nicht behaupten konnte. Einzig der Schlafanzug, den ich unter meiner Stallkleidung noch immer trug, ließ irgendwie darauf schließen, dass ich heute schon einmal die Dusche von innen gesehen hatte. Es dauerte noch eine gute Stunde, bis wir Serita und schließlich auch Mr. T in den Stall geholt und das Kälbchen mit einem kleinen Mitternachtsmilchsnack versorgt hatten. Dem kleinen Wesen fielen beim Trinken schon die Augen zu. Und was soll ich sagen – mir erging es nicht anders.

Als Lukas und ich an diesem Abend (nach einer zweiten Runde unter der Dusche) endlich im Bett lagen und uns sicher waren, dass unsere nächtliche Ruhe durch keine spontane Kälbergeburt mehr gestört werden könnte, mussten wir dann doch ein wenig grinsen.

»Überleg dir das mal«, sagte Lukas, als er sich in die Bettdecke kuschelte, »drei Kälber in nicht einmal 48 Stunden. Alle wohlauf – Kühe und Kälber!«

»Ja, und vor allem drei kleine *Kuh*kälber«, antwortete ich mit einem zufriedenen Lächeln.

Ja, drei kleine Kuhkälber hatten nun das Licht der Welt erblickt. Gurke machte den Anfang, Beere und Soja folgten. Und auch wenn die drei Damen uns in diesen Tagen alle Energie geraubt hatten, so waren wir doch auch ein wenig stolz. Auf die Kühe genauso wie auf uns. Denn in diesen Tagen hatten wir festgestellt, dass wir – entgegen meiner anfänglichen Befürchtungen – tatsächlich richtig gut als Team zusammenarbeiten können.

Und diese Erkenntnis sollte kaum vier Monate später von entscheidender Wichtigkeit für uns werden.

Selma

Die Stunde null

November 2021

In jeder Geschichte gibt es einen Wendepunkt, eine Art Zäsur, eben ein einschneidendes Erlebnis. Und meine bildet da wohl keine Ausnahme, wenngleich ich mit dieser Wendung niemals im Leben gerechnet hätte. Doch das liegt wohl in der Natur der Dinge.

Im November 2021 ging es für Lukas und mich in eine dreiwöchige Reha. Ich hatte nach meiner Bandscheibenoperation noch einen Rehabilitations-Aufenthalt offen, und für Lukas war es glücklicherweise möglich, mich im Rahmen einer Gesundheitsvorsorge zu begleiten. So war ich also immerhin nicht alleine – denn meine Lust auf diese drei Wochen hielt sich gelinde gesagt in Grenzen. Während wir also mit Rückenübungen und Wassergymnastik beschäftigt waren, kümmerten sich zu Hause auf dem Hof Lukas' Eltern um alle anfallenden Arbeiten – noch. Denn Lukas und sein Vater hatten sich im Herbst nun endlich darauf geeinigt, dass Lukas zum Jahresende, zum 15. Dezember genauer gesagt, den Hof übernehmen sollte. Wobei es sich dabei nicht um eine vollkommene Übergabe handeln sollte, sondern eher um eine »Übergabe der Arbeit und der Verantwortung«, denn sowohl Pacht wie auch endgültige Überschreibung der Besitztümer standen in diesem Sinne noch gar nicht im Raum. Im September sowie im Oktober hatten Lukas und sein Vater sich die Melkarbeit geteilt. Ein Umstand, der nicht unbedingt freiwillig zustande kam, denn Lukas' Vater hatte es nur sehr widerwillig akzeptiert, dass ich im Spätsommer aufgrund verschiedener Differenzen die Stallarbeit an den Nagel gehängt hatte. Fortan hätte er sich bis zur Übergabe im Dezember wieder selbst um alles kümmern müssen, was ihm – so zumindest meine Interpretation – ziemlich missfiel. Dieses Missfallen äußerte sich schließlich darin, dass er Lukas gegenüber eine ganz bestimmte Karte ausspielte: Wenn er die Arbeit nun wieder komplett alleine stemmen sollte, so würde er wohl den Tierbestand erst einmal drastisch reduzieren müssen. So, dass er alles bequem alleine erledigen könnte.

Lukas wusste, dass das mein wunder Punkt war.

Sein Vater wusste, dass Lukas das wusste.

Und ich wusste, dass dieser Zug reines Kalkül war.

So »einigte« man sich nun also darauf, dass Lukas' Vater morgens in den Stall ging und Lukas selbst die Arbeit am Abend übernahm. Ich wiederum wollte Lukas natürlich nicht alleine lassen und unterstützte ihn daher bei der Erledigung der abendlichen Stallarbeit. Das Ende vom Lied war also, dass mein Schwiegervater – zumindest zu 50 % – seinen Willen bekommen hatte. Und das völlig kostenfrei. Nur während unseres Reha-Aufenthalts musste er auf Lukas' und somit auch meine Hilfe verzichten.

Während unserer dreiwöchigen Abwesenheit telefonierte Lukas recht häufig mit seinen Eltern. Man tauschte sich darüber aus, wie (schlecht) das Essen bei uns war, wie es den Tieren ging, was es sonst so Neues gab. Sesam, unser Deckstier, würde nun bald abgeholt werden, denn er stellte mittlerweile ein eklatantes Sicherheitsrisiko dar. So sehr mir die Tatsache, dass er nun an einen Viehhändler verkauft werden würde, auch missfiel, ich wusste dennoch, dass ich fortan wieder mit einem besseren Gefühl in den Stall und auf die Weide gehen konnte. Sesam war extrem territorial geworden und verteidigte *seine* Kühe vor allem und jedem. Es kam nicht selten vor, dass ich mich in die Raufe retten musste und mir nichts anderes übrig blieb, als Lukas anzurufen, da mich der Stier einfach nicht mehr gehen ließ. Die Zeiten, in denen man mit dem »kleinen« Sesam herumalbern konnte, waren eindeutig vorbei, denn der brachte mittlerweile gut 800 Kilo auf die Waage. Es war also keine Überraschung, als Lukas gegen Ende unseres Aufenthalts in der Reha von seinem Vater erfuhr, dass Sesam abgeholt worden sei.

Wenige Tage später herrschte bei Lukas und mir Aufbruchstimmung, denn für uns ging es nun endlich wieder nach Hause. Ich freute mich unheimlich auf den Hof, auf die Kälber und die Katzen, auf meine eigene Küche, den herannahenden Winter und die Weihnachtszeit. In erster Linie jedoch freute ich mich auf die Kühe und die Stallarbeit. So war es also nur wenig verwunderlich, dass nach der Ankunft und einem gemeinsamen Mittagessen mit Lukas' Eltern mein erster Weg zu den Kühen führte.

Der Enthusiasmus der Damen über meine Rückkehr hielt sich erwartungsgemäß in Grenzen. Sie würdigten mich keines Blickes, denn alle Aufmerksamkeit richtete sich auf den frischen Siloballen in der Raufe. Lediglich Primel stand, offensichtlich hochgradig missgelaunt, etwas abseits und starrte mich durchdringend an. Ich zuckte nur mit den Schultern und setzte meinen Rundgang über den Hof fort. Ich zählte die dunkelbraunen Kuhpopos an der Raufe nicht durch. Warum sollte ich auch?

Am Abend ging Lukas ausnahmsweise gemeinsam mit seinem Vater in den Stall, während ich mich in unserer Küche um das Abendessen kümmerte. Ich rief Lukas kurz an, während ich gerade die Kartoffeln in die Pfanne warf. »Wie lange brauchst du noch?«, fragte ich nur.

»Nicht mehr lange, vielleicht eine halbe Stunde«, antwortete er.

»Also irgendwie ist Selma in unserer Abwesenheit geschrumpft, die wirkt viel kleiner als sonst!«, lachte er noch ins Telefon. Ich grinste nur.

»Müssen wir sie wohl wieder großzügiger füttern«, sagte ich. Dann legten wir auf, und ich warf noch ein wenig Gemüse zu den Bratkartoffeln. Kaum fünf Minuten später vibrierte mein Handy. Eine Nachricht von Lukas. Es war der 23. November 2021, 17:16 Uhr.

»Selma ist weg.«

»Was?? Wie weg…? Wohin?«, tippte ich mit zitternden Fingern in mein Handy.

»Weg weg«, antwortete Lukas nur.

Meine Kinnlade klappte herunter. Und etwas in mir zersprang.

Selma war eine der Kühe, die – ob sie nun wollte oder nicht – einen ganz besonderen Stellenwert für uns und besonders für mich hatte. Wir durchlebten mit ihr im wahrsten Sinne des Wortes gute wie auch schlechte Zeiten, Gesundheit und Krankheit. Stundenlang saß ich im Frühjahr 2020 neben der kranken Kuh in der Abkalbebox und hegte und pflegte sie. Tagelang zitterten und bangten wir um sie und hofften inständig, dass sie sich wieder fangen würde. Und gerade dann, als niemand mehr daran glaubte, dass diese Kuh wieder gesund werden würde, belehrte sie uns eines Besseren.

Selma war anders, und das im besten aller Sinne. Sie war unglaublich groß (eine Widerristhöhe von mehr als 1,65 m ist für unsere Verhältnisse schon wirklich eine Ansage) und dabei trotzdem das geduldigste Wesen, das mir jemals untergekommen ist. Wenn uns im Sommer die Ferienkinder im Stall besuchten, verwies ich sie stets an Selma. Sie wurde gestreichelt und gebürstet und mit viel »Oh« und »Ah« bestaunt und bewundert.

»Wenn wir jemals die Sache mit den Kuhschel-Kursen umsetzen werden, wird Selma unsere absolute Nummer 1-Kuschelkuh«, prophezeite ich Lukas immerzu.

»Ja«, bestätigte er, »das stimmt. Sie könnte keiner Fliege etwas zuleide tun.«

Nicht selten war sie die fellige Schulter, in die ich mein Gesicht vergrub, wenn mir mal wieder alles zu viel wurde. Sie hielt dann immer ganz still, als wüsste sie, dass gerade nichts von ihr verlangt wurde. Außer eben einfach nur da zu sein. Ja, das war Selma.

Dass Selma an jenem Tag im November kleiner wirkte als gewohnt, lag daran, dass auf Selmas Platz nicht Selma stand, sondern Sue. Beide hatten den gleichen dunkelbraunen, nussigen Fellton, in der Körpergröße unterschieden sie sich jedoch gravierend. Der Grund für Sues neuen Platz war schnell gefunden: Selma war im letzten Monat anscheinend noch immer nicht trächtig geworden, weshalb Lukas' Vater sie während unserer Abwesenheit verkauft hatte. Zweiundzwanzig Tage bevor wir den Hof hätten übernehmen sollen. Uns gegenüber wurde kein Wort darüber verloren, wir waren weder davor oder danach informiert worden, und es gab auch kein gemeinsames Überlegen.

Mir stiegen die Tränen in die Augen, ich zog die Pfanne vom Herd und flüchtete in unser Badezimmer, dem einzigen Raum, in dem ich mir sicher sein konnte, dass mich niemand hörte. Die Schluchzer wurden lauter, und meine Sicht war nur mehr verschwommen, als ich zu meinem Handy griff, um eine bestimmte Nummer zu wählen.

»Das ist aber schön, dass du mich anrufst...«, schallte es mir gut gelaunt durch den Hörer entgegen. Mir entfuhr nur ein Schluchzer, und meine Freundin und ehemalige Praktikantin Marie begriff sofort, dass dies kein Höflichkeitsanruf war.

»Was ist passiert?«, fragte sie bestürzt.

»Selma ist weg«, brachte ich nur mühsam hervor. »Er hat Selma abholen lassen.«

Das darauffolgende Gespräch ist wohl kaum als solches zu bezeichnen. Wir waren gemeinsam sprachlos. Vermutlich hatte ich einfach jemanden am Hörer gebraucht, der das schier monumentale Ausmaß dieses Weggangs irgendwie verstehen konnte. Später saßen Lukas und ich genauso schweigend am Esstisch. Mir war der Appetit vergangen. Ich hatte keine Worte mehr – und Lukas wusste auch nicht weiter. In 22 Tagen den Hof zu übernehmen, ja, das schien uns in diesem Moment, nach dieser Aktion, einfach nur absolut unvorstellbar.

In den darauffolgenden Tagen zog ich mich vollkommen zurück und sprach weder mit Lukas' Vater noch mit seiner Mutter auch nur ein einziges Wort. Zu meiner Trauer gesellte sich nunmehr noch eine unbändige Wut, und ich tat genau das Falsche. Anstatt all diese Wut und Frustration denjenigen Personen an den Kopf zu knallen, die das Ganze zu verantworten hatten, schrieb ich sie nieder. Kommunikation gehört nicht gerade zu den Stärken von Lukas' Familie, das weiß ich. Und da man in Konfliktsituationen noch weniger als ohnehin schon miteinander redet, habe ich nicht einmal den Versuch unternommen, mit ihnen ins Gespräch zu kommen. Ich selbst fühlte mich einfach nur verraten, denn einen so großen Vertrauensbruch (und es gab wirklich schon so einige) hatte es in all der Zeit noch nicht gegeben. Ich schrieb also, um nicht zu schreien, da mir das damals (fälschlicherweise) die bessere Lösung zu sein schien. Einen verkürzten, zensierten und in jeder Hinsicht gefilterten Teil davon veröffentlichte ich schließlich auf Instagram. Um zu erklären, was los war. Warum Selma nun weg ist. Und warum ich in diesem tiefen Loch verschwunden war, bei dem ich keine Ahnung hatte, wie ich je wieder herauskommen sollte.

Während ich darauf bedacht war, meinen persönlichen Unmut über Lukas' Eltern nicht in vollem Ausmaß in die Welt zu tragen und den Fokus auf den Verlust und den Schmerz zu richten (immerhin war ich mir darüber im Klaren, dass ich die Zeilen in einem öffentlichen Raum teilte und es nicht gerade unwahrscheinlich war, dass sie das Ganze irgendwann lesen würden), sah meine Community wohl keine Notwendigkeit darin, noch freundlich zu bleiben. Es hagelte schroffe Kommentare, die ein oder andere Beleidigung fiel, und es entwickelte sich eine Dynamik, die ich noch am gleichen Abend ausbremste. Ich löschte zahlreiche Kommentare und deaktivierte die Kommentarfunktion wenig später schließlich ganz. Doch andere waren schneller gewesen.

Screenshots verschiedener Kommentare landeten bei meiner Schwiegermutter im WhatsApp-Postfach, der eine oder die andere Dorfbewohner:in rief tags darauf sogar bei ihr auf der Arbeit an und fragte, ob »die bei euch da auf dem Hof es immer noch nicht begriffen hat, dass am Bauernhof eben auch Viecher wegkommen«. Meine Schwiegermutter war sich also sicher, dass ich im Netz eine wilde Hetzkampagne gegen ihren Mann gestartet hatte.

Es wäre müßig und in keinem Fall der Sache dienlich, den darauffolgenden wochenlangen Kampf im Detail zu schildern. Die Kurzfassung? Beide Seiten glaubten, im Recht zu sein. Mein Schwiegervater sah kein Vergehen darin, seine eigene Kuh zu verkaufen und das für sich – ohne Rücksprache mit uns – so zu entscheiden. Meine Schwiegermutter indes berief sich darauf, uns während des Reha-Aufenthalts nichts davon berichtet zu haben, weil sie uns selbigen »nicht versauen« wollte. Weil sie wusste, dass uns oder vielmehr mir das nicht gefallen würde. Ich sah keine Notwendigkeit darin, auch nur einen einzigen Schritt auf meine Schwiegereltern zuzugehen. Nicht nach diesem Vertrauensbruch, nicht nach all dem, was danach noch gesagt wurde. Dinge, die man nicht mehr zurücknehmen und die ich noch weniger jemals vergessen kann.

Es war also das, was man im Militärjargon wohl gerne als Pattsituation bezeichnet. Es ging nicht vorwärts und nicht zurück, niemand tat einen Schritt auf den anderen zu. Wir schwiegen uns fast vier Monate lang an. Anfangs gab es nicht einmal ein »Hallo«, wenn man sich im Flur begegnete. Es schien fast, als wäre die Eiszeit angebrochen.

Lukas wurde vorgeworfen, allzu sehr unter meiner Knute zu stehen, denn »früher« hätte er niemals so einen Aufstand gemacht – und das »nur wegen einer Kuh«. Dabei verkannten seine Eltern den eigentlichen Grund für die Stille zwischen uns auf jede nur denkbare Art und Weise. Sicherlich, es ging auch um Selma. Doch sie war letztlich nur der Auslöser für die darauffolgende Kettenreaktion von Ereignissen gewesen. Die Ursache lag viel tiefer, denn der Vertrauensbruch wog schwerer als alles andere. Es war dieses bewusste Verschweigen des Vorhabens, Selma zu verkaufen, das alles zum Einsturz brachte. Selma war wie Sesam de facto das Eigentum von Lukas' Vater, daran gibt es nichts zu rütteln, und er konnte im Grunde Kühe und Stiere verkaufen und behalten, wie er wollte. Doch nur weil man im Recht ist, etwas zu tun, macht es das noch lange nicht richtig. Lukas' Eltern wussten, dass ihr Handeln auf Ablehnung stoßen würde; das hat meine Schwiegermutter schließlich offen zugegeben. Und trotzdem haben sie es gemacht. Drei Wochen bevor wir den Hof übernehmen sollten.

Vielleicht ist es nur wenig verwunderlich, dass wir den Stall nicht zum 15. Dezember übernommen haben.

»Wenn das die Ausgangssituation ist, sehe ich aktuell keine vernünftige Grundlage, hier irgendetwas zu übernehmen«, sagte Lukas bloß. »Da müssen wir erst einmal klären, wie die Dinge künftig laufen werden.«

Er gab sich die größte Mühe, mit seinen Eltern ins Gespräch zu kommen, doch das war wahrlich nicht immer einfach. Tatsächlich haben diese Gespräche vieles erst einmal schlimmer gemacht, denn während es um die Pläne zur Übernahme des Hofs ging, hat Lukas' Vater schließlich durchblicken lassen, dass er im Grunde gar nicht daran glaubte, dass Lukas oder besser gesagt wir den Hof vernünftig führen könnten. Was auch immer »vernünftig« heißen sollte. Lukas war maßlos gekränkt – ich kann es nicht anders ausdrücken. Nach einiger Zeit gesellte sich zum Gefühl der Kränkung eine gewisse »Jetzt erst recht«-Einstellung, und Lukas begann, seinen Eltern und sich selbst das Gegenteil zu beweisen. Am 15. Januar 2022 erfolgte der endgültige Schichtwechsel. Von diesem Tag an standen wir im Stall, trafen alle Entscheidungen, trugen die Verantwortung und kümmerten uns um alle finanziellen Belange des Betriebs.

Ich würde lügen, wenn ich behaupten würde, dass ich diesen Tag mit Freuden begrüßt habe. Zwischenmenschlich hatte sich rein gar nichts verändert. Es gab keine klärenden Gespräche, kein die Luft bereinigendes Gewitter in Form einer ausufernden und lauten Auseinandersetzung und keine Gewissheit, wie es in Zukunft weitergehen würde. Wann Lukas den Hof offiziell pachten dürfte, wann er ihn in Gänze übergeben bekommen würde, ja, all das hing wie ein großes Fragezeichen über dem noch immer schiefen Haussegen. Es herrschte Stille. Anscheinend wollte man einfach nur abwarten. Abwarten, bis Gras über die Sache gewachsen war. Und dann zur Tagesordnung übergehen. So, wie man es hier mit Konflikten eben so angeht. In erster Linie gar nicht.

Wir taten im November noch alles Erdenkliche, um Selma zurückzuholen. Lukas telefonierte mit der entsprechenden Ohrmarkennummer alle Stellen durch, um sich am Ende der hässlichen Wahrheit stellen zu müssen: Die Kuh hing schon lange am Haken. Sie hing schon, als wir von alledem noch gar keine Ahnung hatten. Vermutlich steckte sie zu diesem Zeitpunkt sogar schon in irgendeiner Verpackung, auf der Bio-Hackfleisch stand. Irgendwo, in irgendeinem Supermarkt. Nur nicht da, wo sie eigentlich sein sollte: bei uns im Stall, auf dem Platz ganz links, direkt neben dem Fenster.

Was bleibt, ist der tiefe Riss, den Selma hinterlassen hat. Nicht nur in meinem Herzen, sondern auch in dem fragilen Vertrauensfundament zwischen meinen Schwiegereltern und mir. Dieser Riss bleibt bestehen. Es ist eine Wunde, für deren (Spät-)Folgen wir bis heute, Jahre später, noch immer kein passendes Pflaster gefunden haben. Wann diese Wunde wirklich verheilt sein wird, ist kaum vorherzusehen. Denn Verletzungen, die nicht behandelt werden, hinterlassen in jedem Fall immer eines: eine hässliche Narbe.

Und die bleibt. Vermutlich für immer.

Ein Rucksack voller Steine

Über das, was kaum jemand weiß

Dezember 2021

Man könnte meinen, dass die Arbeit und das Leben auf dem Hof vor allem und in erster Linie eines sind: körperlich anstrengend. Manchmal landen Nachrichten in meinem Postfach, in denen ich gefragt werde, wie mein Körper das Durchhaltevermögen für diesen 24/7-Job eigentlich aufbringen kann. Es scheint, als hätten die meisten nur die physische Belastung im Blick, was nach meinem Bandscheibenvorfall im Frühjahr 2020 zugegebenermaßen auch nicht gerade an den Haaren herbeigezogen ist. Trotzdem wird hier ein anderer, mindestens ebenso wichtiger Aspekt völlig außer Acht gelassen: nämlich das, was dieses Leben mit der Seele macht. Aktuell würde ich so weit gehen zu behaupten, dass die psychische Belastung der letzten Jahre weitaus heftiger war, als es die physische jemals sein könnte. Allerdings sind die Belastungsgrenze und die Schmerzschwelle bei meiner Seele wohl deutlich höher anzusetzen, als es bei meinem Körper der Fall ist. Vermutlich hat sich deshalb auch Letzterer immer zuerst gemeldet, wenn irgendwas zu viel wurde. Aber eins nach dem anderen.

Nach meiner Bandscheibenoperation im März 2020 fing ich viel zu früh wieder damit an, meinen Körper der alltäglichen Arbeit auszusetzen. Nach sechs Wochen Schonzeit war der Druck, nun wieder etwas leisten zu müssen und produktiv zu sein, enorm. Zudem war ich beim Blick auf mein Bankkonto auch der Meinung, dass ich langsam mal wieder etwas mehr Geld verdienen sollte, denn meine Schwiegereltern hatten mir in der Zeit, in der ich ausgefallen war, bloß etwas mehr als die Hälfte des eigentlich vereinbarten Lohns für meine Anstellung auf dem Hof bezahlt.

Die Stallarbeit ging nun etwa ein halbes Jahr lang gut, doch im Spätherbst meldeten sich die Beschwerden in abgemilderter Form langsam zurück. Meine Ärzte verwiesen mich von einem Physiotherapeuten zum nächsten. Geholfen hat nichts davon.

Das nächste Jahr, 2021, hatte einige herbe Schläge in petto – sowohl körperlicher als auch mentaler Natur. Nachdem mein Angestelltenverhältnis mit meinen Schwiegereltern im Spätherbst 2020 vorerst auf Eis gelegt wurde (im Winter hatte Lukas' Vater schließlich wieder mehr Zeit für den Hof, da er auf dem Campingplatz weit weniger zu tun hatte als noch im Sommer), begannen im Frühjahr 2021 die »Verhandlungen« über die nächste Sommersaison. Es würde wieder zwei Praktikantinnen geben, so viel war klar, doch diese beiden mussten zunächst einmal akquiriert und im Sommer schließlich eingearbeitet werden. Noch dazu wäre wohl keine der beiden imstande, sich selbstständig und ohne die Hilfe von den Schwiegereltern um die gesamte Stallarbeit zu kümmern. Also kam ich wieder ins Spiel. Es war mir höchst unangenehm, mit meinem Schwiegervater über das von ihm angedachte Gehalt für diesen Sommer zu verhandeln. Er hatte gerade einmal die Hälfte dessen angesetzt, was ich im vergangenen Jahr für die Arbeit auf dem Hof bekommen hatte, doch das war mir ehrlich gesagt nicht genug. Tatsächlich ging es dabei nicht primär um das Geld an sich, denn mittlerweile konnte ich als Content Creatorin und Autorin meinen Lebensunterhalt sehr gut selbst bestreiten. Es ging mir vielmehr um die fehlende Wertschätzung, die diese Summe in meinen Augen zum Ausdruck brachte, und das schmerzte immens. So verhandelte ich also in zwei oder drei kurzen Gesprächen (die alle stets irgendwo zwischen Tür und Angel stattfanden) mit meinem Schwiegervater meinen Lohn für den kommenden Sommer. Irgendwann wurde mir dieses Hin und Her zu albern, und ich ließ mich dazu hinreißen, bei einem Lohn von etwa ¾ des Vorjahres *Ja* zu sagen. Rückblickend kann ich mich eigentlich nur kopfschüttelnd fragen, warum ich das so akzeptiert habe. Immerhin beharrte ich darauf, erst im Juni anzufangen, und nicht, wie mein Schwiegervater es gerne gehabt hätte, bereits im Mai. Er wollte außerdem, dass ich den Stall bis in den Oktober hinein übernehme, doch darauf antwortete ich bloß mit seinem Lieblingsspruch: »Schau'n wir mal.«

So begann ich also im Juni wieder mit der Stallarbeit, die ich die meiste Zeit über gänzlich allein zu bewältigen hatte. Tatsächlich freute ich mich auf gewisse Art und Weise über die tägliche Arbeit mit den Kühen, ja selbst die Heuernte, die bald schon anstand, erledigte ich wirklich gerne. Im Juli kamen schließlich die beiden Praktikantinnen, die ich für die Schwiegereltern über Instagram akquiriert hatte. In den ersten Tagen war ich im Grunde fast ausnahmslos damit beschäftigt, den beiden alles zu zeigen und sie im Stall einzuarbeiten. Wie jedes Jahr war dies ein recht anstrengendes Unterfangen, da man während der Einarbeitungszeit für alles mindestens doppelt so lange wie gewöhnlich braucht, doch ich wusste, dass sich diese zeitliche Investition in spätestens zwei Wochen, wenn beide in ihren Aufgabenbereichen fit sein würden, wieder rechnen würde.

Unglücklicherweise erhielten wir nach diesen zwei Wochen Besuch, mit dem ich bis dahin nicht gerechnet hatte: eine der jungen Frauen, die sich für das Sommerpraktikum beworben hatten, stand trotz einer Absage von uns Mitte Juli plötzlich vor unserer Haustür. Sie hätte jetzt sechs Wochen Zeit, um auf dem Hof mitzuarbeiten, und würde derweil in ihrem Zelt unterkommen, quasi als ganz normaler Campinggast. Ich erinnerte mich wieder an die Bewerbung des Mädchens: Die Teenagerin hatte mich bereits vor zwei Wochen via Instagram kontaktiert, dass sie trotz der Absage dennoch zum Helfen kommen wollte, da sie die Arbeit unbedingt machen wollen würde. Ich hatte ihr höflich, aber bestimmt geantwortet, dass wir unsere beiden Praktikantinnen bereits hätten und sie zwar wie alle anderen Gäste auch unter Umständen ab und zu bei irgendwas mit anpacken, ich ihr da aber nichts konkret versprechen könnte. Als sie nun knapp zwei Wochen später plötzlich auf dem Hof stand, war mein Schwiegervater von diesem motivierten, freiwilligen und zahlenden Campinggast natürlich hellauf begeistert und wollte, dass ich die Neue unter meine Fittiche nehme. Doch offen gestanden empfand ich das Aufkreuzen des Mädchens auf gewisse Art und Weise als unangenehm und fast schon aufdringlich, und auch die beiden bereits eingearbeiteten Praktikantinnen fühlten sich mit einer dritten Person im Bunde nicht mehr wohl. Es mag vielleicht hart klingen, aber man darf nicht vergessen, dass der Hof nicht nur mein Arbeitsplatz, sondern auch mein Lebensraum ist. Mit der Privatsphäre ist es im Sommer ohnehin schon schwierig – die hat man weder im Haus, wo ständig irgendwer an der Schlafzimmertür vorbeigeht oder auf dem Balkon vor unseren Fenstern die Wäsche auf- und wieder abhängt, noch draußen auf dem Hof, wo man quasi unter ständiger Beobachtung der Campinggäste oder der übrigen Mitbewohner des Hauses steht.

Ich sträubte mich also recht erfolgreich dagegen, eine weitere, fremde Person in meinen Alltag zu integrieren, woraufhin mein Schwiegervater die Sache selbst in die Hand nahm und die Neue als seine persönliche Küchenhilfe im Campingrestaurant einschulte. Allerdings tat er das nicht, ohne dabei regelmäßig seinen Unmut darüber zu äußern, dass ich sie ja völlig ausschließen würde. Manchmal wies er mich auch vor versammelter Mannschaft zurecht und bestimmte über meinen Kopf hinweg, wer wann wo und bei welcher Arbeit mit den Tieren helfen sollte. Natürlich war das junge Mädchen stets Bestandteil seiner Planung.

So reihte sich eine zwischenmenschliche Unebenheit an die nächste, und wir arbeiteten uns stolpernd und strauchelnd durch die Sommersaison. Zum endgültigen Crash kam es jedoch erst Anfang August, als ich zufällig von den beiden Praktikantinnen erfuhr, wie hoch ihr monatliches Gehalt war. Sie bekamen etwa ein Viertel mehr als ich, was mit anderen Worten hieß: Sie bekamen genau die Summe, die ich im Vorjahr auch verdient hatte, die mir mein Schwiegervater für dieses Jahr allerdings versagt hatte. In diesem Moment fühlte ich mich, als hätte mich eine Abrissbirne irgendwo in der Magengegend erwischt. Ich wusste nicht so recht, welches Gefühl größer war: das der Wut oder das der absoluten Frustration. Lange Zeit hatte ich immer um Wertschätzung gekämpft, doch erlebt habe ich im Endeffekt nur noch Geringschätzung. Zu allem Überfluss erfuhr ich in diesem Kontext auch noch, dass mein Schwiegervater die beiden Helferinnen wohl mehrfach gefragt hatte, ob ich sie eigentlich für die Arbeit, die sie aus freien Stücken heraus bei mir im Gemüsegarten verrichteten, auch bezahlen würde, denn das sei schließlich ihre Freizeit.

Die Praktikantinnen sollten uns Ende August wieder verlassen, und ich beschloss, es ihnen – zumindest beruflich – gleichzutun. Die Diskussion mit meinem Schwiegervater war kurz, aber heftig. Er insistierte darauf, dass ich, wie wir es in seinen Augen vereinbart hatten, noch mindestens den gesamten September, wenn nicht sogar auch den Oktober für ihn den Hof schmiss. Ich weigerte mich beharrlich. Als das Thema Geld zur Sprache kam, zuckte er nur mit den Schultern.

Der Sommer verging, der Herbst nahte mit großen Schritten. Die Löcher, in die es mich nun langsam alle paar Wochen hineinzog, wurden immer größer und schwärzer. Manchmal brauchte es mehrere Tage, bis ich wieder herauskam. Keine der Streitigkeiten und Konflikte, die sich im Laufe des Jahres angesammelt hatten, wurden je ausgetragen oder gar beigelegt. Die Prämisse hieß »Totschweigen und Gras über die Sache wachsen lassen«, und die war den Beteiligten eindeutig lieber, als die Dinge auszudiskutieren. Nur leider wird auch das schönste Gras früher oder später wieder vertrocknen, wenn der Boden in schlechtem Zustand ist. Und so war es auch bei uns.

Es wäre müßig, alle Seitenhiebe und Zwischenfälle, die noch folgen sollten, im Detail aufzulisten. Mein innerer Druck und die Hilflosigkeit machten mich schier wahnsinnig. Am 31. Oktober, zwei Tage bevor Lukas und ich unsere Reha beginnen würden, landete ich mit Bauchschmerzen aus der Vorhölle in der Notaufnahme des Bezirkskrankenhauses in Lienz. Seit zwei Tagen behielt ich weder Nahrung noch Wasser bei mir und konnte mich auch an diesem Tag nur mehr vor Schmerzen krümmen. Die Diagnose: akute Gastritis, eine Magenschleimhautentzündung also, wie mir der Arzt erklärte.

»Aber woher kommt das, liegt das an der Ernährung?«, fragte ich ihn, als die Schmerzmittel endlich ihre Wirkung zeigten und ich halbwegs entspannt auf dem Behandlungstisch lag. Doch der Arzt legte nur den Kopf schief und setzte sich auf einen Hocker neben meine Liege.

»Trinken Sie viel Kaffee?« Ich schüttelte nur den Kopf.

»Vielleicht besonders viel Alkohol in letzter Zeit? Oder nehmen Sie noch irgendwelche Medikamente?« Doch ich konnte alles bloß verneinen.

»Oder«, setzte der Arzt erneut an, »haben Sie seelischen Stress?«

Ich biss mir auf die Unterlippe. Treffer versenkt. Man entließ mich wenige Stunden später mit einer Ladung Medikamente und dem gut gemeinten Rat, meine Stressfaktoren »ein wenig zu reduzieren«. Fünf Tage später fand ich mich mit den gleichen Symptomen in der Notfallambulanz des Rehazentrums wieder. Allerdings wurden mir dort nicht nur Medikamente, sondern auch gleich noch zwei Orientierungsgespräche mit der im Rehazentrum ansässigen Psychologin verordnet. Am Ende der Reha wurde ich mit einem bunten Portfolio an Rückenübungen von den Physiotherapeut:innen sowie mit der Verdachtsdiagnose »mittelgradige Depression« und »leichte Form von Burn-out« von der Psychologin entlassen. Sie bat mich eindringlich darum, mir alsbald möglich psychotherapeutische Hilfe zu suchen.

Ja, so habe ich den Weg zurück auf den Hof angetreten. Und dann kam die Sache mit Selma, und ich würde wohl lügen, wenn ich sagte, dass mir diese Geschichte und ihre Nachwehen nicht gänzlich den Boden unter den Füßen weggerissen hätten. Das Maß war voll.

Im Grunde hatte mir die Psychologin im Rehazentrum nichts Neues erzählt. Ich wusste, was mir da im Nacken sitzt. Ich wusste es eigentlich schon seit etwa einem Jahr. Seit ich mich zum ersten Mal in diesem Loch gefunden habe, von dem ich weder wusste, wie ich hineingekommen war, noch wie ich wieder herauskommen sollte. Ich wusste es, weil mich meine Hausärztin bei jedem Besuch in ihrer Praxis mit sorgenvollem Blick gefragt hatte, »ob wir ›da‹ nicht was unternehmen wollen«. Ich wusste es, weil ich mich noch zu gut an den traurigen und leeren Blick von einer mir sehr nahestehenden Person erinnere, die mit der gleichen Diagnose gesegnet war. Es ist Jahre her, aber ich habe ihn vor mir, diesen Blick. Weil er mich in jener Zeit nur allzu oft im Spiegel angeschaut hat.

Doch ich war exzellent darin, all das über weite Strecken zu ignorieren. Es ist ein bisschen wie der lästige Besuch einer unliebsamen Bekannten, die zunächst alle paar Monate vor der Tür steht. Nun ja, damit kommt man schon irgendwie klar. Doch diese Besuche nahmen in ihrer Häufigkeit nicht ab, im

Gegenteil: Sie kam immer regelmäßiger vorbei, irgendwann jeden Monat. Dann alle zwei, drei Wochen. Schließlich saß sie mehrmals in der Woche auf meiner Bettkante und grinste mich höhnisch an. Und am Ende, ja am Ende wollte sie gar nicht mehr gehen.

Es fällt mir sehr schwer, über dieses Thema zu sprechen oder zu schreiben. Vermutlich hat es Gründe, dass ich auch über anderthalb Jahre nach der Diagnose auf Social Media noch immer darüber schweige. Denn wie erklärt man etwas, das niemand sehen kann?

Fieber ist messbar. Wenn man ein Röntgenbild von einem Bein macht, sieht man, ob der Knochen gebrochen ist. Eine Platzwunde blutet, und Schläge hinterlassen blaue Flecken. Doch kein Röntgenbild der Welt verhilft der Seele zu einer vernünftigen Diagnose, ihr Fieber ist nicht messbar, und bluten tut sie auch nicht. Und der Schmerz, ja, auch den kann niemand sehen. Doch trotzdem war er da, und an schlechten Tagen lähmte er mich schier gänzlich.

Mitte Dezember saß ich wie ein kleines Kind auf Lukas' Schoß, als ich nacheinander die Nummern von vier verschiedenen Psychologinnen in mein Handy tippte, die wir zuvor gemeinsam im Internet gefunden hatten. Ich erreichte drei Anrufbeantworter; einmal war besetzt. Überraschenderweise riefen alle binnen kürzester Zeit zurück, und so konnte ich Ende Dezember und Anfang Januar insgesamt drei Erstgespräche vereinbaren. Die erste Psychologin entpuppte sich als radikale Impfgegnerin und Coronaleugnerin, zumindest wurde sie nicht müde, mir das innerhalb der ersten dreißig Minuten auf die Nase zu binden. Mir war nicht wohl dabei, meine seelische Gesundheit in die Hände einer Person zu legen, die fest daran glaubte, dass die Covid-Impfung bloß ein Versuch der Regierung sei, uns allen Überwachungschips zu implantieren. Ich ging und kam nie wieder.

Die zweite Psychologin lauschte etwa vierzig Minuten lang

aufmerksam meinen Ausführungen über meine aktuelle Lebenssituation. Sie nickte zwischendurch stets verständnisvoll und kam schlussendlich (wohlgemerkt: nach nur vierzig [!] Minuten) zu der Erkenntnis, dass sie mich nur dann behandeln könne, wenn ich innerhalb der nächsten drei Monate den Hof verlassen würde. Völlig aufgelöst stieg ich zu Lukas ins Auto, und bevor der auch nur ein Wort sagen konnte, bat ich nur darum, dass er mich möglichst schnell möglichst weit weg von dieser Frau bringen sollte. Lukas konnte mich im Januar nur mit viel Mühe davon überzeugen, auch das dritte Erstgespräch wahrzunehmen, denn ich war drauf und dran, das ganze Therapievorhaben wieder an den Nagel zu hängen. Wie gut, dass ich seinem Drängen nachgegeben hatte, denn bei der dritten Therapeutin stimmte die Chemie auf Anhieb.

So saß ich also alle zwei Wochen, manchmal auch öfter, in diesem minimalistisch eingerichteten Zimmer und sprach mit der mir gegenübersitzenden Frau über all das, über das ich die letzten Jahre geschwiegen hatte. Zu behaupten, dass es gutgetan hat oder schnell Besserung einkehrte, wäre schlicht und ergreifend gelogen. Im Gegenteil: Zunächst wurde alles noch schlimmer, doch das hatte weniger mit der Therapie als mit diversen externen Faktoren und Umständen zu tun, die wie ein Feuerregen auch im Folgejahr auf mich einprasselten. Tatsächlich war im Spätherbst 2022 schließlich der Punkt erreicht, an dem die körperlichen Symptome derart überhandnahmen und es quasi unmöglich wurde, im Rahmen der Therapie etwas anderes als bloß die alltägliche Schadensbegrenzung und die Bekämpfung ständig neuer Brandherde zu betreiben, dass mich meine Psychologin schließlich per Notfalltermin an eine Psychiaterin verwies, um ein Rezept für die Therapie ergänzende Psychopharmaka zu erhalten. Mir war zu diesem Zeitpunkt jedes Mittel recht, vermutlich hätte ich nicht einmal abgelehnt, wenn sie mir Knoblauchbonbons hätte verabreichen wollen. Ich hätte alles in Kauf genommen – solange dieses dumpfe Gefühl, die anhaltende Müdigkeit und alles andere, das mich komplett aushebelte, nur endlich verschwinden würden. Ich fühlte mich nicht mehr wie ich selbst, und mir fehlte jegliche Idee, wie und wo ich mich wiederfinden könnte.

Rückblickend betrachtet war das wohl der Tiefpunkt, denn danach ging es langsam, aber doch stetig bergauf. Meine Resilienz wurde stärker, und auch wenn ich selbst heute noch vermutlich meilenweit von dem Zustand »geheilt« oder »kuriert« entfernt bin, ist doch vieles weitaus besser geworden. Obwohl die Aussage der zweiten Therapeutin damals, ich müsse erst einmal den Hof verlassen, um vernünftig therapiert werden zu können, über alle Maßen unprofessionell und daneben war, ließ mich auch ein gutes Jahr später der Gedanke nicht los, dass sie langfristig recht behalten würde. Perspektivisch müssten Lukas und ich etwas an unserer Lebenssituation ändern, denn zusammen mit dem Rest der Familie unter einem Dach würde es wohl nicht mehr lange gut gehen.

Die wichtigste Lektion dieser Geschichte war für mich wohl die, dass Reden hilft. Vielleicht tut es anfangs erst mehr weh, und vielleicht wird alles erst noch ein bisschen schlimmer, aber irgendwann wird es auf jeden Fall besser. Es ist richtig und wichtig, sich Hilfe zu suchen, auch (oder gerade) dann, wenn man denkt, dass es doch gar nicht so schlimm ist. Eine psychologische oder gar psychiatrische Behandlung darf nichts sein, wofür man sich schämt oder was man bewusst vor seinem Umfeld verschweigt. Es bedarf schließlich einiger Stärke, um sich in die hauseigenen dunklen Wälder zu begeben und für mehr Licht zu sorgen.

Vielleicht schaffe ich es irgendwann auch, die Sache mit der Depression im Netz zu thematisieren. Ich hätte mir damals gewünscht, dass es Menschen gibt, die offen über diese Erkrankung sprechen und die einem klarmachen, dass man nicht selbst schuld ist oder einfach »nur mal an die frische Luft«

muss. Ja, wir sollten viel häufiger über Dinge sprechen, die uns Angst machen und bei denen wir vielleicht sogar ein gewisses Gefühl der Scham verspüren, denn es gibt ganz gewiss mindestens einen Menschen da draußen, der in diesem Moment genau das hören muss:

Es ist nicht deine Schuld.
Es ist okay, um Hilfe zu bitten.

Und das Wichtigste:
Es wird irgendwann wieder besser.
Versprochen.

Findus

Von einem, der kam, als eine andere gehen wollte

Januar 2022

Der Winter 2021/22 war frostig – und das nicht nur aufgrund der klimatischen Bedingungen. Im Haus selbst und zwischen seinen Bewohnern herrschte eisige Kälte, was vermutlich auch der Grund war, weswegen ich das Anliegen, welches eine junge Frau aus dem Ort mir Anfang Dezember via Instagram dargelegt hatte, nicht an Lukas und seine Familie herantrug. Es ging dabei um zwei Katzenjunge, zwei Kater, um genau zu sein. Die Katze der Frau war ungeplant trächtig geworden, nun suchte sie nach einem guten Platz für die beiden übrigen Fellknäuel, und bei mir war sie sich laut ihren Worten sicher, dass sie einen guten Platz haben würden. Ich konnte nur seufzen. Viel zu gerne würde ich die beiden bei uns aufnehmen, zwei Kater mehr oder weniger würden den Kohl nun auch nicht mehr fett machen; Mäuse gibt es auf dem Hof schließlich zur Genüge. Allerdings waren die beiden noch nicht kastriert, was zusätzliche Kosten mit sich bringen würde. Und ich müsste in jedem Fall bei Lukas' Eltern um Erlaubnis fragen, denn noch lag der Hof schließlich in ihren Händen. Da ich deren Ansichten jedoch zur Genüge kenne (jede streunende Katze wird mit hochgezogenen Augenbrauen beäugt, und füttern soll man sie gleich gar nicht, »wir sind schließlich nicht Gut Aiderbichl«), erwähnte ich meinen Schwiegereltern gegenüber die kleinen Kater erst gar nicht. »Tut mir wirklich sehr, sehr leid, aber das wird aktuell einfach nicht funktionieren«, schrieb ich der jungen Frau aus dem Ort also betrübt, während ich unseren beiden Katern eine Extrastreicheleinheit angedeihen ließ. Ich konnte damals noch nicht erahnen, wie schnell Katzenjunge bei uns doch wieder zum Thema werden würden.

Eines Tages, genauer gesagt am 17. Januar 2022 – wir hatten seit zwei Tagen die Stallarbeit übernommen und waren an diesem Morgen gerade zum Melken bei den Kühen –, tauchte ein kleiner, getigerter Kater auf dem Hof auf. Laut maunzend lief er durch den Stall und sprang Lukas und mir bei jeder sich bietenden Gelegenheit auf den Schoß. Menschen schienen ihm sehr vertraut zu sein, weswegen wir wirklich unsere liebe Mühe hatten, das kleine Fellknäuel auf Abstand zu halten, um unserer Arbeit nachzugehen.

»Wo um alles in der Welt kommt der denn jetzt her?«, fragte ich Lukas.

Er zuckte bloß mit den Schultern: »Keine Ahnung, aber ich habe so meine Zweifel, dass er von alleine hier in den Stall hineingekommen ist. Schau, der kennt ja noch nicht einmal die Katzenklappe.«

Lukas hatte recht. Der Kater irrte ziemlich verloren durch den Stall und sah nicht so aus, als würde er sich hier wirklich gut auskennen. Was Lukas' Theorie, dass es sich bei ihm nicht um eine streunende Katze handelt, nur bestätigte: Streunende Katzen erkunden die Umgebung erst einmal ganz genau, bevor sie sich in die Nähe der Menschen oder gar in geschlossene Räume wie den Kuhstall trauen. Mal abgesehen davon, dass dort ja auch zwei andere Kater, King Hutze und Wuschi, ihr

Revier hatten. Ja, dieser kleine Neuzugang war mit an Sicherheit grenzender Wahrscheinlichkeit nicht von allein zu uns gekommen. Es war also in jeder Hinsicht seltsam. Die Stallarbeit zog sich an diesem Morgen unendlich in die Länge, da ich gar nicht von dem kleinen Kater lassen konnte. Hier ein kurzes Streicheln, dort ein Leckerli – und als er sich dann irgendwann zu einem kleinen wärmenden Kissen auf meinem Schoß zusammenrollte und einfach einschlief, war es um mich geschehen. Er sah aus wie der kleine Kater aus den Büchern von Sven Nordqvist, Findus. Der Name passte wie die Faust aufs Auge. Gibt es eigentlich auch bei Tieren Liebe auf den ersten Blick?

Ich schoss einige Fotos, nahm ein kurzes Video auf und postete beides wenige Minuten später auf Instagram. Ob der Kater bleiben durfte oder nicht, stand im Grunde schon gar nicht mehr zur Debatte. Wir waren vor vollendete Tatsachen gestellt worden, und vielleicht war es so ja gerade richtig. Trotzdem wollte ich ausschließen, dass dieser kleine Schmusetiger irgendwo schmerzlich vermisst wurde. Doch zunächst sollte alles noch viel seltsamer werden.

Kaum dass ich die Story hochgeladen hatte, rief mich nämlich Philipp, Lukas' ältester Bruder, von der Arbeit aus an. »Den Kater, den du da gefunden hast, habe ich gestern Nacht in den Stall gesetzt. Ich habe ihn auf dem Weg nach Hause zwischen einigen Brettern in dem alten Verschlag beim Radweg gefunden. Nachdem ich ihn da rausgeholt habe, ist er mir hinterhergelaufen. Keine Ahnung, wo der eigentlich hingehört ...«

Nun wussten wir allerdings immer nicht, woher der Kater (Findus) eigentlich kam. Lukas war gerade in Begriff, sämtliche Höfe aus der Umgebung abzutelefonieren, als eine Nachricht bei Instagram für mich eintrudelte. Und nun begann sich der Kreis zu schließen: Die Absenderin der Nachricht war ebenjene junge Frau, die mich Anfang Dezember wegen der beiden kleinen Kater angeschrieben hatte. Sie schickte einige Bilder von ihrem Theo, welcher am linken Vorderbein eine weiße Fuß-spitze und am Hals ein ebenso schneeweißes Lätzchen hatte. Der Rest war durch und durch getigert. Ich schaute zu Findus. »Theo?«, sprach ich ihn fragend an, doch der Kater blickte nur mit leicht schief gelegtem Kopf genauso fragend zurück. Da war die weiße Fußspitze. Und das Lätzchen am Hals. Findus gähnte.

Seufzend wählte ich die Nummer, die mir die junge Frau prompt zugeschickt hatte. Als sie den Hörer abnahm, versuchte ich mir meine Enttäuschung darüber, dass Findus schein-bar doch ein Zuhause hatte, nicht anmerken zu lassen. Findus wurde längst vermisst. Und Findus hieß eigentlich Theo.

»Ich weiß wirklich nicht, wie der bei euch landen konnte! Das ist ja auch ein ganzes Stück weit weg – und wir vermissen ihn schon seit fast zwei Wochen. Ich habe schon befürchtet, dass er irgendwo unter ein Auto gekommen ist…«, sprudelte die Frauenstimme am anderen Ende der Leitung.

»Ja, also wenn ich mir deine Fotos so anschaue, ist das ganz eindeutig dein Theo«, antwortete ich, »ihm geht's so weit gut, nur schmusen will er die ganze Zeit.«

»Ja, das ist dann wirklich eindeutig Theo!«, lachte sie in den Hörer.

»Hmm, also«, ich zögerte, »suchst du noch immer ein Zuhause für ihn?«, traute ich mich schließlich zu fragen.

Es herrschte kurze Stille. »Geht das denn bei dir? Also mit der Familie und weil du ja sagtest, dass es gerade schwierig sei?«

»Jetzt ist er ja schon da. Das Kind ist also quasi schon in den Brunnen gefallen. Vollendete Tatsachen und so…« Wir lach-ten beide, und erleichtert hörte ich die erhofften Worte:

»Ja, also wenn das so ist – sehr gerne. Theo ist im Spätsom-mer letzten Jahres geboren worden, September etwa. Kastriert ist er noch nicht, aber er hat keinerlei Krankheiten oder so. Dürfen wir ihn denn eventuell irgendwann auch mal bei dir be-suchen kommen?«

Ich lächelte. Damit war der Deal auch schon besiegelt, und ich war plötzlich, ganz hochoffiziell, Katzenmama.

Ich bin offen gestanden kein Fan davon, gewisse Begegnungen oder Lebenswendungen als »schicksalhaft« zu bezeichnen. Die Dinge passieren eben. Bei Findus fällt es mir jedoch in jeder Hinsicht schwer, von einem Zufall zu sprechen, denn dafür war der Moment, in dem er mir im wahrsten Sinne des Wortes in den Schoß fiel, einfach zu passend. Der Jahreswechsel war geprägt von Zweifeln monumentalen Ausmaßes. Mehr als nur einmal fragte ich mich, was ich hier eigentlich noch sollte und warum ich nicht schon längst gegangen war. Die angespannte Situation in der Familie belastete mich nach wie vor extrem, und es fühlte sich an, als wäre ich in einem endlosen Karussell gefangen. Sämtliche Gespräche, wenn sie denn mal zustande kamen, drehten sich im Kreis, und es war ein Ding der Unmöglichkeit, zu einer einvernehmlichen Lösung zu finden. Eine Lösung, bei der beide Seiten ein wenig über die eigene Kränkung und das eigene Ego hinwegsehen und einen Schritt auf das Gegenüber zugehen würde, war schier undenkbar. Eine Schuldzuweisung reihte sich an die nächste; auf eine Kränkung folgte nur eine weitere. Die Hoffnung darauf, dass man irgendwann ein friedliches Zusammenleben entwickeln könnte und das Wort »Familie« nicht bloß als Aushängeschild im Quasi-Werbeslogan-Kontext des »Familienbetriebs« existierte, ja, diese Hoffnung hatte Ende November mit einer Kuh namens Selma den Hof verlassen. Der einzige Grund, weswegen ich nicht gegangen war, hieß Lukas. Lukas und natürlich sämtliche Vierbeiner des Hofs. Sie machten es nahezu unmöglich, all den Zweifeln Taten folgen zu lassen. Auch wenn es in der damaligen Situation mit Sicherheit gesünder gewesen wäre, einfach zu gehen.

Doch ich blieb. Ich blieb im Januar 2022 genauso, wie ich im Sommer zuvor und im Herbst davor geblieben war. Ich konnte mich nie von dem Gedanken lösen, dass unser Tun hier auf dem Hof irgendwann noch einen tieferen Sinn haben würde. Dass wir diesen Hof irgendwann auf eine Art führen könnten, die uns in jeder Hinsicht, materiell wie ideell, am Leben erhält. Doch zugegeben, mit der Zeit wurde es immer schwerer, sich an solchen Gedanken und Träumen festzuhalten. So auch in besagtem Januar. Doch dann kam ein kleines getigertes Fellknäuel namens Findus in mein Leben hineingestolpert und machte laut »Miau«.

Es wäre mit Sicherheit übertrieben, wenn ich behauptete, dass der Kater alles verändert und vor allem alles wiedergutgemacht hat. Das hat er nicht – und das war auch gar nicht seine Aufgabe. Es war nicht von heute auf morgen wieder alles gut, doch es war zumindest ein wenig besser. Schon beim Aufwachen freute ich mich auf Findus, der es sich zur Gewohnheit gemacht hatte, pünktlich um 6:30 Uhr auf dem schmalen Brett neben der Stalltür zu sitzen und auf mich zu warten. Auch Lukas begrüßte den Neuzugang jeden Morgen überschwänglich, und King Hutze hatte den kleinen Tiger sofort unter seine Fittiche genommen. Mit einer Geduld, die man nicht für möglich halten würde, ertrug er sämtliche Spielereien, diverse Angriffe aus dem Hinterhalt und jeden noch so unverfrorenen Futterklau von Findus. Es dauerte nicht lange, und die beiden wurden das, was man so bedeutungsschwer »Ein Herz und eine Seele« nennen würde. Der kitschige Höhepunkt war erreicht, als beide eine alte Pappkiste für sich beanspruchten und fortan, ineinander eingerollt wie Yin und Yang, friedlich schlummerten.

Wenige Wochen nach seinem Einzug hatte Findus sämtliche Herzen erobert. Selbst Lukas, der sonst für gewöhnlich die Keine-Tiere-im-Wohnhaus-Linie seiner Eltern fuhr, erbarmte sich irgendwann. Nachdem Findus kastriert wurde, sollte er zwölf Stunden lang unter Beobachtung bleiben. Und zwar wenn möglich nicht draußen auf dem Hof, sondern eher im Haus. Nun ja, die Zwölf-Stunden-Empfehlung des Tierarztes rundete ich im Gespräch mit Lukas ganz großzügig auf etwa 36 Stunden auf, was schlussendlich dazu führte, dass ich eines Abends in unsere Wohnküche kam und die beiden Herren der Schöpfung zusammen auf unserem Sofa vor *The Big Bang Theory* vorfand. So viel zum Thema »keine Tiere im Wohnhaus«. Vermutlich war das am Ende des Tages wohl eher eine Art Richtlinie als ein in Stein gemeißeltes Gesetz, zumindest sahen es die Katzen so. Findus besucht uns seitdem immer mal wieder in unserer Wohnküche – vorzugsweise dann, wenn im Frühling und im Sommer kräftig gelüftet wird und die Türen der Schwiegereltern einen Moment zu lange offen stehen. Nicht selten huscht Findus dann an den wachsamen Augen meiner Schwiegermutter vorbei. Und ab und zu, wenn er besonders mutig ist, bringt er auch seinen besten Freund mit, King Hutze.

Ganz egal, wie dunkel manche Tage sein mögen, diese beiden machen es immer ein kleines bisschen besser. Wenn ich sie mir so anschaue, fällt mir nur eines ein: *nicht gesucht und doch gefunden.*
Und das kenne ich selbst wohl auch nur allzu gut.

Oma Primel

Die Grande Dame unter den Kühen

Es ist ja nun gemeinhin bekannt, dass man zu manchen Wesen schneller »einen guten Draht« entwickelt als zu anderen. Manchmal wird man binnen weniger Minuten miteinander warm, und schon nach wenigen Wochen fühlt es sich so an, als würde man sich ewig kennen. Man weiß um die Macken des jeweils anderen und kennt die Bedürfnisse des Gegenübers ganz genau. Ja, solche Beziehungen gibt es.

Das Verhältnis zwischen Primel, unserer ältesten Kuh, und mir gehört eindeutig nicht in diese Kategorie. Zugegebenermaßen habe ich nie damit gerechnet, zu Primel überhaupt irgendwann eine Beziehung aufzubauen, eine gute schon gleich gar nicht. Aber sie sollte mich eines Besseren belehren. Zum Glück.

Primel stand mit ihren knapp zehn Jahren im Oktober 2019 auf der Abschussliste meines Schwiegervaters. Die Kuh war für seinen Geschmack (zu) alt, (zu) schwer zu melken und noch dazu trächtig mit einem Charolais-Kälbchen (eine Rasse, mit der man als Milchviehbetrieb rein gar nichts anfangen kann, da sie eher zur Fleischgewinnung denn zur Milchproduktion gezüchtet wird). Lukas' Vater wollte sie unbedingt loswerden und bemühte sich monatelang, einen willigen Käufer für die scheinbar unwillige Kuh zu bekommen. Er pries sie als prächtige Mutterkuh an und bewarb ihre Milchleistung besser, als es so mancher Werbetexter hinbekommen hätte. Doch sämtlichen Bemühungen zum Trotz stand die Kuh auch im Januar 2020 noch in unserem Stall. Ende Februar hatte sie ihren errechneten Abkalbetermin, und als auch der letzte Interessent Anfang Februar einen Rückzieher machte, stand fest: Primel würde auch dieses, ihr insgesamt siebtes Kälbchen, auf unserem Hof zur Welt bringen. Und nachdem die Schwiegereltern für einige Tage in Urlaub gefahren waren und Lukas seine Tage vorwiegend im Rettungswagen des Roten Kreuzes verbrachte, stand für mich fest: Primels Kälbchen würde sehr wahrscheinlich unter meiner Obhut das Licht der Welt erblicken. Primel selbst hielt scheinbar nicht sonderlich viel von Geburtshilfe. Sie legte eine Attitüde an den Tag, die mehr nach »was willst du Grünschnabel eigentlich – ich bin Profi« als nach »los, pack doch bitte endlich mal mit an« schrie. Ich leistete den subtilen Anforderungen der Kuh artig Folge und wartete in gebührendem Abstand ab. Nun könnte ich großspurig behaupten, dass das kleine Kuhkalb, das Primel da zur Welt gebracht hatte, »mein« erstes Kälbchen gewesen sei. Die erste Geburt, die ich in Gänze allein überwachte und betreute. Doch schon beim Gedanken daran, diese Zeilen so niederzuschreiben, sehe ich den abschätzigen Blick der Kuh förmlich auf mir ruhen. Noch immer mit dem latenten »Sich mit fremden Federn schmücken … Ist das dein Ernst, Grünschnabel?«-Unterton.

Primel hielt ihre Position auf dem Hof also mehr als hartnäckig. Mein Schwiegervater unterzog sie einer Euterbehandlung durch den Tierarzt, die dafür sorgen sollte, dass sich die Zellwerte der Milch (die ein Indikator für etwaige Entzündungen sind und von der Molkerei streng kontrolliert werden) wieder im Normbereich einpendelten. Mit Erfolg. Wenige Wochen danach wiederholte mein Schwiegervater immer und immer wieder gebetsmühlenartig die Worte seines Vaters: »Mit den alten Kühen machst du die Milch«. Was in Primels Fall so viel heißen sollte wie: Jetzt, da die Zellwerte wieder stimmen und sie so viel Milch gibt, hat man mit dem Nichtverkauf der Kuh alles richtig gemacht. Glück für Primel.

Normalerweise sollte eine Milchkuh einmal im Jahr ein Kälbchen zur Welt bringen, damit die Milchleistung wieder da ist, wo der wirtschaftlich denkende Bauer sie gerne hätte. Eine Laktation (so nennt man die Phase, in der die Kuh Milch gibt) sollte etwa 300 Tage dauern. Danach folgt die Phase des Trockenstehens (etwa zwei Monate vor dem geplanten Abkalbetermin; von da an sollte die Kuh ihre Energie ausnahmslos für das Kälbchen aufwenden können) und – so der Plan – nach 360 Tagen die Geburt und somit der Beginn einer neuen Laktation. Von da an fängt der Kreislauf, zumindest in der Theorie, wieder von vorne an.

Doch Primel wäre nicht Primel, wenn sie nicht über all diesen Gesetzen der Milchwirtschaft stehen würde. Denn während so manche Kuh schneller auf dem Hänger des Viehhändlers stand, als sie schauen konnte, ging dieser Kelch – warum auch immer – an Primel stets vorbei. Das zog sich bis in den Spätsommer 2021.

Lukas begann sich in dieser Zeit immer mehr mit dem Hof und somit auch den Kühen zu beschäftigen. Milchleistung, Zellwerte, Gesamtzuchtwert: Er durchforstete sämtliche Tabellen und Milchkontrollberichte und kam im September schließlich zu dem Schluss, dass Primel nicht noch einmal gedeckt werden sollte. Wir würden sie noch einige Monate melken, doch dann, wenn ihre Milchleistung kaum mehr nennenswert wäre, würde er sie für immer trocken stellen.

»Die Zeit, die ich bei Primel fürs Melken brauche, brauche ich sonst für drei andere Kühe, die die Milch normal hergeben«, sagte er bloß.

Und ich konnte es ihm nicht verdenken. Primel hielt die Milch gerne zurück, was im Umkehrschluss dazu führte, dass man sich am Ende eines jeden Melkdurchgangs geduldig neben die Kuh setzen und ihr Euter und die Milch langsam ausstreichen musste. Das kostete jedes Mal an die zehn Minuten Zeit. Mit anderen Worten: Primel bremste uns aus.

Doch Lukas konnte die Kontrollberichte noch so genau studieren und das kommende Jahr planen, wie er wollte – eines hatte er dabei in beinahe stümperhafter Manier völlig außer Acht gelassen: Es ging um Primel. Und die wirft eben jeden Plan, den man ohne ihr Zutun schmiedet, kurzerhand über den Haufen. So eben auch in besagtem September. Denn während Lukas bereits überlegte, was mit der Kuh geschehen sollte, wenn wir sie in wenigen Wochen oder Monaten trocken stellen würden, hatte Primel anscheinend ein mehr oder weniger romantisches Date mit unserem Deckstier. Kurzum: Als Ende September die Ergebnisse der letzten Trächtigkeitsuntersuchung kamen, stand hinter Primels Namen in großen Lettern das Wort »TRÄCHTIG«. Lukas und ich schauten uns fragend an. Anscheinend hatte der Tierarzt mit seiner Diagnose danebengelegen. Der meinte nämlich, dass Primel eine Ovarialzyste habe, mit der sie seinen Worten zufolge eh nicht mehr trächtig werden könnte, was wiederum der Grund dafür gewesen war, warum wir Primel weiterhin mit dem Stier zusammen auf die Weide gelassen hatten. Rückblickend ein grober Fehler unsererseits.

Wie auch immer – Primel hatte (mal wieder) ihren eigenen Plan durchgesetzt. Wir hörten also Anfang Februar auf, Primel zu melken, denn der Untersuchung des Veterinärs zufolge sollte sie rund zwei Monate später ihr Kälbchen bekommen. Wir ahnten zu diesem Zeitpunkt noch nicht, dass dieses endgültig ihr letztes sein sollte.

Es dauerte wirklich lange, aber nach einer anderthalb Jahre lang andauernden Phase des gegenseitigen Beschnupperns war irgendwann das Eis zwischen uns gebrochen. Was unter anderem vielleicht auch daran lag, dass Primel oder auch *Oma* Primel, wie ich sie mittlerweile nur noch nenne, in den vorangegangenen Monaten zu meinem liebsten und fähigsten Fotomodell avanciert war. Es gibt eine opulente Anzahl perfekt getroffener Porträts von ihr, und nicht selten landeten solche auf überdimensionierten Posterdrucken oder wurden für einen Monat im Kuhlender ausgewählt. Primel wurde in der Instagram-Welt richtig prominent. Da gab es Primel im Schnee, Primel mit Blumenkranz, Primel an Perin gelehnt, noch mal Primel im Schnee und schließlich sogar Primel mit dem Laubbläser. (Ja, mein Ernst, für die Kuh gibt es scheinbar nichts Schöneres, als sich mit dem Laubbläser von vorne mal so richtig schön das Fell durchpusten zu lassen.)

Tja, und wie es sich für ein Fotomodell so gehört, kamen mit der wachsenden Prominenz auch immer mehr Staralüren auf. So gleicht es einem unmöglichen Unterfangen, Primel den Schwanz zu frisieren. Das mag nun auf den ersten Blick ein wenig ungewöhnlich anmuten, aber wir stutzen den Kühen in einer gewissen Regelmäßigkeit die Schwanzhaare, damit diese keine Überlänge bekommen. Einerseits führen zu lange Schwanzhaare zu einer vermehrt auftretenden Ansammlung von getrockneten Kuh-Poop-Bällchen in selbigem, und wenn die Kuh, während man neben ihr sitzt, um sie zu melken, mit dem Schwanz kräftig hin- und herwedelt, hat man – ehe man sich's versieht – eine Ohrfeige mit Kuh-Poop-Beilage abbekommen. Ob man es glaubt oder nicht: Das tut höllisch weh! Mit den viel zu langen Schwanzhaaren panieren sich die Kühe zudem selbst gerne mit Dreck und (mit Verlaub) Scheiße. Der Schwanz wedelt hin und her und hin und her und mit ihm ein dunkelbraunes Dreck-Potpourri, das sich dabei großflächig auf der gesamten Kuh verteilt. Andererseits laufen die

Damen natürlich Gefahr, dass ihnen eine ihrer Kolleginnen auf den Schwanz tritt oder sie damit irgendwo hängen bleiben, wenn die Haare zu lang werden. Alles schon so passiert – und es war nie ein schöner Anblick. Jedenfalls: Eines Abends war es mal wieder so weit, und ich habe mir den zugegebenermaßen recht lauten Langhaarschneider gegriffen. Mein Plan war es nun, die Schwänze sämtlicher Kühe wieder so in Form zu bringen, dass nicht ständig der Dreck daran hängen blieb. Nun muss man wohl hinzufügen, dass »Schwanz rasieren« in etwa so schmerzhaft ist, wie bei uns Menschen »Spitzen schneiden« – nämlich gar nicht. Das belegen die elf Kühe, die sich sichtlich unbeeindruckt das Hinterteil frisieren ließen. Nicht einmal eines einzigen Blickes haben sie mich dabei gewürdigt, doch nicht so Oma Primel. Die war bereits außer Rand und Band, als ich noch drei Kühe von ihr entfernt war. Sie sprang auf ihrem Melkstand hin und her, zerrte an der Kette und warf mir wütende Blicke zu. Ihrem Gebaren nach sah sie in meinen Händen keineswegs einen Rasierer, sondern vielmehr eine überdimensionierte, blutige Kettensäge, in der schon allerhand abgetrennte Kuhschwänze hingen. *Mörtschach Chainsaw Massacre.* Sie war rasend. Im Endeffekt blieb an diesem Tag bloß ein Schwanz verschont, nämlich der von Oma Primel.

Die Starallüren gingen damals so weit, dass es für Primel einem mittelschweren Skandal glich, als ich ihr das Kraftfutter rationierte, was völlig normal war, wenn eine Kuh trocken gestellt wurde. Fortan sollte sie nur mehr eine kleine Handvoll der heiß geliebten Pellets bekommen, denn eine Kuh, die gerade nicht in Milch steht, braucht nun wirklich keine volle Ladung Kraftfutter. Das denke zumindest ich. Primel dachte da anders. Anfangs ging sie noch auf ihren Platz, schaute abschätzig in ihren Futtertrog und verweigerte schließlich jegliche Nahrungsaufnahme. Ich erntete beleidigte Blicke. Womit wir übrigens bei einer von Primels Kernkompetenzen wären: beleidigt schauen. Das kann sie wirklich wie keine andere. Die großen, flauschigen Ohren werden dabei so windschnittig an den Kopf angelegt, dass man sie nur noch erahnen kann. Die Nase reckt sie herausfordernd in die Höhe, und ihr Blick gleicht durch die Gegend fliegenden Messern. Nach dem Kraftfutter-Skandal lief sie zumeist noch eine trotzige Runde durch den ganzen Stall – überallhin, nur nicht auf ihren Platz. An besonders gut gelaunten Tagen ging sie auch einfach wieder aus dem Stall hinaus. Allerdings nicht, bevor sie mir noch mitten auf die Stallgasse geschissen hatte. Auch Star-Kühe sind nicht sonderlich subtil, wenn es darum geht, ihre Meinung kundzutun.

Das alles klingt nun vermutlich nicht unbedingt nach der sympathischen Kuschelkuh, doch Primel hat – abgesehen von den genannten Allüren – auch wirklich charmante Charakterzüge. So fällt mir, wenn ich an Oma Primel denke, immer zuerst ihre unerschütterliche Ruhe ein. Lukas nennt sie auch manchmal gerne »Die Ruhe auf vier Beinen« – und das ist sie wirklich. Diese Kuh ist so tiefenentspannt, dass es ihr absolut egal ist, wenn sie den gesamten Verkehr auf der Landstraße zum Erliegen bringt, weil sie mal wieder im Schneckentempo die Straße überquert. Und es ist egal, ob sie dabei von fünfzehn Ferienkindern, etlichen erwachsenen Campinggästen und nervös auf dem Gaspedal herumtippelnden Autofahrern begleitet wird. Primel bleibt bei ihrem Tempo. Alte Damen soll man eben nicht hetzen. Manchmal scheint es mir, als würde sie sich bewusst ein wenig von den übrigen Kühen der Herde distanzieren, um die Straße und die Aufmerksamkeit in Gänze für sich zu haben.

Primel ist in jedem Fall so tiefenentspannt, dass sie sogar beim Fressen in ganz andere Sphären abdriftet (sofern ich ihr nicht gerade das Futter rationiert habe). Sie ist dann so in Gedanken (und dabei frage ich mich unweigerlich: Über was denken Kühe eigentlich nach?), dass sie sogar erschrickt, wenn sie bloß einen Nachschlag bekommt. So einmal im Sommer, als ich, nur in Gummistiefel, Shorts und dünnem Top gekleidet, beim Mel-

Sonnenbaden mit den Jungs

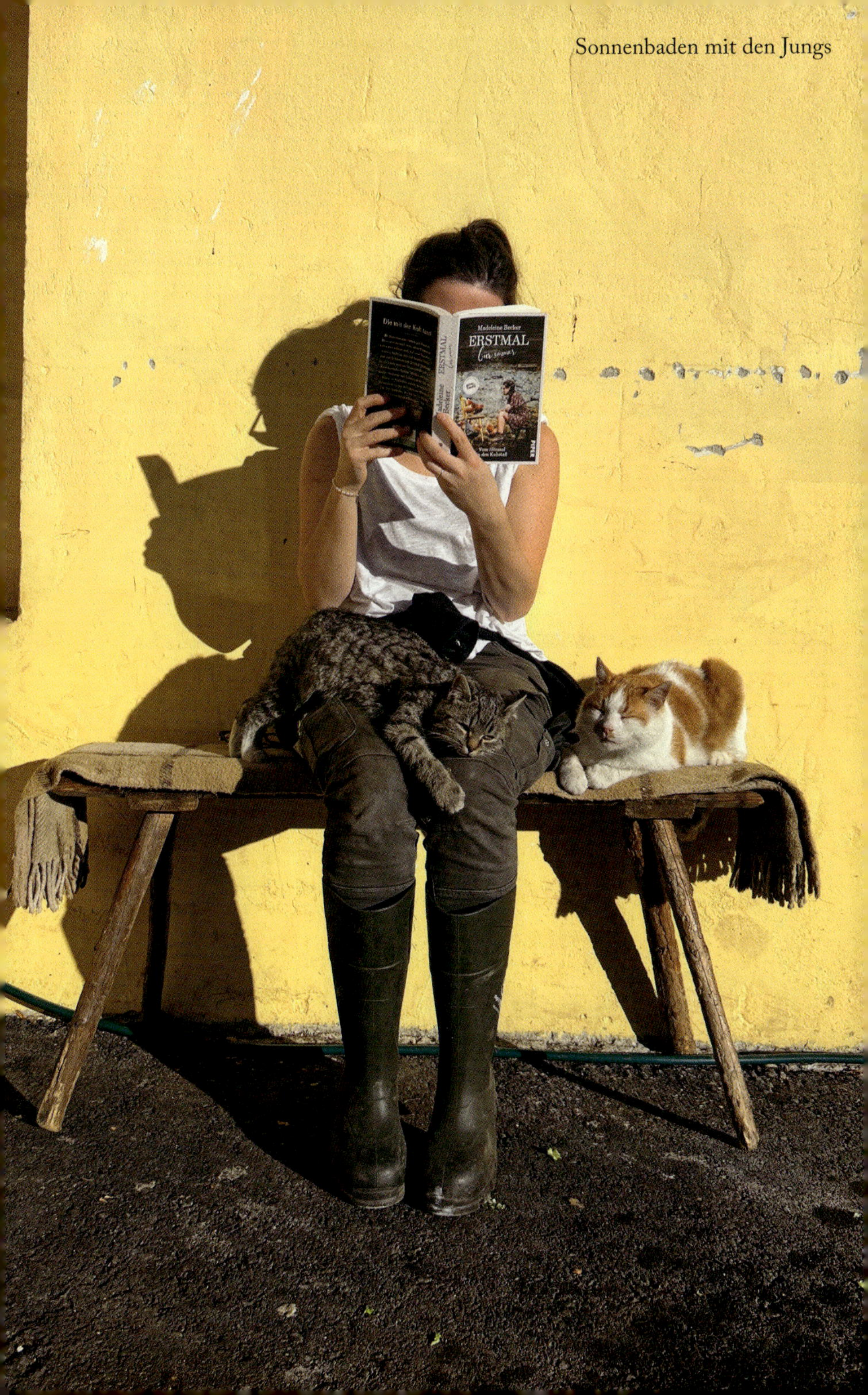

Winterliches Abendrot in den Bergen Kärntens

Ein bisschen Spaß muss sein.

Pinie – unsere kleine Schneefräse

»Selvieh« mit King H. ...

... Wilma ...

... Rosine ...

... und Findus

Birke – unsere (fast) blinde Kuh

Dinner for one – Birkes geheimer Fressplatz

Auf der Weide steht Birke meist etwas abseits und ganz für sich.

Findus hängt im Gewächshaus rum.

Mittagspause im Gewächshaus mit dem
alten, weisen Kater

Undercover im Haus – »Wenn ich euch
nicht sehe, seht ihr mich auch nicht!«

Kater-Yin-Yang

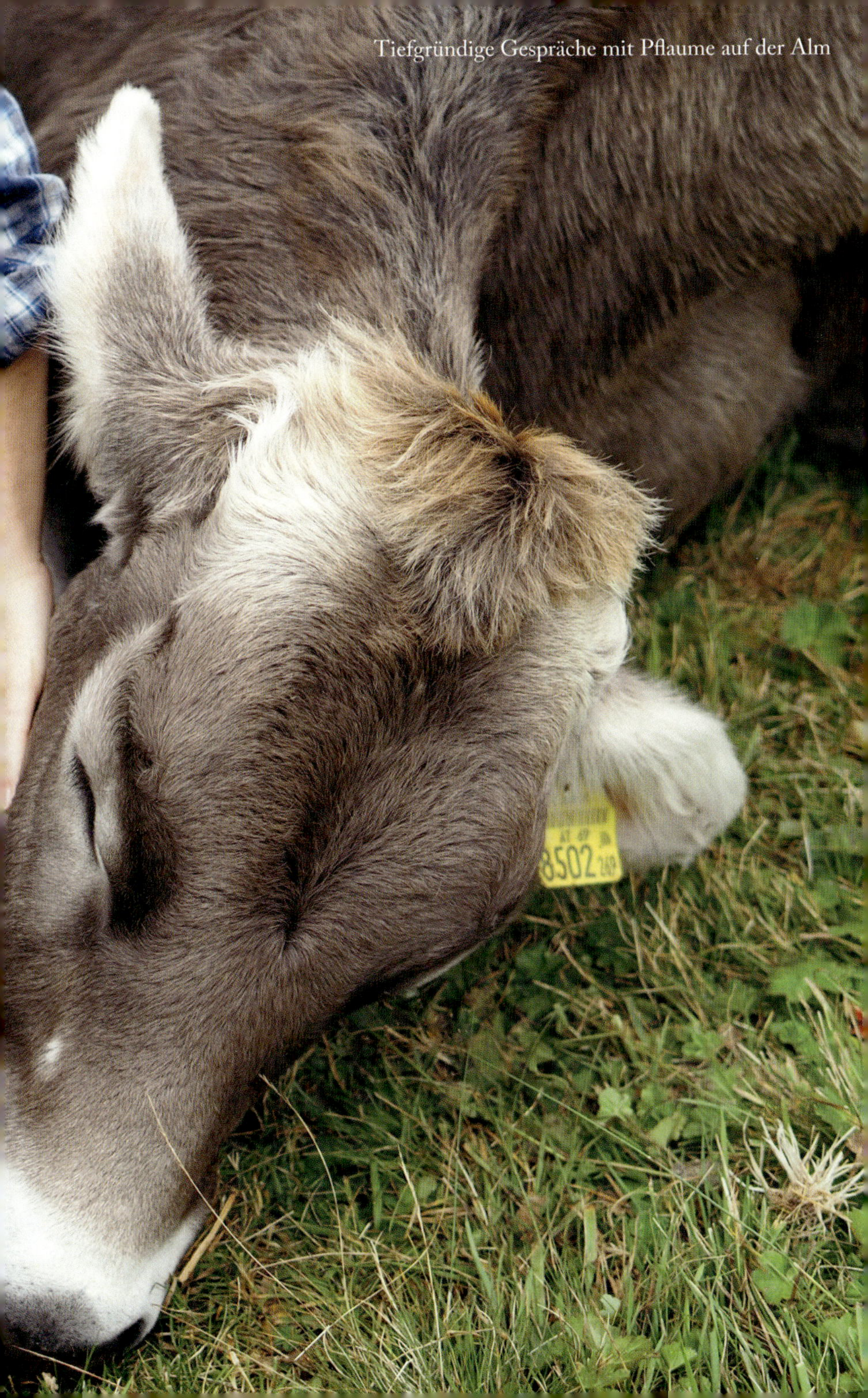

Tiefgründige Gespräche mit Pflaume auf der Alm

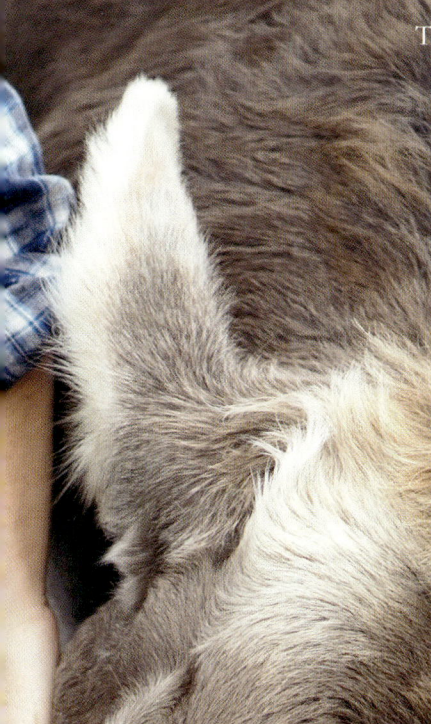

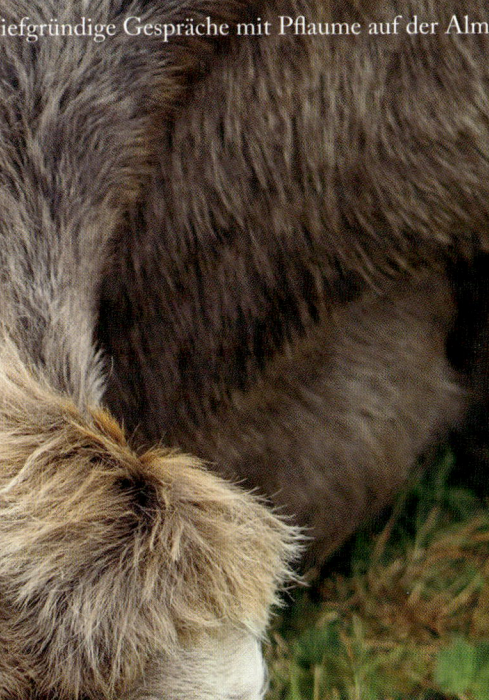

Inmitten der Kälberherde (eigentlich sind sie nur wegen Lukas da ...)

Teamwork im Sommer ...   ... und im verregneten Herbst

Unsere tägliche Arbeit: Ausmisten und Melken

Wenn die Herde nach Hause kommt: Im Sommer kehren die Kühe jeden Nachmittag von der Weide zurück.

Eine Extraportion Liebe, äh Äpfel

Birte, Lukas und ich auf Mission: Serita und Sue sollen von der Alm mit zurück ins Tal.

Schwerkel frisch aus dem
Schlammbad

Cookie – unser Kaninchen-
nachwuchs

Ein verschlafener Findus

Die Grande Dame – Oma Primel

Erbse auf der Alm (oder doch ein Gemälde von Caspar David Friedrich ...?)

ken neben Primel saß. Sie war in Gedanken, ich war in Gedanken – und unsere Praktikantin kam hoch ambitioniert mit dem Futtertischbesen heran und katapultierte eine Ladung Heu mit Schwung in Primels Futtertrog. Die Kuh schien wie durch einen Kanonenschlag aus ihren Tagträumen gerissen worden zu sein und sprang in einem Satz mit beiden Hinterbeinen in die randvolle (!) Güllerinne. Es spritzte in alle Richtungen, und ich übertreibe wohl nicht, wenn ich sage, dass ich aussah, als hätte ich gerade ein Schlammbad genommen. Nur das Aroma, ja, das war ein wenig anders, als man es sich von solch einer Wellnessbehandlung wohl erhoffen würde.

Trotz solcher Eskapaden (oder vielleicht gerade deshalb?) ist mir die Kuh in den letzten drei Jahren wirklich ans Herz gewachsen. Primel hat mit Abstand die flauschigsten Ohren, das felligste Euter und die meisten Nachfolgegenerationen von Kühen auf unserem Hof in die Welt gesetzt. Allein in der Milchkuhherde gibt es ihre erste Tochter (Perin) sowie ihre Enkeltochter (Peggy), und so einige ihrer Kälber turnen in unserer Jungtierherde umher. Um Primels Gunst musste ich wie gesagt sehr lange buhlen. Doch auch andersherum hat es ebenso lange gedauert, bis die Dame mein Interesse an sich geweckt hat. Manchmal weiß ich nicht so recht, wie ich dieses Gefühl zwischen uns beschreiben soll; vielleicht ist es schlichtweg ein tiefes Vertrauen zueinander. Und zwar eines von der Sorte, welches man sich, manchmal über Monate oder ganze Jahre hinweg, hart erarbeiten muss. Zwischendrin scheitert man, macht Rückschritte oder ist auch mal genervt. Es braucht Geduld, und zwar ganz schön viel. Aber wenn man am Ende merkt, wie weit man gekommen ist, ja, dann war es das in jedem Fall wert. Vielleicht ist dieses Band letztlich auch der Grund dafür, weshalb die letzte Geburt von Primel für mich ein derart einschneidendes Erlebnis darstellte.

Am Morgen des 15. April 2022, es war ein Freitag, setzten bei Primel die ersten Geburtsanzeichen ein. Lukas hatte an diesem Tag Dienst beim Roten Kreuz, und ich war am Morgen alleine im Stall. Ich behielt die Kuh, die wir bereits am Vorabend in weiser Voraussicht in die Abkalbebox bugsiert hatten, stets im Blick, während ich bei den anderen Kühen mit der Melkarbeit beschäftigt war. Zunächst war alles, wie es sein sollte. Die Fruchtblase trat zum Vorschein, die Wehen kamen einigermaßen regelmäßig, und die Kuh legte sich in ihr Strohbett. Ganz in Ruhe der Dinge harrend, die da kommen würden. Doch zunächst kam rein gar nichts. Irgendwann tat sich tatsächlich nichts mehr, und Primel wirkte wie immer, völlig entspannt und keineswegs wie eine Kuh, die sich gerade mitten in einem Geburtsprozess befindet. Ich wurde langsam unruhig. Lukas, der auf dem Rückweg zur Dienststelle kurz auf dem Hof haltmachte, warf daher auch einen Blick auf Oma Primel. Er zögerte.

»Tierarzt?«, fragte ich bloß.

»Tierarzt«, antwortete er kopfnickend.

Keine dreißig Minuten später fuhr das Auto des Veterinärs vor. Er stieg aus, ließ sich die groben Infos geben (wann ging die Geburt los, wann wäre der errechnete Abkalbetermin, wie alt ist das Rind) und begutachtete die Kuh. Kaum dass er die Erstuntersuchung abgeschlossen hatte, warf er mir einen unsicheren Seitenblick zu.

»Ich glaube nicht, dass das Kalb noch lebt«, sagte er vorsichtig.

Ich schluckte. Dann roch auch ich diesen unangenehm süßlichen Geruch, der aus der Scheide der Kuh strömte. Normal war hier gar nichts mehr. Ungeachtet des sich erhärtenden Verdachts, dass Primels Kalb tot war, musste es dringend geboren werden. Ein toter Fötus kann unter Umständen zu einer Sepsis und schlussendlich auch zum Tod der Mutter führen, wenn er nicht zeitnah entfernt wird. Der Tierarzt bekam einen Fuß zu fassen und nach einigen Mühen auch den zweiten, denn zu allem

Überfluss lag das Kalb auch noch völlig falsch im Geburtskanal. Normalerweise liegen Kälber mit beiden Vorderläufen voraus, wie jemand, der gerade einen Kopfsprung ins Wasser wagt. Bei Primels Kälbchen waren die Vorderbeine jedoch wie bei einem Skeletonfahrer nach hinten geklappt. Wir gaben uns die größte Mühe, dieses Kalb, das den Anschein erweckte, als sei es absolut riesig, herauszuziehen, doch wir hatten keine Chance.

Wenn bei einer Kuh der Geburtsvorgang einsetzt, löst sich eine Blase mit Fruchtwasser und sorgt bei ihrem Abgang dafür, dass sich der Geburtskanal ein wenig weitet und alles schön geschmiert ist – ein natürliches Gleitmittel sozusagen. Der Muttermund öffnet sich, und die Kuh presst das Kalb Wehe für Wehe heraus. So sollte es in der Theorie ablaufen. Problematisch ist es nur dann, wenn – aus welchen Gründen auch immer – die Geburt nicht mehr vorwärtsgeht und alles ins Stocken gerät. Ab einem gewissen Punkt legt der Körper der Kuh dann den Rückwärtsgang ein. Die Wehen werden weniger und kommen irgendwann ganz zum Erliegen, der Muttermund schließt sich wieder, und der Geburtskanal, der zuvor noch durch das Fruchtwasser und den Geburtsschleim für das Kalb geschmiert war, trocknet aus. Ab diesem Punkt wird es schwierig. Und genau diesen Punkt hatte Primel an jenem Morgen schon längst erreicht, als der Tierarzt und ich uns darum bemühten, das Kalb herauszuziehen. Für einen Kaiserschnitt war es schon zu spät, da sich ein Teil des Kalbs bereits im Geburtskanal befand. Primel selbst stand stocksteif da.

»Ist dein Schwiegervater da?«, fragte mich der Tierarzt schließlich.

Wir hatten das Kalb zu zweit nicht herausziehen können – seine Hoffnung lag wohl in einem dritten Paar Hände. Also eilte ich zum Wohnhaus hinauf und bat Lukas' Vater, zu uns in den Stall zu kommen.

»Primels Kalb steckt fest«, erklärte ich ihm ohne Umschweife oder allzu höfliches Small-Talk-Geplänkel.

Keine fünf Minuten später stand er bei uns im Stall, und nachdem sich das Kälbchen auch dann keinen Zentimeter vor- oder zurückbewegte, als Lukas' Vater und der Tierarzt, beide nun wahrlich keine kleinen oder schwachen Personen, aus Leibeskräften an den beiden Beinchen zogen, wandte sich mein Schwiegervater schwer atmend an den Veterinär:

»Hast du keinen Geburtshelfer dabei?«

»Nein, leider nicht«, antwortete dieser. »Aber hast du einen Flaschenzug hier?«

Mir fiel die Kinnlade herunter. Was ein Geburtshelfer war, wusste ich. Ein seltsam anmutendes Metallgestell, das einem – tatsächlich ähnlich dem Flaschenzugprinzip – dabei helfen soll, ein Kälbchen auf die Welt zu bringen. Vorausgesetzt natürlich, die Kuh schaffte es nicht alleine. Und Primel schaffte es definitiv nicht alleine.

Mein Schwiegervater holte nun also tatsächlich den Flaschenzug und befestigte die beiden um die Vorderläufe des Kälbchens gewickelten Geburtsstricke daran. Der Tierarzt leerte beinahe einen ganzen Kanister Gleitmittel, um den Vorgang zu erleichtern. Zug um Zug – und auch hier ging es alles andere als leicht – bargen sie nun das Kälbchen aus der Kuh. Primel hatte die Augen weit aufgerissen und stand wie angewurzelt da. Ich selbst war wie in Trance. Als die Nasenspitze des Kälbchens herausschaute, wurde der anfängliche Verdacht zur Gewissheit: Das Kälbchen war tot. Es dauerte weitere acht Minuten, bis Lukas' Vater und der Tierarzt das leblose Tier in Gänze herausgezogen hatten und es mit einem schweren Klatschen im feuchten Stroh landete. Für einen Augenblick hörte man nur das schwere Atmen der Kuh und das der beiden Männer. Erst mein »Um Himmels willen – es ist *riesig*« durchbrach die Stille.

Primel ist nun wahrlich keine kleine Kuh, doch dieses Kalb übertraf alles. Es war ein Stierkalb und hatte gefühlt die Ausmaße unserer drei bis vier Wochen alten Kälbchen. Mein Schwiegervater und ich zerrten das Kälbchen noch in die große grüne Schubkarre, bevor er kopfschüttelnd von dannen zog. Meine Hände zitterten wie Espenlaub. Der Tierarzt behandelte Primel noch mit allerlei Schmerzmitteln, bevor er sich zum Gehen wandte.

»Die Nachgeburt sollte jetzt von allein kommen«, sagte er.

»Okay«, antwortete ich. »Wenn sie bis heute Abend nicht da ist, rufe ich dich noch mal an.«

Der Mann in dem grünen Kittel nickte und verließ den Stall. Lukas' Vater indes brachte das tote Stierkalb noch am gleichen Tag zur Tierkadaververwertungsstelle in den Ort. Es war Karfreitag – wenn wir es also heute nicht wegbrachten, würde es bis zum darauffolgenden Dienstag bei uns liegen bleiben. Kein schöner Gedanke. Bei diesen Verwertungsstellen zahlt man einen fixen Kilopreis, weshalb das Kalb vor Ort gewogen wurde. Ich habe in den letzten Jahren Kälber zur Welt gebracht, die um die dreißig, vielleicht auch mal vierzig oder fünfundvierzig Kilo gewogen haben. Insbesondere Letztere fielen dann aber schon in die Kategorie »groß«. Doch Primels Stierkalb brachte sage und schreibe rund sechzig Kilo auf die Waage. Ein Kalb, das genauso viel wog wie ich selbst. Das übertraf alle meine Vorstellungen.

Ich zerbrach mir den ganzen Tag über den Kopf und ging sämtliche Eventualitäten noch einmal durch. Was hätte ich anders machen können, wo habe ich zu langsam gehandelt, und wäre das Kälbchen überhaupt noch zu retten gewesen? Ich führte lange Gespräche mit anderen Landwirtinnen, mit denen ich mich via Instagram vernetzt hatte. Alle kamen, so zumindest die Ferndiagnose, zum gleichen Schluss: Da war nicht mehr viel zu machen – weder vom Tierarzt noch im Vorfeld von mir. Ein schwacher Trost. Im Grunde genommen gar keiner. Zu allem Überfluss sahen sich Lukas' Eltern beide noch gemüßigt, mir Ratschläge für »das nächste Mal« zu erteilen, sodass ich dann früher eingreifen, früher Hilfe holen (wobei mit ›Hilfe‹ einzig und allein die schwiegerväterliche Expertise gemeint zu sein schien) und früher handeln würde, wenn die Fruchtblase da ist und das Kalb nicht in zwanzig Minuten auf der Welt sein sollte. Ich biss nur jedes Mal die Zähne zusammen. An diesem Tag hatte ich alles, aber keine Energie für irgendwelche Diskussionen. Also verkniff ich mir auch den Kommentar, dass bei bisher keiner einzigen Geburt das Kalb binnen zwanzig Minuten auf der Welt gewesen ist. Auch nicht unter der Aufsicht meines Schwiegervaters. Ebenso verkniff ich mir die Anmerkung, dass er wohl kaum etwas besser hätte richten können, als es der Tierarzt zu tun vermochte. Ich verkniff mir all das und zählte im Geiste nur die Stunden herunter, bis Lukas Feierabend haben würde. Ich fühlte mich mies, und so langsam beschlich mich der Gedanke, dass ich wirklich eine gewisse Schuld am Ausgang der Gesamtsituation haben könnte. Vielleicht hätte ich meinen Schwiegervater doch früher zurate ziehen sollen? Vielleicht hätte ich sofort eingreifen sollen, als die Geburt ins Stocken geriet? Und nicht erst eine Dreiviertelstunde später?

Natürlich kam die Nachgeburt nicht von allein, und natürlich war Primels Gesamtkonstitution nach diesem Martyrium in jeder Hinsicht absolut bescheiden. So wählte ich also am frühen Abend erneut die Nummer des Tierarztes.

»Komm heute bitte noch mal vorbei. Die Nachgeburt geht nicht ab, und ich glaube, Primel könnte eine Infusion vertragen.«

»Ja, ich komme dann. Ich rufe kurz vorher noch mal an«, beendete er das Telefonat. Kurz angebunden wie immer.

Es wurde etwa halb neun, bis sein Wagen zum zweiten Mal an diesem Tag auf den Hof fuhr. Lukas war mittlerweile wieder zu Hause, und so gingen wir zusammen in den Stall. Während die Infusion nach und nach in die Kuh floss, räusperte ich mich zögerlich.

»Du, sag mal, was hätte ich anders machen können? *Bes-*

ser machen können?« Der Tierarzt legte den Kopf schief und dachte einen Moment lang nach.

»Im Grunde nicht wirklich etwas. So, wie das Kalb beisammen war, tippe ich darauf, dass es schon mindestens 24 Stunden lang tot war. Sonst hätte es nicht so grausig gerochen«, erklärte er mir.

Lukas nickte und hakte noch weiter nach: »Also hätten wir nur am Vorabend etwas tun können? Aber da gab es noch keine Anzeichen für die Geburt oder dafür, dass irgendwas nicht gepasst hätte …«

»Ja, das wäre wohl das einzige Zeitfenster gewesen, um etwas zu tun. Nur, wie gesagt, so was merkt man den Kühen in den meisten Fällen absolut gar nicht an. Im Gegenteil. Ich schätze, dass das Kalb aufgrund der falschen Position die Nabelschnur verletzt oder durchtrennt hat und daraufhin verstorben ist. Im schlimmsten Fall hättest du die Fruchtblase am Morgen nicht gesehen und die Kuh wäre irgendwann einfach umgekippt, weil das tote Kalb noch immer in ihr drin ist. Und dann wäre es für beide zu spät gewesen.«

»Also meinst du, dass wir eigentlich noch Glück hatten?«, fragte ich den Tierarzt.

»Ja, im Grunde schon.« Die Infusion war mittlerweile durchgelaufen. Er zog noch zwei Spritzen auf, doch bevor er sich wieder Primel widmete, wandte er sich noch einmal an mich:

»Ich weiß, dass es vermutlich viele Leute gibt, die im Nachhinein meinen, schlauer zu sein, und alles besser gemacht hätten. Aber du hast richtig gehandelt. Der Fehler liegt nicht bei dir, und der Tod des Kalbs war unvermeidbar.«

Während Primel unter den beiden Spritzen zusammenzuckte, atmete ich unweigerlich auf. Tatsächlich hatte ich gerade das Gefühl, zum ersten Mal an diesem Tag überhaupt einen Atemzug getan zu haben. Erleichterung machte sich breit. Lukas strich mir auf dem Weg zurück ins Haus über den Rücken.

»Siehst du, du kannst nichts dafür. Und du hast die Situation unfassbar gut gemeistert. Es tut mir so leid, dass ich nicht da sein konnte.«

»Schon gut«, murmelte ich in seine Schulter, als er mich fest in den Arm nahm. Es war das, was ich jedes Mal sagte, wenn er nicht da sein konnte. Eigentlich ist es jedes einzelne Mal eine Lüge, aber was soll ich anderes sagen? Jeder von uns tut, was er kann. Und ich weiß, dass er, wenn er die Wahl gehabt hätte, da gewesen wäre.

Primel litt noch knapp zwei Wochen unter sämtlichen Nachwehen dieser schweren Geburt. Es dauerte für meinen (und in jedem Fall auch für ihren) Geschmack eindeutig zu lange, bis sie sich wieder gefangen hatte. Nach knapp einer Woche begann sie schon wieder damit, mich von der Abkalbebox aus finster anzustarren und jedes Mal zum Stalltor zu drängen, wenn sie eigentlich nur auf den Melkstand sollte. Primel wollte raus. Doch wir alle mussten den bösen Blicken der Oma noch einige Tage länger standhalten. Als es dann endlich so weit war, drehte sie sich bei ihrer Quasi-Jungfernfahrt auf die Weide kein einziges Mal zu uns um.

Während ich diese Zeilen hier gerade schreibe, verabschiedet sich der Sommer schon langsam, und der Herbst klopft an die Tür. Es ist September 2022. Primel hat sich in Gänze erholt, und wir haben sie, so wie wir es eigentlich schon vor einem Jahr geplant hatten, nicht noch einmal gedeckt. Zurzeit wird sie noch gemolken, doch es wird nicht mehr lange dauern, bis wir sie endgültig trocken stellen werden. Wie es dann weitergehen soll? Nun, eines ist gewiss: Oma Primel wird ihren Ruhestand bei uns verbringen. Solange Lukas und ich auf diesem Hof weilen, wird auch dieser Kuh die Zeit dort geschenkt. Oma Primel ist nun also ganz offiziell (und ohne es beabsichtigt zu haben) unsere erste Pensionistenkuh-Anwärterin. Sie hat dreizehn Jahre auf dem Hof zugebracht. Sie wurde dort geboren, und sie hat dort jedes ihrer acht Kälber zur Welt gebracht. Ihre Nachkommen heißen Perin, Peggy, Pflaume und Pudding. Primel gehört im Grunde zum Inventar, sie ist eine Institution in dieser Milchkuhherde. Ich könnte nicht mehr in den Spiegel schauen, wenn ich sie zum Dank für diese dreizehn Jahre auf den Hänger in Richtung Schlachter schicke. Deshalb bleibt sie.

Oma Primel.
Die Grande Dame der Milchkühe.

6,91 €

Wenn die Frage nach dem Warum ohrenbetäubend ist

April 2022

Es scheint ein erschreckend weitverbreiteter Irrglaube zu sein, dass man als Landwirt:in durchaus gutes Geld verdient und problemlos davon leben kann. Vielleicht liegt es an den großen und teuren Traktoren, dass viele meinen, Bauern seien reiche Menschen. Dabei ist diese Idee nichts weiter als ein Relikt längst vergangener Zeiten. Ich würde gerne behaupten, dass sich die ganze Arbeit auf dem Hof unterm Strich lohnt. An dieser Stelle könnte ich nun ausufernd erklären, welche Einnahmen und Ausgaben es in einem landwirtschaftlichen Betrieb gibt. Könnte von diversen Kennzahlen und zu erreichenden Leistungswerten philosophieren. Oder ich kürze das Trauerspiel an dieser Stelle ab, indem ich sage: Nein, es lohnt sich nicht. Und noch viel schlimmer – es lohnt sich nicht nur nicht, sondern man zahlt in vielen Fällen auch noch drauf. Aber fangen wir von vorne an.

Am 15. Januar 2022 haben Lukas und ich den Hof – zumindest inoffiziell – übernommen. Lukas wurde das Betriebskonto überschrieben, und mit einem Startkapital von exakt tausend Euro konnten wir anfangen zu wirtschaften. Es mag sein, dass eine Summe von 1000 Euro kein kleiner Betrag ist, doch in Anbetracht dessen, mit welchen Summen man auf einem landwirtschaftlichen Betrieb tagtäglich jonglieren muss, ist es eine verschwindend geringe Zahl. Zwei große Posten stellen Kraftfutter und Diesel dar, und von beidem waren zum Zeitpunkt unserer Übernahme die Lager des Hofs nun wahrlich nicht gut gefüllt. Spätestens wenn es zu notwendigen Reparaturen an einer der vielen Maschinen kommt, sind 1000 Euro im Grunde nichts.

Das geregelte Einkommen eines Milchviehbetriebs besteht in erster Linie aus dem Milchgeld, welches einmal im Monat überwiesen wird. Bei uns wird immer zum 15. eines jeden Monats abgerechnet (daher auch das vielleicht auf den ersten Blick nicht ganz sinnige Übergabedatum »15. Januar«). Die staatlichen Förderungen, von denen gerne gesprochen wird, werden jedoch nicht monatlich, sondern nur jährlich ausbezahlt. Das heißt im Grunde genommen, dass man mit einem landwirtschaftlichen Betrieb erst einmal so über die Runden kommen muss, bevor dann zum Jahresende, nämlich im Dezember, die lang ersehnte Förderungszahlung auf dem Konto erscheint. Wir hatten also unser Startkapital und das monatliche Milchgeld – was an und für sich ganz nett gewesen wäre, wären da nicht noch all die Ausgaben, die ausständig waren.

Ein Bauernhof ist kein Unternehmen, bei dem sich die anfallenden Ausgaben genau kalkulieren lassen. Man kann nie genau sagen, wie die Ernte ausfallen wird, wie lange die Kühe auf der Alm bleiben und wir uns somit Futter im Tal sparen können oder wie es um die Gesundheit der Damen steht. Diese Liste könnte endlos fortgesetzt werden. Kaum einen Monat nachdem wir den Hof übernommen haben, kam der erste Dämpfer. Die Kühe wurden krank. Und zwar nicht nur eine oder zwei, sondern gleich alle. Anscheinend hatten sie sich – woher auch immer – einen heftigen Magen-Darm-Infekt zugezogen. Für gewöhnlich wäre »ein bisschen« Durchfall bei einer Kuh nun kein Weltuntergang, denn tatsächlich kommt es immer mal wieder vor, dass die Fladen ein wenig flüssiger sind als normalerweise. Das ist bei uns jedes Jahr zum Beginn der Weidesaison so, pendelt sich aber in der Regel von allein wieder ein. Doch im Februar waren die Kühe richtig krank. Zunächst hatten wir den Futterballen im Verdacht, den die Kühe gerade in der Raufe stehen hatten, weshalb wir einen erst zur Hälfte aufgefressenen Ballen per Hand in die Traktorkiste schaufelten. Es waren wohl um die 400 Kilogramm Futter; eine einzige Schinderei. Uns blieb in Anbetracht des Verdachts, dass dieses Futter die Ursache der Erkrankung war, nichts anderes übrig, als die gesamte Schaufel voller Silo zu entsorgen. Wir gaben ihnen schließlich einen nagelneuen Ballen, an dem kein einziger Grashalm schlecht war, wir reinigten alle Tränkebecken (obwohl ich sie erst kurz zuvor auf Hochglanz geschrubbt hatte), und ich gab mein Bestes, um den Stall irgendwie sauber zu halten (was in Anbetracht der Tatsache, dass zwölf Kühe fontänenartigen Sprühdurchfall hatten, quasi ein Ding der Unmöglichkeit war). Aber es half alles nichts. Den Kühen ging es immer elender. Wir fütterten nur noch Heu, ich mischte Leinsamenbrei an, und wir versuchten, die Ausbreitung einigermaßen einzudämmen, sodass sich nicht auch noch die Kälberherde infizierte. Irgendwann mussten wir den Tierarzt hinzuziehen. Immerhin konnte er uns versichern, dass der schlechte Zustand der Kühe weder am Futter noch an verunreinigtem Wasser oder zu schlechter Stallhygiene lag. Tatsächlich war seinen Angaben zufolge gefühlt das ganze Tal gerade mit durchfallkranken Kühen gestraft. Ein schwacher Trost, wenn man sich die leidenden Damen anschaute, doch zum Glück fingen sie sich binnen einer Woche wieder einigermaßen. Die Tierarztrechnung, die wir wenig später auf dem Tisch liegen hatten, sollte jedoch noch lange nicht das Ende des Rattenschwanzes sein, den dieser Infekt nach sich zog.

Milchkühe sind in Bezug auf das, was ihr Körper tagtäglich

leistet, mit einer Marathonläuferin zu vergleichen. Das traut man diesen ruhigen, faul in der Wiese liegenden Zeitgenossinnen vielleicht nicht zu, aber ihr Organismus arbeitet jeden Tag auf Hochtouren. Um einen Liter Milch zu produzieren, muss eine Kuh mehr als 400 Liter Blut durch ihr Euter zirkulieren lassen. Diese Abläufe setzen natürlich eine vernünftige körperliche Grundkonstitution voraus. Man stelle sich bloß einmal einen Menschen vor, der seit Tagen nichts zu essen bei sich behalten kann, weil alles wie Wasser davonfließt – wie würde es ihm wohl ergehen, wenn er nun zu einem Marathon antreten müsste? Sehr wahrscheinlich würde er wohl nicht einmal die Hälfte der Strecke zurücklegen können, ohne dabei zu kollabieren. Den Milchkühen ging es im Februar 2022 ähnlich. Während sie krank waren, brach ihre Milchleistung um fast die Hälfte ein. Von der Molkerei bekommt ein Milchviehbetrieb keinen monatlichen Pauschalbetrag, sondern es wird immer nur das ausbezahlt, was an Milch auch angeliefert wird. Kurzum: Zu der Sorge um den kranken Kuhhaushalt kam nun noch hinzu, dass unsere Einnahmen zur Hälfte wegbrachen. Es dauerte mehrere Wochen, bis die Kühe wieder auf einem einigermaßen normalen Level (schätzungsweise 75 Prozent) ihrer Milchleistung angekommen waren. In der Zeit fraßen sie natürlich trotzdem ihre gewohnten Rationen, das heißt, dass die Futterkosten sich nicht veränderten, während die Milchgeldeinnahmen weiterhin unter den Erwartungen blieben. Auf die 100 % der Milchleistung, welche die Kühe vor der Durchfall-Epidemie hatten, kam in dieser Laktation keine einzige mehr.

Im März ging uns schließlich das Kraftfutter aus. Zudem stiegen aufgrund des Ukraine-Krieges die Futterpreise enorm an, und viele Futtersorten waren kaum mehr zu ergattern. So hatte unser Händler uns im Frühjahr 2022 mitgeteilt, dass wir mit Bio-Futterweizen für die Hühner wohl erst wieder im Spätsommer rechnen konnten, seine Lager seien schlicht und ergreifend leer. Doch unsere waren es auch, und so mussten wir nehmen, was noch irgendwo zu kriegen war. Die Preissteigerungen schienen kein Ende zu nehmen, weshalb wir vom Hühnerfutter beispielsweise lieber noch einige Säcke zusätzlich orderten. Im Grunde mussten wir (gezwungenermaßen) Ende März für ein kleines Vermögen Futter kaufen. Zähneknirschend taten wir, was nötig war, um unsere Tiere durchzubringen.

Im April stand eine Kälberflut ins Haus – nebst Primel würden noch Peggy, Suzil, Perin und Elena ihren Nachwuchs erwarten. Fünf Kälber binnen weniger Wochen war für unsere Verhältnisse extrem viel. Unsere Pechsträhne nahm indes kein Ende, denn von fünf Geburten brauchte es bei vieren mindestens eine medizinische Nachbehandlung. Es war frustrierend.

Im Endeffekt war unser Start mit dem Hof wirklich kein leichter. Wir haben in unseren ersten drei Monaten so ziemlich alles an mal mehr oder weniger selbst verschuldeten Pechmomenten mitgenommen, was es so gibt. Und am Ende haben wir die Quittung dafür bekommen: Am 19. April, vier Tage nachdem das Milchgeld für die vorherigen vier Wochen überwiesen und die Futterrechnungen beglichen worden waren und ein Vierteljahr nachdem wir den Hof übernommen hatten, waren noch exakt sechs Euro und einundneunzig Cent auf dem Betriebskonto. *6,91 €*. Ich kann mich noch sehr gut an Lukas' leeren Blick erinnern, als er den Kontostand betrachtete. Vermutlich wurden für ihn nun die Befürchtungen seiner Eltern, dass er nicht fähig sei, den Hof zu führen, traurige Wirklichkeit.

An jenem Tag war ich mit Gutzureden dran. Ich erklärte Lukas, was er im Grunde sowieso schon wusste: Dass er nichts für gestiegene Futterkosten und kranke Kühe konnte, dass wir mit der Kälbersaison nun erst einmal durch seien und dass es über den Sommer sicherlich wieder besser werden würde. Doch auch ich konnte meinen Ärger über unsere Situation nicht in Gänze verheimlichen.

6,91 €. Wir haben drei Monate lang sieben Tage die Woche und etliche Stunden am Tag gearbeitet. Haben morgens und abends gemolken, mitten in der Nacht Kälber zur Welt gebracht und rund um die Uhr kranke Tiere versorgt. Und am Ende ist eine Summe übrig geblieben, von der wir nicht einmal gemeinsam zu Abend essen könnten. Das Erschütternde daran? In all der Zeit haben wir uns selbst keinen einzigen Cent Lohn ausbezahlt. Wovon auch? Doch das Problem ist kein individuelles, es ist ein strukturelles.

Von sämtlichen landwirtschaftlichen Betrieben in ganz Österreich werden nur 36 % der Betriebe im Vollerwerb geführt. Den Rest bilden Nebenerwerbsbetriebe.[1] Das liegt unterm Strich wohl kaum daran, dass die meisten Landwirt:innen so ungeheuer viel Freizeit haben und sich dann aus Spaß an der Freude noch einen weiteren Job ans Bein binden. Die Landwirtschaft (vor allem im kleinen Rahmen) rechnet sich schlicht und ergreifend nicht (mehr). Wenn es gut läuft, könnte von einem Betrieb wie dem unseren vielleicht eine Person leben. Doch wie gut dieses »davon leben« funktioniert, sehen wir dann auch erst am Ende des Jahres, wenn die Förderungszahlungen auf dem Konto eintrudeln. Bis dahin heißt es abwarten. Abwarten und die Arbeit teilen, denn während der Betrieb am Ende vermutlich nur eine Person finanziell aushalten kann, wirft er doch gleichzeitig Arbeit für mindestens zwei Vollzeitbeschäftigte ab. Wenn man die Arbeitssituation eines Bauern oder einer Bäuerin (ganz gleich ob Voll- oder Nebenerwerb) betrachtet, die körperliche Belastung, die Arbeitszeiten, den fehlenden Urlaub und somit auch den fehlenden Ausgleich zu der immerzu harten Arbeit, kann man sich eigentlich nur an den Kopf fassen. Über solch eine Stellenbeschreibung würde vermutlich jeder nur lauthals lachen – und am Ende hätte man

1 https://www.lko.at/ergebnisse-der-agrarstrukturerhebung-2020+ 2400+3660668

wohl ganz schnell die Menschen vom Arbeitnehmerschutz am Hals. Zu alledem kommt auch noch die psychische Belastung hinzu, die keinesfalls zu unterschätzen ist. Denn, wie so oft, steckt ein bisschen mehr dahinter, als man auf den ersten Blick meinen könnte.

Ich habe die letzten vier Jahre inmitten des landwirtschaftlichen Kosmos verbracht und dabei so allerhand erlebt. Meist sage ich rückblickend so etwas wie »die Naivität ist der Realität gewichen«, aber das ist im Grunde genommen nur die halbe Wahrheit. Ich bin heute nicht weniger naiv, als ich es bei meiner Ankunft auf dem Hof in Mörtschach war, sondern vielmehr auf gewisse Art und Weise abgestumpft. Ja, es ist das passiert, was ich niemals wollte und offen gestanden auch nicht für möglich gehalten habe, doch die letzten Jahre haben unweigerlich ihre Spuren hinterlassen.

Es ist wahrlich nicht so, als würden schreckliche Ereignisse, Tod und Krankheit eines Tieres, nichts mehr mit mir machen. Es berührt mich nach wie vor, nimmt mich mit und beschäftigt mich, doch bei Weitem nicht mehr so stark, wie es noch vor einigen Jahren der Fall war. Damals war ich tagelang *out of order* und völlig eingenommen von dem, was ich erlebt hatte. Heute ist das anders. In erster Linie wohl deshalb, weil mir nichts anderes übrig geblieben ist.

Mittlerweile bin ich mir sicher, dass es wenig andere Berufe gibt, in denen man tagtäglich so mit Leben und Tod konfrontiert wird und in denen beides so nah beieinanderliegt wie bei dem des Bauern oder der Bäuerin. Es ist schlicht und ergreifend nicht möglich, der Trauer über Verluste oder der Freude über neues Leben hinreichend Raum zu geben, denn der ist einfach nicht da. Es bleibt keine Zeit, um innezuhalten, kurz durchzuschnaufen und so manche Dinge richtig zu verdauen, denn es geht sofort wieder weiter. Am einen Tag stirbt einem die Kuh unter den Händen weg, und am nächsten kommt ein Kälbchen zur Welt. Hier versorgt man ein krankes Ferkel und hofft, dass das Schlimmste nicht eintritt, und dort möchte ein aufgedrehtes Stierkalb mit einem spielen. Man hat nicht wirklich eine Wahl und muss ständig funktionieren. Was andernorts oftmals als toxische Floskel abgetan wird, ist im Hofkosmos bittere Wahrheit. Wenn ich mir die Zeit nehme, um zusammenzubrechen, innezuhalten, zur Ruhe zu kommen, bleiben andere Tiere auf der Strecke. Denn während das eine Tier womöglich nicht überlebt, fordern die anderen nach wie vor Futter und Aufmerksamkeit ein. Spätestens jetzt sollte deutlich werden, dass die Abgestumpftheit vieler Landwirt:innen nicht zwangsläufig das Ergebnis eines mangelhaften Charakters oder fehlender Empathie ist, sondern schlicht und ergreifend eine Art Selbstschutz. Man kann nicht täglich solchen Dingen ausgesetzt sein und dabei trotzdem jedem einzelnen Verlust und jedem freudigen Ereignis die Aufmerksamkeit schenken, die sie verdienen. Und das ist – so zumindest mein Resümee – eigentlich das Tragische an diesem Beruf.

Lukas arbeitet seit Januar 2022 parallel zu der Landwirtschaft in Teilzeit beim Roten Kreuz, ich selbst bin noch immer selbstständig und arbeite im Homeoffice. Dennoch ist mein Beruf eigentlich ein Vollzeitjob. Ein Vollzeitjob, den ich irgendwie um all die Stunden, die der Hof für sich beansprucht, drum herum lege. Ein Wochenende gibt es bei uns nicht. Genauso wenig wie einen regulären Acht-Stunden-Arbeitstag. Weder Lukas noch ich können in unseren bezahlten Berufen weniger arbeiten, da wir am Ende des Tages auch nicht bloß von Luft und Liebe leben können. Irgendwoher muss das Geld kommen – denn vom Bauernhof kommt es zumindest zurzeit ganz gewiss nicht.

Anstatt Geld für die geleistete Arbeit zu erhalten, haben wir im April 2022 noch draufgezahlt. Sowohl Lukas als auch ich haben eine nicht gerade unerhebliche Summe auf das Betriebskonto überwiesen, damit wir zum Monatsende nicht ins Minus rutschten. Wir können von Glück sprechen, dass wir uns beide in der Lage sahen, eine solche Finanzspritze tätigen zu können. Vermutlich ist das ein weiterer Grund für die geringe Zahl der Vollerwerbsbauern: Man braucht im laufenden Jahr schließlich auch die finanziellen Mittel, um solche Durststrecken zu überbrücken. Ohne unseren eigenen Zuschuss hätte ich ehrlich gesagt nicht so recht gewusst, ob dieses erste Jahr gut geht. Keine einzige Kuh hätte sich auch nur einen Splitter einfangen dürfen, bevor das nächste Milchgeld auf unserem Konto gelandet wäre, denn den Tierarzt hätten wir kein weiteres Mal bezahlen können.

Ich möchte keinesfalls missverstanden werden – mir geht es hierbei nicht um Mitleid, sondern allein darum, über die Situation von gewiss vielen kleinen landwirtschaftlichen Betrieben einmal offen und ehrlich zu sprechen. Mir ist bewusst, dass die Sache mit dem Geld ein recht pikantes Thema ist. Wie heißt es so schön? Geld hat man – man spricht nicht darüber. Was aber, wenn man das Geld eben *nicht* hat? Vielleicht sollte man gerade dann umso lauter darüber sprechen. Denn ist es nicht unglaublich, dass ein Beruf, der derartig viel Einsatz fordert und ungeheuer viel Verantwortung mit sich bringt, einen finanziell trotzdem so im Regen stehen lässt? Wenn der Milchpreis »angepasst« wird und man dann endlich fähig ist, »kostendeckend« zu arbeiten, reißen viele schon jubelnd die Hände in die Höhe. Wer weder in den Gummistiefeln noch in der Materie drinsteckt, wird sich denken: »Ist doch super! Passt doch alles!« – aber auch das ist ein Trugschluss. »Kostendeckend« heißt im Fall der Milch trotzdem nicht, dass für die Person, die die Melkmaschine anlegt, am Ende noch ein vernünftiges Gehalt übrig bleibt. Von den Familienangehörigen, die gerade in den kleinen Betrieben häufig noch mit Hand anlegen, weil die Arbeit sonst schlicht und ergreifend nicht zu schaffen wäre, möchte ich gar nicht erst anfangen. Vier von fünf Arbeitskräften im land- und forstwirtschaftlichen Bereich gehören in Österreich nämlich der Familie des Betriebsführers oder

der Betriebsführerin an; das sind etwa 80 %.[2] In Deutschland fällt die Zahl ein wenig geringer aus, aber dennoch: Auch hier bestehen 46 % aller Arbeitskräfte aus Familienmitgliedern.[3]

So, wie endet die Geschichte nun? Statistisch gesehen meist damit, dass der Betrieb irgendwann aufgegeben wird. 2010 gab es in Österreich noch 47765 Milchviehbetriebe. 2020 waren es hingegen nur noch 28272.[4] In Deutschland sieht es indes nicht wesentlich besser aus: 2012 gab es etwa 85000 Milchviehbetriebe, und zehn Jahre später, im Mai 2022, waren es nur noch 53677. Mittlerweile schließen jeden Tag sechs Betriebe für immer ihre Türen, während die Zahl der Kühe weitaus weniger stark sinkt. Zwischen 2012 und 2014 ist sie sogar angestiegen, was mit anderen Worten bedeutet: Immer weniger Höfe halten immer mehr Kühe.[5] Kleine Betriebe haben dabei wie so oft das Nachsehen, denn spätestens wenn aufgrund der neuesten Verordnungen und Vorschriften eine größere Investition getätigt und der Stall um- oder neu gebaut werden müsste, knicken die meisten ein, denn den dafür notwendigen Kredit zahlt man mitunter ein Leben lang ab. Wenn man ihn nicht sogar noch an die nächste Generation weitervererbt. So wird die Milchwirtschaft also häufig gänzlich eingestellt, die Tiere werden verkauft (dabei wissen wir alle, wo die Reise solcher Tiere in der Regel endet), und die Stalltüren schließen sich für immer. Denn, seien wir mal ehrlich, wegen des Geldes oder der opulenten Anzahl etwaiger Urlaubstage arbeitet niemand als

2 https://www.lko.at/ergebnisse-der-agrarstrukturerhebung-2020+
   2400+3660668
3 https://www.bmel-statistik.de/landwirtschaft/landwirtschaftliche-
   arbeitskraefte
4 https://www.statistik.at/fileadmin/publications/Agrarstrukturer
   hebung_2010.pdf
5 https://www.agrarheute.com/management/betriebsfuehrung/tag-
   geben-6-milchbauern-trotz-hoher-milchpreise-595252

Landwirt:in. In den meisten Fällen sind es wohl zwei Dinge, die den Ausschlag für diese Berufswahl bilden: Zum einen gibt es extrem viele Betriebe, die von Generation zu Generation weitergegeben werden. Es gab »schon immer« Tiere auf dem Hof, es wurde »schon immer« gemolken und die harte Arbeit wurde früher schließlich auch irgendwie bewältigt. Aber hier finden wir schon den ersten argumentativen Fehler, der insbesondere in den nicht selten von Streitigkeiten belasteten Dialogen zwischen der älteren und der jüngeren Generation auf vielen Höfen zum Thema wird: Früher hat sich die harte Arbeit noch gelohnt. Früher konnte ein Betrieb wirklich noch eine Familie ernähren, denn damals wurden die Produkte, die von den Höfen kamen, wirklich noch als das gesehen, was sie heute noch immer sein sollten: Luxusartikel. Stattdessen haben Milch, Fleisch und Käse in unserer Gesellschaft heutzutage den Grad der Selbstverständlichkeit erlangt, den ein Glas Wasser vermutlich auch hat: Es gehört dazu, es ist billig, und es ist in rauen Mengen verfügbar. Vor hundert Jahren hat niemand daran gedacht, neben dem Kühemelken noch einem weiteren Beruf nachzugehen.

Wenn es nicht die Familientradition ist, die einen dazu bringt, an der nie enden wollenden Arbeit auf einem Bauernhof festzuhalten, so bleibt nur noch diese Sache, die sich Leidenschaft nennt. Die Liebe zu den Tieren, der Arbeit in der Natur und die Begeisterung für all die schönen kleinen Momente, die es schaffen, jeden noch so tristen Tag doch noch mit einem Lächeln zu beenden.

Ich wage nicht zu behaupten, dass man nicht auch beides als Antrieb haben kann. Das eine schließt das andere mitnichten aus – im Gegenteil: Ob es sich nun um einen über Generationen weitergereichten Familienbetrieb handelt oder nicht, ohne die Leidenschaft und die Begeisterung für die Arbeit kommt man so oder so nicht weit. Doch leider verhält es sich mit Leidenschaft wie mit Luft und Liebe – ist zwar toll, wenn man das alles zur Genüge hat, aber davon kaufen kann man sich am Ende dann doch nichts.

Wenn die Leidenschaft irgendwann abflaut, sich die Rechnungen stapeln oder die Generationenkonflikte zu unlösbaren Grabenkämpfen werden (oder im schlimmsten Fall alles zusammenkommt), bleibt als letzte Option eben häufig nur, das Handtuch zu werfen – außer man findet eine ganz spezielle Nische, die dem Betrieb die fehlende Innovation und Rentabilität zurückgibt.

Ich habe für die beschriebene Problematik keine Lösung und keinen ultimativen Masterplan parat. Mir ist jedoch mittlerweile klar, dass die Zukunft unseres Hofs nicht »Milchviehbetrieb« heißen kann. Dafür reiben wir uns für den Hof zu sehr auf und stehen am Ende mit leeren Händen da. Mit Sicherheit wird man unsere Situation nicht 1:1 auf jeden anderen kleinbäuerlichen Betrieb ummünzen können. Vermutlich oder, nein, eigentlich ganz gewiss haben wir bestimmt schon einmal zu früh den Tierarzt gerufen oder es an anderer Stelle noch ein drittes und viertes Mal probiert, wo andere ein Tier schon aufgegeben hätten. Woanders sind die Arbeitsabläufe vielleicht effizienter, und man spart sich etwas Zeit. Oder die Maschinen sind moderner und dementsprechend weniger anfällig für Reparaturarbeiten. Wie auch immer – ich kann mit diesen Zeilen nicht für alle sprechen, aber ich bin dennoch sicher, dass wir mit diesen Problemen nicht alleine dastehen. Vermutlich wird eben einfach zu wenig darüber gesprochen. Denn es ist schließlich viel, viel schöner, wenn man von den Erfolgen berichten kann anstatt von den Dingen, die einen beinahe in den Ruin getrieben haben.

Im Spätsommer des gleichen Jahres konnte Lukas uns beiden unsere Unterstützungszahlungen wieder zurücküberweisen. Der Betrieb trug sich damit zwar erst mal selbst, aber uns beide noch lange nicht. Um einen endgültigen Plan zu entwickeln, ob und vor allem wie es mit dem Hof weitergehen würde, mussten wir das restliche Jahr 2022 noch abwarten. Abwarten, wie hoch die Förderungszahlungen im Dezember wirklich sein würden und wie viel jeden Monat für uns und für notwendige Investitionen übrig bleiben würde. Ich hatte schon damals den leisen Verdacht, dass diese Zahlen für viel Ernüchterung sorgen würden, aber Lukas hatte um dieses erste Jahr gebeten. Er wollte Antworten auf all seine Fragen und es schlicht und ergreifend zumindest versuchen, den Betrieb in der damaligen Form weiterzuführen. Also versuchten wir es. Und im nächsten Jahr, im Januar 2023, hatten wir schließlich Antworten auf all unsere Fragen.

Herr Salmiak

Der Wendepunkt

Mai 2022

Kälber gehören zum Alltag eines Milchviehbetriebs dazu, denn ohne Kälber gibt es bekanntermaßen auch keine Milch. Weibliche Kälber, sogenannte Kuhkälber, werden für gewöhnlich aufgezogen und als Nachzucht behalten oder schließlich an andere Milchviehbetriebe weiterverkauft. Die Kuhkälber sind diejenigen, die den Platz einer ausgedienten und schließlich aussortierten Milchkuh irgendwann einnehmen und diese im System ersetzen werden – ein schier unendlicher Kreislauf. Während also die Kühe und die Kuhkälber die Hauptrolle in der Milchproduktion spielen, werden die Stierkälber dabei oftmals nur als beinahe schon »lästige« Begleiterscheinung gesehen, denn Stierkälber haben für einen Milchviehbetrieb de facto keinen Nutzen. Bei klassischen Milchrassen (man unterscheidet bei Rindern zwischen Milch-, Fleisch sowie sogenannten Zweinutzungsrassen) setzen die Tiere, ganz gleich ob männlich oder weiblich, so gut wie kein Fleisch an. Es sind tendenziell eher hagere oder zarte Wesen, die somit auch keinen nennenswerten Fleischertrag liefern können. Was bringt einem ein Stierkalb einer Milchrasse also? Die traurige Antwort: Nichts als Kosten. Wenn man die männlichen Kälber nicht selbst auf dem Hof aufzieht, sie schlachtet und ihr Fleisch per Direktvermarktung an den Endverbraucher bringt, versuchen die meisten Landwirt:innen die Jungtiere zu verkaufen. Hier kommen Viehhändler ins Spiel, die die Kälber zu Betrieben bringen, auf denen sie dann bis zum Ende ihrer viel zu wenigen Lebenstage gemästet werden und dann in den Supermärkten landen. Mit viel Glück kommen die Kälber dabei zu Betrieben, die sich in nicht allzu großer Entfernung befinden, doch viel zu oft stehen den Jungtieren elendig lange Transportwege bevor, die nicht selten im Ausland enden. Da die Stierkälber von Geburt an einen gewissen Kostenfaktor mit sich bringen (Milch, Einstreu, Arbeitszeit etc.) und ihr Ankaufspreis die entstandenen Kosten meist kaum bis gar nicht deckt, lautet für viele Landwirt:innen die Devise: so schnell wie möglich verkaufen. So schnell wie möglich bedeutet meist schon mit wenigen Wochen. Innerhalb Österreichs dürfen die Kälber bis zu einem Alter von drei Wochen lediglich innerhalb des jeweiligen Bundeslandes oder maximal hundert Kilometer darüber hinaus befördert werden, doch sobald sie die magische Drei-Wochen-Altersgrenze überschritten haben, dürfen sie auch ins Ausland transportiert werden. Und nur so am Rande: Hundewelpen und Katzenjunge müssen per Gesetz mindestens acht Wochen bei ihrer Mutter verbleiben, ehe man sie verkaufen darf.

Stierkälber sind also ein (Kosten-)Problem, für das die moderne Milchviehwirtschaft noch keine adäquate Lösung gefunden hat. Dementsprechend wird in traditionellen kleinbäuerlichen Sphären jeder Umgang mit Stierkälbern, der über das Notwendigste hinausgeht, mit viel Argwohn, Kopfschütteln und fragenden Blicken bedacht. So auch im Frühjahr 2022 bei uns – als alle auf die Geburt des vorletzten Frühjahrskälbchens gewartet haben und am Ende etwas dabei herauskam, mit dem wohl niemand gerechnet hätte.

Elena war die einzig verbliebende hochträchtige Kuh, die kugelrund im Auslauf der trocken stehenden Kühe umherstreifte. Nach all den holprigen Geburten in den Wochen zuvor hofften wir darauf, dass bei Elena alles leichter gehen würde. Bisher hatte sie nur Kuhkälber auf die Welt gebracht, Erbse und Espe. Hoffentlich würde in wenigen Tagen Mädchen Nummer drei folgen.

Am 23. April quälten Lukas und ich uns am Abend müde zu einer Veranstaltung im Ort. Die Trachtenkapelle, zu deren Mitgliedern auch Lukas' Eltern und einer seiner Brüder zählten, gaben in Mörtschach ihr Frühjahrskonzert zum Besten. Als wir losfahren wollten, waren wir bereits so im Eimer, dass wir ehrlicherweise lieber den Weg in Richtung Bett eingeschlagen hätten. Aber wir einigten uns darauf, uns zumindest für ein Stündchen »blicken zu lassen«. Das Stündchen zog sich dann doch ein wenig mehr in die Länge, als wir gedacht hatten, und so fuhren wir erst gegen 22:30 Uhr zurück auf den Hof. Unangenehmer Nieselregen hatte eingesetzt, es war eine kühle Nacht.

Und da war es plötzlich wieder, dieses ungute Bauchgefühl. Auf Höhe des Stalls bat ich Lukas, mich aussteigen zu lassen. »Ich glaube, ich muss noch nach der Kuh schauen«, sagte ich bloß, bevor ich in meinem Blümchenkleid und den hochhackigen Stiefeletten einmal quer durch den Stall stapfte. Dabei beobachtete ich, wie Peggy im Schein meiner Handytaschenlampe die Augen zusammenkniff, wie die Hühner leise auf ihren Stangen gurrten und die Katzen im Halbschlaf kurz den Kopf hoben. Ich querte den Futtertisch, ging an der leeren Abkalbebox vorbei und öffnete schließlich das hintere Scheunentor. Kalter Wind und einige Regentropfen peitschten mir entgegen. Ich ließ den Blick durch die Dunkelheit schweifen und blieb schließlich an einem cremefarbenen Fleck irgendwo kurz vor dem Unterstand hängen. Dort stand Elena und schaute mich unverwandt an. Der Schein meiner Taschenlampe schaffte es kaum bis zu ihr, und ohne weiter darüber nachzudenken, tat ich einen Schritt auf die Kuh zu. Mit einem leisen Schmatzen versank mein Schuh einige Zentimeter tief im matschigen Boden. Noch ein Schritt. Und noch ein weiterer. Langsam brachte mein Handy ein wenig mehr Licht ins Dunkel, sodass ich den großen braunen Haufen erkennen konnte, der unter Elena lag. Und dieser braune Haufen starrte mich mit weit aufgerissenen Augen an und zitterte am ganzen Körper. Ich schnappte nach Luft, machte auf dem Absatz kehrt und rannte zum Wohnhaus. Als Lukas mich sah, musste ich nicht viel sagen. Er wusste sofort, dass aus dem im Auto geschmiedeten Plan von »wir machen uns ein Heizkissen und kuscheln uns mit einer Serie ins Bett« nichts werden würde. Wir brauchten exakt drei Minuten, um in unsere Arbeitskleidung zu schlüpfen und die schicken Schuhe gegen die Gummistiefel einzutauschen.

Elena hatte sich für die Geburt in dieser Nacht anscheinend die einzige Stelle des gesamten Auslaufs ausgesucht, an der sich das Regenwasser der vergangenen Tage zu einem kleinen See angesammelt hatte und sich alles drum herum mittlerweile in ein sumpfartiges Moorgebiet verwandelt hatte. Mit der Fernleuchte ausgestattet, ging ich in Richtung Kuh und Kalb, Lukas kam mit der altbekannten grünen Schubkarre hinterher. Es war ein nahezu routinierter Ablauf. Wir hoben den zitternden Haufen in die Schubkarre und fuhren mit ihm in den Stall. Elena folgte uns brav und nahm, ohne dass wir sie dazu auffordern mussten, sofort die Abbiegung zur Abkalbebox. Der Inhalt der Schubkarre schien für sie nicht weiter von Interesse zu sein. Ich schaufelte ihr mehrere Gabeln Heu in den Futtertrog, kontrollierte das Wasser und wandte mich wieder Lukas und dem Kälbchen zu.

»So dunkles Fell«, murmelte ich bloß.

»Ja, und so unfassbar dreckig«, fügte Lukas noch hinzu.

»Kuh oder Stier?«, fragte ich Lukas, während er das Kälbchen noch länger betrachtete.

Er zuckte nur mit den Schultern, griff vorsichtig nach einem Hinterbein des Kälbchens und hob es langsam an.

»Stier«, stellte er fest.

Ich seufzte. Wir einigten uns darauf, das Stierkalb nicht sofort unter die Wärmelampe zu legen, sondern es zuvor noch einer kleinen Dusche zu unterziehen. Wenn der ganze Dreck erst einmal eingetrocknet wäre, hätten wir wohl kaum mehr eine Chance gehabt, dieses Fell wieder ordentlich sauber zu bekommen. Also schob Lukas die große Schubkarre in Richtung Milchkammer, und wir spülten sämtlichen Dreck mit lauwarmem Wasser aus dem Fell. Unter all der matschigen Erde kam schokoladenbraun meliertes Fell zum Vorschein.

Schlapp war er, dieser Stier. Er wollte in den ersten Tagen nicht richtig trinken und aufstehen schon gleich gar nicht. Hinzu kam Durchfall und Abgeschlagenheit. Wenn es sich dabei nicht um ein wenige Tage altes Stierbaby gehandelt hätte, wäre mir wohl nur das Wort »lebensmüde« passend erschienen. Ich muss gestehen, dass ich mich auf gewisse Art und Weise gerne aus der Verantwortung für dieses Stierkalb stehlen wollte. Vielleicht war es eine Art Selbstschutz, vielleicht auch eine Form der Resignation darüber, welchen Weg das System für dieses Wesen vorgesehen hat. Denn es war ja »nur« ein Stier; ein schwacher noch dazu. Also kümmerte sich Lukas. Er päppelte ihn auf und begann damit, ihn zu kleinen Spaziergängen mitzunehmen. »Bewegung ist gut für die Verdauung«, sagte er immer. Ein Halfter oder einen Führstrick brauchten die beiden nicht, denn der kleine Stier folgte Lukas anstandslos, wohin er auch ging. Man konnte kaum anders, als bei diesem Anblick zu schmunzeln, denn an diesem Stier schien körperlich rein gar nichts zusammenzupassen. Die viel zu langen Beine stolperten nur allzu oft übereinander, die riesigen Ohren hingen schlapp am Kopf herunter und federten bei jedem Schritt, den er tat. Wenn er anfing zu rennen, flogen die Schlappohren richtiggehend im Wind. Aus dem schokoladenbraunen Fell der ersten Tage wurde recht schnell ein heller Cremeton. Nur sein Schwanz blieb schokobraun, wobei die Schwanzspitze wiederum aussah, als hätte sie jemand in einen Eimer weißer Farbe getaucht. Sie wippte wie ein Metronom stets von links nach rechts und wieder zurück.

Der Durchfall und die Abgeschlagenheit vergingen mit der Zeit – nicht aber die Ausflüge mit Lukas. Wir nannten den kleinen Stier schließlich Herr Salmiak, nach den kleinen schwarzen Lakritzpastillen.

Während die anderen Kälber im Kälberstall auf ihre Milch warteten, folgte Herr Salmiak Lukas lieber bis in die Milchkammer und begann direkt vor Ort, seinen Eimer Milch begierig zu trinken. Die Stufe in diesen mit Fliesen ausgelegten Raum schien für Herrn Salmiak kein Hindernis darzustellen, und er störte sich auch nicht an dem ohrenbetäubenden Lärm der Melkmaschine. Kater Findus war von diesem besonderen Besucher hochgradig irritiert, denn er selbst durfte nur in ganz besonderen Ausnahmesituationen (meist dann, wenn ich mit einer Tüte Leckerlis auf ihn wartete) in die Milchkammer. Sonst wurde der Kater von Lukas zumeist mit einem scharfen »Schhhhh« davongejagt. »Katzen haben in der Milchkammer nichts zu suchen«, pflegte er zu sagen. Doch anscheinend gab es in den Hausregeln keinen Paragrafen, der die Anwesenheit eines Stiers reglementierte. Lukas und ein Kalb in der Milchkammer, es hat sich eingebrannt, dieses Bild. Irgendwann konnte ich nicht anders, als das Schlappohr lieb zu gewinnen. Beinahe täglich spazierte Lukas über den Hof – seinen vierbeinigen Gefährten immer im Schlepptau.

Doch die Zeit war nicht unser Freund. Sie spielte gegen uns. Am 16. Mai, Herr Salmiak war nun etwas mehr als drei Wochen alt, schrieb mir Lukas am Abend eine Nachricht. Er hatte Nachtdienst, ich war mit unserer damaligen Aushilfe zu Hause.

»Morgen früh kommt er die Kälber holen.«

»Er« war ein regionaler Fleischvermarkter. Immerhin also niemand, der die Tiere quer durchs Land und nach sonst wohin verschifft. »Die Kälber« hießen Semmel und Herr Salmiak. Semmel war eine knappe Woche vor Herrn Salmiak geboren worden. Er war so scheu, wie ein Tier nur sein konnte. Wir gaben uns die größte Mühe, sein Vertrauen zu gewinnen, scheiterten dabei jedoch auf ganzer Linie. Er wusste vermutlich schon damals, dass wir sein Vertrauen am Ende sowieso nur mit Füßen treten würden. Also hat er es gleich gelassen.

»Ich möchte das nicht«, schrieb ich Lukas bloß zurück. Wieder zwei Stierkälber. Wieder zwei, die wir abgeben würden. Wieder zwei Wesen, bei denen ich dieses Gefühl des Versagens verspürte. Keine fünf Minuten nachdem wir geschrieben hatten, rief Lukas mich an und druckste herum. »Finden wir für Salmiak noch eine Lösung?«, fragte er unsicher. Für den Bruchteil einer Sekunde war ich einfach nur irritiert, denn ich hatte nicht einmal zu hoffen gewagt, dass das Finden einer Lösung überhaupt zur Debatte stünde. Zugegeben, ich war im Grunde davon ausgegangen, dass Lukas seine Entscheidung getroffen hatte. Weil er sie treffen *musste*. Doch nun ratterte ich alles herunter, was mir auf die Schnelle in den Sinn kam: eine Spendenbox, Herr-Salmiak-Merchandise, vielleicht ein Poster von ihm. Man könnte im Sommer Spaziergänge mit dem Kälbchen anbieten, vielleicht auch richtige Kuhschelkurse. Ich weiß noch, wie ich sagte: »Geld verdienen wir jetzt schon keines. Was macht da dieses Kalb also für einen Unterschied?« Ich sagte diese Worte nicht wirklich laut. Es war mehr ein vorsichtiges Flüstern. *Was wäre, wenn...?*

Lukas lauschte all meinen Ideen. Sagte nicht Ja, sagte nicht Nein. Die Ungewissheit sollte mich an diesem Abend in den Schlaf begleiten. Doch ich kam nicht umhin, neben der Ungewissheit noch ein anderes Gefühl wahrzunehmen: einen Anflug von Hoffnung.

Am nächsten Morgen kam Lukas schließlich mit dem Viehverkehrsschein in den Stall. Das ist ein Zettel, auf dem man jedes Tier, das ver- oder angekauft wird, mit sämtlichen Details notiert. Identifikationsnummer, Herkunftsbetrieb, neuer Betrieb, Datum, Uhrzeit der letzten Fütterung, geschätzte Dauer des Transports. Doch auf jenem Zettel, den Lukas auf das lose Brettchen in der Milchkammer legte, stand nur eine Ohrmarkennummer, die von Semmel. Kein Herr Salmiak. Ich schluckte. Vor Erleichterung, vor Frustration. »Wenigstens einer«, dachte ich noch bei mir. Doch ich sollte mich irren.

»Was machen wir jetzt mit Salmiak?«, fragte mich Lukas.

»Das fragst du mich?«, entgegnete ich überrascht. »Da steht doch nur Semmel auf dem Viehverkehrsschein.«

»Ja, noch«, antwortete Lukas knapp.

Ich schaute ihn bloß an. Er wusste, was ich wollte – nämlich nichts von alldem. Ich wiederum wusste, welche Entscheidungen er treffen musste. Also schüttelte ich nur traurig den Kopf und ging davon, um mein letztes Ass aus dem Ärmel zu ziehen. Ich schritt zum Kälberstall, öffnete das Gatter und ließ Herrn Salmiak laufen. Natürlich hüpfte er direkt und ohne den kleinsten Umweg auf Lukas zu, klebte an seiner Seite und leckte ihm das Gesicht ab. Beinahe schon wie ein Hund. Nur leider war er eben keiner. Ich würde lügen, wenn ich behaupten würde, dass ich in diesem Moment noch damit gerechnet hätte, dass Lukas ihn wirklich wegschickt. Doch als ich ihm wenige Minuten später in die Milchkammer folgte, sah ich, wie er den Stift zückte. Und eine Nummer aufschrieb. Er presste die Lippen zusammen. Sein Blick war völlig leer.

Ich drehte sofort um und ging zurück in den Stall. Die Dämme drohten langsam, aber sicher zu brechen. »Geh hoch, er schickt beide weg«, sagte ich zu Toni, unserer Helferin. Sie riss nur die Augen auf und floh ohne ein weiteres Wort ins Haus. In der Ferne konnte ich den grauen Viehtransporter auf der Straße ausmachen. Herr Salmiak, der noch immer im Stall herumturnte, trabte nun, da Lukas nicht für ihn verfügbar schien, auf mich zu. Er lutschte an meinen Fingern und wedelte mit dem Schwanz. Ich schloss die Augen. Die Geschichte hat die unangenehme Angewohnheit, sich zu wiederholen. Ich dachte an Balthasar, an den ersten kleinen Stier, den ich viel zu nah an mich herangelassen hatte. Ich dachte daran, wie sehr der Abschied damals geschmerzt hatte, welches Loch er hinterließ. Und schimpfte mich im gleichen Atemzug dafür, dass ich mich nun schon wieder in solch einer Situation wiederfand. Herr Salmiak stupste mich mit dem Kopf unsanft in den Oberschenkel. Kälbchen mögen es nicht, wenn sie nicht deine ungeteilte Aufmerksamkeit bekommen. Ich drückte mich mit dem Stier ins hinterste Eck des Stalls, aber dann war der Moment auch schon gekommen. Zwei Männer standen in der Tür, Lukas daneben. Salmiak indes ließ sofort von mir ab, als er Lukas am anderen Ende der Stallgasse erblickte. Er eilte auf ihn zu und spazierte neben seinem zweibeinigen Freund freiwillig in den Hänger. Wenn er nur wüsste... Ich konnte es nicht länger ertragen und ging, während mir die Tränen in Sturzbächen übers Gesicht liefen. Als ich den Lastwagen vom Hof fahren sah, erkannte ich noch, dass die beiden Kälber die ersten Passagiere waren. Ganz allein standen sie auf der riesigen Ladefläche des Lkw. Wie verloren sie in diesem Gefährt aussahen. Als der Wagen in der Ferne immer kleiner wurde, spürte ich ein heftiges Ziehen in der Magengegend.

Lukas und ich gingen nun zügig ins Haus, wir hatten in kaum einer Stunde einen Termin in der Stadt, den wir nicht aufschieben konnten. Ich ließ meiner Frustration freien Lauf und gab mir keinerlei Mühe, die Tränen, die noch immer über meine Wangen flossen, zu verstecken.

»Mach das nie wieder, hörst du?«, schleuderte ich Lukas entgegen, sobald wir die Schlafzimmertür hinter uns geschlossen hatten.

»Wenn du es entscheidest, okay, aber tu nicht vorher so, als gäbe es eine Wahl, als könnte ich noch etwas ändern.«

»Es tut mir leid«, murmelte Lukas mit gesenktem Blick, aber da war ich schon im Badezimmer verschwunden. Als ich – noch immer weinend – zurück ins Schlafzimmer kam, sah ich ihn an. Lukas hatte das Gesicht hinter den Händen verborgen. Für einen Moment schien die Zeit stillzustehen. Als ich schließlich zu ihm ging und seine Hände in meine nahm, erkannte ich, dass er hier nicht seine Entscheidung getroffen hatte. Er hatte die Entscheidung getroffen, von der er dachte, dass er sie treffen müsste. Und es war auch nicht an mir, ihn nun mit Verachtung oder Wut zu strafen, denn das tat er schon selbst. So saßen wir also da, ich hinter ihm, die Arme fest um ihn geschlungen, und weinten beide um dieses Kalb. Um diese Kälber. Um alle, die waren, und um alle, die kommen würden. »Was tun wir hier eigentlich?«, flüsterte Lukas in meinen Arm. Ich hatte an diesem Morgen keine passende Antwort für ihn.

»Ich hab's in dem Moment bereut, als der Lkw losgefahren ist«, murmelte Lukas, als wir kaum zwanzig Minuten später im Auto saßen.

»Vielleicht ist das der Tag, auf den wir in einem Jahr oder so zurückblicken und sagen ›ab da wurde alles anders, das war der Schlüsselmoment‹«, sagte er in die Stille hinein.

»Ja, vielleicht«, antwortete ich. »Nur, für die beiden Kälber kommt der Schlüsselmoment zu spät.«

Lukas schluckte.

Und meine Tränen liefen weiter.

Der Tag verging. Und der nächste. Alles lief in beinahe gewohnten Bahnen. Doch ich schaffte es seit dem Morgen, an dem die Kälber abgeholt worden waren, nicht mehr in den Kälberstall. Das Füttern der übrigen Kälbchen, Sahne, Pudding und Rosine, überließ ich den anderen. Was Lukas anbelangt, wusste ich dieser Tage nicht so recht, ob er wirklich so gut im Verdrängen war, wie es den Anschein machte, oder ob er einfach nur irgendwie funktionierte. Wir sprachen kaum über das, was am Dienstagmorgen passiert war und was es mit uns gemacht hatte, noch immer machte. Schon am nächsten Tag hatte mir Lukas von der Arbeit aus geschrieben: »Ich fühle mich immer noch schlecht.« Spätestens da wusste ich, dass Lukas hier rein gar nichts verdrängt hatte, sondern dass der Weggang dieses Kalbs in einer bisher noch nicht da gewesenen Form an ihm nagte. Doch dann kam schon das nächste Kalb zur Welt, Rocher. Das erste Kälbchen von Rübe. Die Kälber, die ich vor drei Jahren mit auf die Welt gebracht hatte, waren tatsächlich erwachsen und bekamen ihre eigenen Kälber; ich konnte es kaum fassen.

Die Arbeit ging also nahtlos weiter. Wir hatten keine Zeit. Keine Zeit zum Innehalten, zum Verarbeiten, zum Trauern. Vielleicht ist das auch einer der Gründe dafür, dass viele Menschen aus dem landwirtschaftlichen Bereich so abgeklärt wirken, so gefühlskalt: Man hat keine Zeit, sich mit seinen Gefühlen zu beschäftigen. Das ist Fluch und Segen zugleich. Es geht immer weiter, weil es immer weitergehen muss. Ich kann es mir nicht leisten, nicht zu funktionieren, weil in diesem Moment alle anderen Tiere, die auf mich angewiesen sind, auf der Strecke bleiben würden. Für gewöhnlich hilft diese Routine, dieses Karussell, das sich immer weiterdreht, einem auch dabei, die Dinge zu vergessen, sie irgendwie hinter sich zu lassen. Doch dieses Mal sollte es anders sein.

Lukas' Entscheidung vom Dienstag lastete wie ein Rucksack voller Backsteine auf unseren Schultern. Das prägendste Gefühl dieser letzten zwei Tage war das Gefühl von Schuld. Als hätten wir einen furchtbaren Verrat an einem kleinen Lebewesen mit langen Wimpern und Schlappohren begangen. Vierundzwanzig Tage alt. Vor einer Woche noch hatten wir mit der Kamera etliche Fotos von Herrn Salmiak gemacht, wie er draußen auf der Wiese mit Lukas herumturnte. Nun wagte es niemand von uns, sich die Bilder auch nur eine Sekunde lang anzuschauen.

Lukas hatte an diesem Morgen in einer absoluten Kurzschlussreaktion gehandelt. Ich bin mir sicher, dass er dachte, dass er so hatte handeln müssen. Dass er solche Entscheidungen mit Härte treffen muss, damit der Betrieb überlebt und gut wirtschaftet. Dass er seinen Eltern damit beweisen wollte und musste, dass sie sich geirrt hatten. Der Kampf, der sich in seinem Kopf abspielte, ist mir viel zu lange verborgen geblieben, weil ich vermutlich viel zu sehr mit meinen eigenen Kämpfen beschäftigt war. Erst im Nachhinein ist mir die Bedeutung seines Anrufs am Abend vor dem Verkauf klar geworden. Die vergangenen zwei Tage fühlten sich wie eine halbe Ewigkeit an, und nachdem Lukas noch immer hundeelend zumute war und seine Gedanken stets um den kleinen Stier kreisten, wurde mir die Tragweite seiner Handlung in ihrem ganzen Ausmaß bewusst. Lukas hatte getan, was er glaubte, tun zu müssen – jedoch zu einem furchtbaren Preis. Er litt noch mehr, als ich es damals bei Balthasar getan hatte, denn hier war er derjenige gewesen, der Salmiaks Nummer und seine eigene Unterschrift auf den Viehverkehrsschein gesetzt hatte. Er war für Herrn Salmiak der Bösewicht in der Geschichte, er allein hatte entschieden. Und es war für ihn in jeder Hinsicht die falsche Entscheidung gewesen.

Auf einem landwirtschaftlichen Betrieb gibt es keinen Platz für Sentimentalitäten; ja, das war die Lektion, die ich schon vor drei Jahren gelernt und doch nie akzeptiert habe. Eine Lektion, mit der Lukas auf dem Hof seiner Eltern aufgewachsen ist. *Eigentlich.*

Genau zwei Tage nachdem die Kälber abgeholt worden waren, rief mich Lukas vom Büro aus zu sich. Donnerstagvormittag, es müsste so kurz nach zehn gewesen sein. Ich saß gerade auf dem Balkon und war dabei, meinen wöchentlichen

Newsletter abzutippen. Zugegebenermaßen mal wieder mit Tränen in den Augen, denn es war eine harte Woche gewesen. Als ich vor Lukas stand, sah er mich mit ernstem Blick an und nahm meine Hand.

»Ich habe eben telefoniert«, sagte er, während ich selbst überhaupt nicht verstand, um was es hier gerade ging.

»Mit dem Kälbermastbetrieb. Ich organisiere uns einen Hänger, und dann holen wir Herrn Salmiak zurück. Kommst du mit?«

Es gibt keine Worte, die mein Gefühl der Sprachlosigkeit gepaart mit Freude, Erleichterung und Unglauben irgendwie ausdrücken könnten. Der Newsletter wurde unter Tränen zu Ende geschrieben, doch nun waren es Freudentränen. Lukas hatte es getan. Er hatte es wirklich getan. Und ich konnte es nicht fassen.

Es dauerte weitere drei Tage, bis wir einen Hänger und das passende Auto organisiert hatten und uns auf den Weg machen konnten. Unser Weg führte uns fast zwei Stunden lang einmal quer durch Kärnten. Ich hatte ein mulmiges Gefühl, denn ich hatte noch nie zuvor einen Kälbermastbetrieb betreten. Ich kannte nur das, was man eben so kennt, wenn man im Internet unterwegs ist und immer mal wieder Beiträge von Tierschutzorganisationen hereingespült bekommt. Im Grunde genommen war meine größte Angst wohl die, dass ich vor Ort in Hunderte traurige Augen blicken und sie am liebsten alle mitnehmen würde. Doch wir hatten nur Platz für diesen einen. Wir fuhren durch dichte Wälder, an saftigen Wiesen und wunderschön gelegenen Bauernhöfen vorbei. Es wirkte fast schon idyllisch. Der Kälbermastbetrieb selbst war, nun ja, zwar ganz anders, als ich es befürchtet hatte, aber dennoch nicht schön. Als wir ausgestiegen waren, das Halfter von Herrn Salmiak schon in der Hand, begrüßte uns eine freundlich aussehende Frau mittleren Alters.

»Ah, seid ihr wegen dem Kalb hier?«, fragte sie mit einem milden Lächeln auf den Lippen.

Wir gingen wohl recht in der Annahme, dass die Menschen hier nicht gerade Schlange standen, um ihre zuvor verkauften Kälber wieder zurückzuholen, also nickten wir bloß. Sie führte uns zu einem kleinen, offenen Kälberstall wenige Meter neben dem Auto.

»Hier stehen die kleinsten Kälber. Wir sortieren sie immer nach Größe und Gewicht. Da ist eurer dabei.«

In dem kleinen Kälberstall standen vielleicht sechs oder acht Kälbchen. Einige waren mit dem Kopf im Futtertrog versunken, andere lagen im hinteren Bereich im Stroh und dösten vor sich hin. Nur einer stand, den Kopf aufmerksam in die Höhe gestreckt, mit wippender weißer Schwanzspitze direkt am Gitter und schaute uns neugierig entgegen. Die Frau öffnete das Tor, und Lukas ging auf Herrn Salmiak zu, um ihm das Halfter überzustreifen. Der Stier ließ sich das Prozedere bereitwillig gefallen, denn er war schon längst mit etwas Besserem beschäftigt: an Lukas herumzuschnüffeln und sein Hosenbein abzuschlecken. Wir bedankten uns bei der Frau, die aufmerksam und amüsiert beobachtet hatte, wie das Kälbchen an seinem Halfter brav neben Lukas in den Hänger spazierte. So was sieht man auf einem Kälbermastbetrieb wohl nicht allzu oft.

Nachdem wir mit Herrn Salmiak wieder auf unserem Hof angekommen waren, beförderten wir ihn zunächst in eine Einzelbox. Quarantäne. Wer wusste schon, was er auf dem Betrieb alles aufgeschnappt haben könnte, und wir wollten vermeiden, dass sich eine irgendwie geartete Infektion auf die übrigen drei Kälber ausbreitete. Also musste Herr Salmiak seine erste Woche in Einzelhaft verbringen. Wir taten richtig daran, denn noch am gleichen Abend sollten wir feststellen, dass er eine heftige Form von Kälberdurchfall mitgebracht hatte. Es bedurfte einiger Besuche des Tierarztes und selbstverständlich etlicher Ausflüge mit Lukas, bis die Verdauung des Kälbchens wieder im Lot war. Aber, und das ist wohl das Wichtigste, er wurde schließlich wieder gesund und tobte bald wieder mit Lukas über den Hof.

Heute, fast ein halbes Jahr später, hängen Lukas und Herr Salmiak noch immer aneinander wie ein altes Ehepaar. Zugegeben, manchmal kabbeln sie sich auch so richtig, und ich stehe dann stets wie eine Pausenaufsicht daneben und ermahne sie. Meist sage ich so etwas wie »Bis einer weint…«, und Lukas antwortet dann gespielt trotzig: »Aber er hat angefangen!«

Als es vor zwei Wochen für den gesamten Kälberkindergarten mit dem Hänger auf die Herbstweide ging, sträubten sich alle heftig dagegen, auch nur einen Fuß auf die Laderampe zu setzen. Sahne mussten wir sogar mit vereinten Kräften hineintragen. Der Einzige, der lammfromm neben Lukas in den Hänger spazierte, hieß Herr Salmiak. Da war nicht ein einziger Moment des Zögerns, der Irritation oder der Unsicherheit. Nein, mit einem absoluten Urvertrauen ging er neben Lukas hinein. Ganz so, als wäre er sich zu hundert Prozent sicher, dass Lukas ihm nichts Böses wollte.

Es gab viele Momente in den letzten Monaten, in denen ich feststellen durfte, dass ich an den Aufgaben, die der Hof so mit sich bringt, gewaltig gewachsen bin. Und zwar in so ziemlich jeder Hinsicht, physisch wie psychisch. Doch das ist nichts im Vergleich zu dem Wandel, den Lukas an den Tag gelegt hat. Es ist schön, wenn man selbst an neuen Herausforderungen wächst, aber es ist eigentlich noch viel schöner, wenn man anderen dabei zusehen kann, wie sie wachsen.

Die Art, wie Lukas bei Herrn Salmiak gehandelt hat, ist in vielerlei Hinsicht bewundernswert. Entscheidungen zu treffen ist hart, aber sich Fehler einzugestehen, diese dann auch noch auszubessern mit allem, was dazugehört, und die ganze Geschichte wieder geradezubiegen, ja, darin zeigt sich wahre

Größe. Vor allem dann, wenn man (so wie Lukas) in diesem landwirtschaftlichen System aufgewachsen ist. Kälber kommen und gehen. Kühe kommen und gehen. Es gehört dazu, es ist (vermeintlich) normal. Als ich Lukas kennenlernte, war das alles für ihn so selbstverständlich, dass er dieses System nicht eine Sekunde lang infrage gestellt hat. Und nun? Nun hat er all das, was er hätte tun sollen, all das, was seine Eltern getan hätten, und all das, was man hier für vermeintlich »richtig« erachtet, komplett über Bord geworfen und sich für das entschieden, was *er* selbst wollte. Manch einer möchte mir die Rückkehr dieses Stierkälbchens in die Schuhe schieben, und manch einer denkt, ich hätte Lukas so lange bearbeitet, bis ich meinen Willen bekommen habe. Doch dem ist nicht so. Sollen sie alle ruhig denken, was sie wollen. Es ist mir egal, denn ich weiß es besser. Lukas weiß es besser. Und im Grunde spielt es einfach keine Rolle.

Herr Salmiak ist wieder da. Dieses Kälbchen, das erst gehen musste, um am Ende wirklich anzukommen. Es ist nur einer, einer von vielen. Eigentlich könnte man meinen, dass dieser Eine einfach nur unbedeutend ist, wenn man das große Ganze betrachtet.

Herr Salmiak ändert (noch) nicht alles, aber in diesem Moment hat sich zumindest für ihn alles verändert.

Und vielleicht war das wirklich der Schlüsselmoment, von dem wir Jahre später noch erzählen würden.

Die Schwafe

Frieda und Edna

Juni 2022

Seit ich auf einem Bauernhof lebe, habe ich eine mehr oder minder geheime Wunschliste von Tieren, mit denen ich den eigenen Bestand gerne noch ergänzen beziehungsweise erweitern würde. Diese bescheidene Liste besteht aus (Lauf-)Enten, Schweinen und Schafen. Natürlich gibt es da noch die ein oder andere bestimmte Hühnerrasse, die ich gerne in unser Geschwader integrieren würde (Stichwort Brahma und Orpington), und von einem flauschigen Hochlandrind träume ich ja sowieso schon lange. Man sieht also: Besagte Liste besteht zu weiten Teilen aus reinen Träumereien, denn all diese Wesen müssen schließlich auch gefüttert und versorgt werden. Trotzdem sollte ich im Frühjahr 2022 gleich zwei Tiere auf einmal von dieser Liste streichen und durch ein ganz anderes ersetzen.

Lukas und ich waren gerade auf dem Weg zum Bahnhof, da ich für einige Tage beruflich nach Wien musste. Natürlich hatte der Zug Verspätung, und so beschlossen wir, in der Zwischenzeit noch etwas weiterzufahren und uns den Ort anzuschauen. Wir passierten einen kleinen Auslauf mit einer Holzhütte in der Mitte, und als ich im Vorbeifahren zwischen den Zaunlatten hindurchspähte, sah ich nur jede Menge flauschige Wolle in Schwarz und (dreckigem) Weiß. »Schafe!«, quietschte ich auf dem Beifahrersitz, und Lukas, der mich gut genug kannte, um zu wissen, welcher Wunsch sich hinter dem frenetischen Quietschen versteckte, fuhr rechts ran, und wir stiegen aus. Ich schritt auf den Zaun zu und stellte fest, dass diese Schafe wirklich kompakt gebaut waren und irgendwie sonderbar durch die Gegend trabten. Als ich schließlich am Zaun angekommen war, einen Blick in den Auslauf warf und mir ungefähr zwanzig Steckdosennasen neugierig entgegengrunzten, erkannte ich, dass die Schafe keine Schafe waren – es waren Schweine! Eine bunte Mischung der verschiedensten Altersklassen wuselte dort durch den Matsch, und ich muss gestehen, dass ich lange nichts vergleichbar Süßes gesehen hatte. Ich kam nicht umhin, ein paar Bilder zu schießen, um später zu recherchieren, um welche Rasse es sich hier handelte.

Entgegen der Vermutung, dass diese flauschigen Vierbeiner womöglich das Ergebnis einer wilden Nacht zwischen Schaf und Schwein gewesen sein könnten, stellte sich wenig später heraus, dass es sich dabei um Wollschweine beziehungsweise Mangalitza-Schweine handelt. Das Mangalitza-Schwein kommt ursprünglich aus Ungarn und gehört mittlerweile zu den bedrohten Nutztierrassen, da es kaum mehr gezüchtet wird. Aufgrund ihres üppigen Fellkleides sind diese Schweine überaus robust und können mitunter das ganze Jahr im Freiland gehalten werden. Der Anblick meines kleinen Wollschwein-Fotos auf dem Handy machte mich jedenfalls ausgesprochen glücklich, weswegen ich selbiges mit meiner Instagram-Community teilen wollte. Ich öffnete die App, wählte das Foto für die Story aus und überlegte kurz, was ich dazu schreiben könnte. »Ein Schaf? Ein Schwein? Ein Schwaf!« Als Reaktion darauf landeten viele begeisterte Nachrichten in meinem Postfach. Es war die Geburtsstunde der Schwafe. Natürlich mussten wir fortan jedes Mal auf dem Weg zum Bahnhof einen Zwischenstopp bei den Schwafen einlegen, und natürlich lag ich Lukas mehr als nur einmal damit in den Ohren, dass so ein paar Schwafe eine perfekte Ergänzung für unseren Tierbestand wären. Er quittierte das jedes Mal mit einem milden Lächeln und einem fast schon resignierten Seufzen.

Mit dem Sommer hielten bei uns nun auch die langen Arbeitstage auf dem Feld wieder Einzug, und wir waren derart beschäftigt, dass für die Planung tierischer Neuzugänge schlicht und ergreifend keine Zeit mehr blieb. Doch das galt wohl nur für mich, denn Lukas hatte da andere Dinge im Sinn: Am 2. Juni wurde ich dreißig Jahre alt; mein erster runder Geburtstag in Österreich. Meine Eltern und meine Schwester konnten leider nicht kommen, doch trotzdem hatten sie es sich nicht nehmen lassen, gemeinsam mit Lukas für diesen Tag eine ganz besondere Überraschung zu planen. Während ich am Nachmittag mit unserer neuen Praktikantin Julia über den Hof wuselte und verschiedene Arbeiten erledigte, bemerkte ich nicht, wie Lukas gemeinsam mit seinem Kumpel Micha zu einem kleinen Ausflug aufbrach. Zu einem Ausflug mit dem Viehtransporter...

Ich war also recht irritiert, als Lukas mich kaum zwei Stunden später aus dem Stall holte, an der Hand nahm und schließlich dazu aufforderte, den Hänger zu öffnen. Ich ließ die beiden Hebel aufschnappen und öffnete ganz langsam die Klappe – allerdings nicht ohne mich vorher bei Lukas noch einmal zu versichern, ob mich da jetzt auch wirklich nichts anspringen würde.

»Jetzt mach endlich auf«, forderte er jedoch eindringlich.

Und nein, da sprang nichts. Im Viehhänger warteten zwei recht unsichere kleine, etwa vier bis fünf Monate alte Schwafe auf mich, eines schwarz und eines weiß. Ihre wilde Lockenmähne stand in alle Richtungen ab, und es wirkte fast ein wenig, als hätte man ihnen das Fell zur Feier des Tages einmal ordentlich auftoupiert.

»Bleiben die jetzt hier?«, hauchte ich Lukas nur ungläubig entgegen.

Er nickte, grinste mich an und sagte bloß:

»Das ist das Geburtstagsgeschenk von deiner Familie. Alles Gute zum Geburtstag!«

Es waren zwei Sauen oder »zwei Mädchen«, wie meine Mama ihr liebevoll ausgewähltes Geburtstagsgeschenk nennt. Da bis auf Lukas und Micha niemand vom Einzug der Schwafe auf dem Hof wusste (den ungläubigen Blicken der Schwiegereltern zufolge waren diese in die Überraschung auch nicht eingeweiht gewesen), war natürlich exakt gar nichts für zwei Schweine vorbereitet. Kein Nest, kein Auslauf, keine Futterstelle – nichts. Wir begannen also in Windeseile, den alten Schweinestall, in dem früher zwei Mastschweine ihr kurzes Leben fristeten, zu entrümpeln und für die beiden Neuankömmlinge auf Vordermann zu bringen. Innerlich musste ich ein wenig schmunzeln, denn diese chaotische Ecke im hinteren Teil des Stallgebäudes war mir schon lange ein Dorn im Auge gewesen, doch wir hatten nie die Zeit (oder die Motivation) gehabt, uns mit dieser Baustelle auseinanderzusetzen. Bis zu jenem Tag.

Ich wischte eine dicke Staubschicht aus dem alten Futtertrog, und Julia war damit beschäftigt, eine kleine Ecke im hinteren Bereich des Schweinestalls großzügig mit Stroh auszulegen. Währenddessen werkelten Lukas und Micha unter den wachsamen Augen von Rosine, dem ältesten Kälbchen im Kindergarten, am Absperrgitter herum. Der Kälberkindergarten wusste noch nichts von seinem Glück, denn in Kürze würden sich die Rasselbande den Auslauf und den Stall mit zwei Schweinen teilen (müssen). Es kam weder für Lukas noch für mich infrage, die beiden Sauen ohne richtigen Auslauf in dem alten Schweinestall, der keinerlei vernünftigen Zugang nach draußen bot, hausen zu lassen. Binnen einer knappen Stunde hatten wir alles so weit vorbereitet, dass die Schwafe den Hänger verlassen und ihr neues Domizil sowie die neuen Mitbewohner begutachten konnten. Allerdings mussten wir sie hierfür einmal durch den gesamten Stall treiben, denn der Hänger stand am Vordereingang. Ich wusste damals wirklich nicht, wer in diesem Moment aufgeregter war: die beiden Schweine oder ich selbst.

Kaum dass wir die Heckklappe des Hängers in Gänze geöffnet hatten, eilten die beiden Wollknäuel auch schon heraus. Sie trabten wie Miniaturponys durch den Stall, allerdings nicht, ohne an so gut wie jedem Gegenstand in ihrer Nähe einmal mit dem Rüssel »anzudocken«. Im Grunde nicht sonderlich überraschend, schließlich war der Stall für die beiden Schwafe absolutes Neuland, und dieses galt es eben zunächst einmal eingängig zu beschnuppern. Lukas und Micha hatten all jene Abzweigungen, die die Schweine *nicht* nehmen sollten, mit großen Brettern abgesperrt, sodass wir sie tatsächlich recht einfach in ihr neues Zuhause treiben konnten. Als die beiden wundersamen Wollwesen den Innenbereich des Stalls betraten und plötzlich den Kälbern gegenüberstanden, hielten alle Beteiligten, ganz gleich, ob zwei- oder vierbeinig, kurz die Luft an. Rosine stand wie vom Donner gerührt da und starrte die beiden Schweine an. Die Kälber Pudding und Sahne ließen es indes gar nicht erst zu einem näheren Kontakt kommen, sondern ergriffen sofort die Flucht in den Auslauf. Während Rosine noch immer wie angewurzelt am gleichen Fleck stand, kamen die beiden Schweine ihr immer näher. Als das schwarze Schwaf kaum mehr einen halben Meter von Rosine entfernt war, begann sie plötzlich, den Rückwärtsgang einzulegen. Sie wich so lange vor den Schweinen zurück, bis sie mit dem Hintern an die Wand stieß. Vor lauter Schreck über diesen für sie doch recht überraschend anmutenden Po-Wand-Kontakt tat sie einen Sprung nach vorne, stolperte über ihre eigenen Beine und fand sich plötzlich Nase an Nase mit dem schwarzen Schwaf wieder. Für etwa eine Sekunde blickten sich die beiden nur erstaunt an, doch dann rappelte sich Rosine auf und hechtete ihren Kälberkolleginnen hinterher. Die beiden Schwafe schienen sich durch dieses kleine Intermezzo jedoch absolut nicht in ihrem Einzug gestört zu fühlen und begutachteten weiterhin ihr neues Reich. Nachdem sie sich im Innenbereich hinreichend umgeschaut beziehungsweise in ihrem Fall wohl eher umge*schnüffelt* hatten, zeigten wir ihnen den Weg in den Auslauf hinaus. Der Ausgang war mit einem dicken Filzteppich zugehängt, der sowohl kalte Zugluft sowie ungebetene Gäste (wir denken hier ganz konkret an die Hühnerschar…) fernhalten sollte. Die Kälber hatten mit diesem Teppich schon vor langer Zeit Bekanntschaft geschlossen und wussten ganz genau, dass sie hier wortwörtlich bloß mit dem Kopf durch die Wand mussten, um hinaus an die frische Luft zu gelangen. Die Schwafe hatten davon natürlich keine Ahnung. Es dauerte eine Weile, bis wir sie dazu bewegen konnten, durch diesen anscheinend für sie recht gefährlich wirkenden grünen Filzteppich zu gehen. Offen gestanden war es auch nicht nur unserer unglaublichen Überredungskunst geschuldet, dass sie irgendwann dann doch den Weg nach draußen fanden. Es brauchte vielmehr den Einsatz von alten Brotscheiben sowie mich, die den Teppich von außen leicht anhob, sodass die Schweine zumindest einen kleinen Blick nach draußen werfen konnten, bevor sie den entscheidenden Schritt taten.

Generell übertreibe ich wohl kaum, wenn ich sage, dass uns der gesamte Kälberkindergarten (als da wären Rosine, Pudding, Sahne und Rocher, die von dem ganzen Prozedere jedoch noch gar nichts mitbekommen hatte, da sie draußen unterwegs war, während die anderen drei den unsäglichen Schwafen gegenüberstehen mussten…) an jenem Tag einfach nur abgrundtief verachtet hat. Kaum hatten die Schweine den Weg nach draußen entdeckt, gab es für sie kein Halten mehr. Sie trabten umher, erkundeten (sehr zum Leidwesen von Rocher) den Unterstand und machten sich daran, ihre Mitbewohner zu begrüßen. Doch leider hielten diese absolut gar nichts von höflichen, artübergreifenden Umgangsformen. Sowie eines der beiden Schweine auch nur in die Nähe der Kälber kam, suchten diese sofort das Weite. Doch das war der große Fehler: Die Schwafe fanden relativ schnell Gefallen daran, dass sie die Kälber nach Lust und Laune umhertreiben konnten, und jagten sie nun also beherzt durch die Gegend.

»Sicher, dass du mir hier nicht zwei verkappte Hütehunde mitgebracht hast?«, wandte ich mich lachend an Lukas.

Er grinste nur: »Hast du etwa noch nie von den berühmten Hüteschwafen gehört?«

Wer nun meint, dass wir die Kälber gänzlich ihrem Schicksal und dem Hütetrieb der Schwafe überlassen hätten, irrt jedoch. Kaum dass wir beide Parteien mit frischem Futter versorgt hatten, kehrte Ruhe ein. Tatsächlich dauerte es nur wenige Tage, bis Kälber und Schwafe einträchtig nebeneinander im Unterstand lagen oder sich sogar friedlich die ein oder andere Ladung Heu teilten. Nach einigen Wochen zuckten die Kälber schließlich nicht einmal mehr, wenn sich die Borstentiere zwischen ihren Beinen hindurchschlängelten oder ihre Privatsphäre missachteten, indem sie sich Borste an Fell neben sie kuschelten und ein ausgiebiges Sonnenbad nahmen. Selbst Rosine, die insbesondere das dunkle Schwaf anfänglich wohl für einen zu kurz geratenen Wolf hielt, freundete sich letztlich mit den neuen Mitbewohnern an.

Natürlich bekamen die beiden Schweine innerhalb weniger Tage richtige Namen, denn die Arbeitstitel »helles Schwein« und »Rosines Albtraum« waren alles andere als alltagstauglich. Das dunkle Schwaf hat etwas Aufmüpfiges, ja man möchte fast schon sagen, etwas Renitentes an sich. Manchmal stellt es die Nackenhaare in die Höhe und ähnelt dabei in gewisser Weise einem Wildschwein. Während ihm in Bezug auf die Kälber das Wort »Distanz« wie ein absolutes Fremdwort vorkam, hielt es uns Menschen jedoch recht lange ganz bewusst auf Abstand. Ich kam nicht umhin, bei einem Blick auf dieses exzentrische Wollschwein sofort an die Figur der Edna aus dem Animationsfilm *Die Unglaublichen* zu denken: Auch sie war irgendwie eigen, aber eben auf sehr sympathische Art und Weise. Es erschien mir absolut passend, und so wurde aus dem dunklen Schwein *Edna*.

Während sich die Namensgebung bei Edna doch über ein paar Tage hinzog, war es bei dem blonden Schwaf – zumindest für mich – sofort klar: Wir hatten es hier mit einer *Frieda* zu tun. Frieda ist wohl das, was man als herzensgut beschreiben könnte. Sie war fast schon von Beginn an zutraulich und dabei immer freundlich. Während Edna manchmal ein wenig stürmisch und ungehobelt daherkommt, kennt Frieda keine Ungeduld oder gar schlechte Laune. Schon nach knapp einer Woche war Frieda (oder vielmehr Friedchen, wie ich sie liebevoll nenne) so tiefenentspannt und vertrauensselig, dass sie sich seitdem jedes Mal, wenn ich mit gezieltem Griff an ihren Bauchspeck fasse, wie ein Sack Reis auf die Seite fallen und hingebungsvoll kraulen lässt. Frieda grunzt dabei leise vor sich hin und scheint einfach nur absolut zufrieden mit sich und der Welt. Edna hingegen begutachtete dieses Prozedere noch wochenlang misstrauisch aus der Ferne, bis schließlich auch sie die Vorzüge einer ausgiebigen Bauchspeckmassage kennenlernen wollte. Somit wurden Frieda und Edna recht schnell zu den absoluten Lieblingen bei sämtlichen Besuchern, die nichts lieber taten, als den beiden so lange das Wollkleid zu bürsten, bis es die Schwafe wie ein aufgeföhntes Toupet umgab.

Es dauerte nicht lange, bis Frieda und Edna zu unserem ganz normalen Alltag dazugehörten. Zugegeben, wenn sie gerade mal wieder einen Ausgang entdeckt hatten, der eigentlich keiner war, beide die Rädelsführerinnen bei einem Ausbruch der gesamten Schwaf-Kälber-Schar spielten und wir so unsere liebe Not damit hatten, alle wieder einzufangen, sorgten sie schon auch mal für Augenrollen. Doch im Grunde waren wir selbst schuld, denn eine Lektion mussten wir erst lernen: Schweine sind keine Kälber. Vieles, das Kälber mit Sicherheit dort hält, wo sie bleiben sollen, ist für die Schweine bloß ein kaum als solches zu bezeichnendes Hindernis. Was die Sicherheitsvorkehrungen im Schweinestall anging, mussten Lukas und ich also noch eine gehörige Schippe drauflegen. Doch wir taten es gerne, denn eine ganz bestimmte Fähigkeit der Schweine überragt dabei alles andere: Sie bringen einen zum Lächeln. Das neugierige Grunzen, die herumflatternden und gefühlt viel zu großen Ohren und die feuchte Nase, die man ständig in der Kniekehle hat, sorgen dafür, dass alles andere für kurze Zeit nebensächlich wird. Kein Wunder, dass das Schwein als solches in vielen Kulturkreisen als Glückssymbol angesehen wird. Wenngleich sie auch in unserer Gesellschaft wohl kaum als glückliche Tiere zu bezeichnen sind, doch das ist ein anderes Thema.

Frieda und Edna haben also den Bestand des Hofs um eine Tierart erweitert, und ich konnte gleich zwei meiner Wunschtiere von der Liste streichen: Schweine und Schafe. Vielleicht war das auch einfach nur ein geschickter Winkelzug von Lukas, um die Liste der Wunschtiere möglichst schnell schrumpfen zu lassen und dabei möglichst wenig neue Tiere auf dem Hof zu beherbergen. Zwei Schwafe, das war ja auch wirklich eine recht überschaubare Zahl. »Damit kann ich leben«, resümierte Lukas nach den ersten Wochen, »zwei sind akzeptabel.«

Wenn er nur gewusst hätte, welch exponentieller Anstieg des Tierbestandes uns in der nächsten Zeit noch bevorstünde…

To be continued…

Beet, Baby!

We come from the earth,
we return to the earth,
and in between we garden.
Alfred Austin

Juli 2022

Wenn ich so auf die letzten drei Gartenjahre zurückblicke, haben sie im Grunde genommen nur zwei Dinge gemeinsam: 1. Der Garten war niemals groß genug. 2. Es wurde niemals langweilig. Jedes Jahr war ganz eigen, hatte seine ganz besonderen Höhepunkte und auch so seine Tücken. Mal brachte uns das Wetter an den Rand des Wahnsinns, dann war es das Ungeziefer, das mich am liebsten resignierend die Harke auf den Boden hätte werfen lassen. Sämtliche Gartenratgeber waren in Bezug auf die zeitlichen Abläufe (wann wird was gepflanzt und was kann gegebenenfalls sogar draußen überwintern?) auf das normale, mitteleuropäische Klima ausgelegt und halfen mir hier in den Bergen nicht wirklich weiter. Wenn wir Pech hatten, lag bis Ende April oder manchmal sogar Anfang Mai noch Schnee – da brauchte man gar nicht daran zu denken, auch nur die weniger frostempfindlichen Pflanzen bereits im März oder April in den Garten zu setzen. So lautete auch hier die Devise jedes Jahr aufs Neue: *Learning by Doing.* Oder, wie es meine Großmutter etwas simpler ausdrückt: »Probieren geht über Studieren.«

Tatsächlich war unsere Lernkurve von Jahr zu Jahr steil angestiegen. Wenn ich mich daran erinnere, wie wir 2020 mit dem Gärtnern angefangen haben, und mir nun anschaue, wie weit wir gekommen sind, ja, dann kann ich wohl mit Fug und Recht behaupten, dass wir wahnsinnig viel dazugelernt haben. Die Lektionen waren dabei nicht immer nur fachlicher Natur, denn vermutlich hat mich nichts in den letzten Jahren so viel Gelassenheit gelehrt wie der Anbau meines eigenen Gemüses. Aber dazu später mehr.

2020 begannen wir mit einem etwa acht mal sieben Meter großen Gemüsegarten, dazu gab es hinter dem Stall noch ein kleines Gewächshaus von etwa zwölf Quadratmetern. Unterm Strich bestand der Gemüsegarten in diesem Jahr gefühlt aus mehr Weg als Beet, denn damals waren wir sehr großzügig mit den Fußwegen. Die Beete selbst waren kaum breiter als etwa sechzig Zentimeter, und die Menge dessen, was wir ernteten, war vergleichsweise noch überschaubar. Der Fokus lag darauf, das Gemüse irgendwie haltbar zu machen und damit über den Winter zu kommen. Gegessen haben wir im Laufe des Sommers dann gar nicht so viel frisches Gemüse, wie man meinen könnte.

2021 erweiterten wir den Gemüsegarten um einige Quadratmeter und kamen, ohne das kleine Gewächshaus hinzuzuzählen, auf etwa hundert Quadratmeter Anbaufläche. Diese Erweiterung, die Lukas und sein älterer Bruder Fabian in mühevoller Handarbeit mit dem fast schon antik anmutenden alten Pflug bewältigten, rechtfertigte ich damit, dass wir nun auch frisches Gemüse an die Campinggäste verkaufen wollten. Somit war die Erweiterung eine nur absolut logische und unbestreitbare Schlussfolgerung. Lukas seufzte nur.

Das Jahr 2021 erscheint mir rückblickend eine Art Orientierungsjahr gewesen zu sein. Nachdem wir 2020 klein angefangen hatten, versuchten wir uns nun erstmalig in größeren Dimensionen. Aber wie das nun einmal so ist: kleiner Garten – kleine Sorgen; großer Garten – große Sorgen. Mitten im Hochsommer hielt die gefürchtete Braunfäule Einzug in unserem kleinen Tomatengewächshaus. Dieser Ausbruch war in gewisser Weise hausgemacht, denn das kleine Gewächshaus war nicht nur viel zu niedrig und zu schlecht belüftet, um die Tomaten stets trocken zu halten, ich hatte die Pflanzen auch schlicht und ergreifend zu eng gesetzt. All diese Faktoren in Kombination schufen den perfekten Nährboden für die Pilzerkrankung. Mitte August folgte dann der rücksichtslose Kahlschlag, und es blieb uns nichts anderes übrig, als alle Tomaten, die befallen waren, zu exekutieren. Das Tomatenvolumen im Gewächshaus ist dadurch binnen eines Tages um etwa zwei Drittel geschrumpft. Mir blutete das Herz, wie ich da Haufen um Haufen brauner Tomatenzweige in die Schaufel des Hofladers trug, und als ich am Ende dieser Aktion dann zu allem Überfluss noch einen invasionsartigen Raupenbefall in meinem Kohlbeet entdeckte, war es vollends vorbei. Ich war derart frustriert und wütend, dass ich schließlich den Gartenschlauch zückte und sämtliche Raupen von meinem Sprossenkohl hinwegschwemmte. Anschließend bot ich den Hühnern einen kurzen Mittagssnack an, doch die hielten von Kohlweißlingraupen anscheinend so viel wie ich von Mehlwürmern: nämlich gar nichts. Die Schlauchaktion wiederholte ich in den nächsten Tagen noch weitere fünf Mal, und irgendwann war die Anzahl der Raupen deutlich minimiert. Ein Glück, dass ich den Kohl am Rand des Gemüsegartens angebaut habe, denn so konnte ich sie immerhin über die Beetkante hinweg in die Wiese schwemmen, und sie landeten dabei nicht direkt im Nachbarbeet. Doch damit nicht genug. Nicht nur der Kohl und die Tomaten waren von Krankheiten und Schädlingen befallen: Der gesamte Knoblauch, den ich in Reih und Glied und in doch recht hoher Stückzahl angebaut hatte, wurde bis auf die letzte Faser von Wühlmäusen aufgefressen. Kopfschüttelnd stand ich mit einem Bündel Grün ohne eine einzige Knoblauchknolle daran in der Hand vor dem Beet und konnte nur noch darüber sinnieren, ob Wühlmäuse nach einem opulenten Knoblauchmahl eigentlich Mundgeruch haben würden …

Auch der Bau diverser Kletter- und Rankhilfen für Stangenbohnen und Co. stellte in diesem Jahr meine Geduld auf die Probe. Neben »Der Garten ist zu klein« wurde wohl »Ich habe da was bei Pinterest gesehen« für Lukas zu einem der gefürchtetsten Sätze überhaupt. Denn immer dann, wenn meine Geduld bei Arbeiten, die ein gewisses Feingefühl erfordern, das Ende der Fahnenstange erreicht (und das geht offen gestanden recht schnell), muss Lukas einspringen. Es dauerte also nicht lange, bis mir mein Freund striktes Pinterest-Verbot erteilte. In liebevoller Rücksichtnahme auf unsere Beziehung leistete ich seinem Wunsch Folge.

Was in der Gartensaison 2021 aber wohl für die größte Ernüchterung sorgte, waren die verschiedenen Begegnungen mit den Gästen, die ihr Gemüse bei uns kaufen wollten. Zunächst war ich, gelinde gesagt, überrascht, wie wenig die meisten Menschen darüber wissen, wann welches Gemüse eigentlich Saison hat. Als im Mai die ersten Kunden vor der Tür standen und mich um Tomaten und Salatgurken baten, musste ich sie mit leeren Händen wegschicken, denn die ersten frischen Tomaten gibt es bei mir frühestens im Juli.

Und dann gab es da noch die Sache mit den sogenannten Schädlingen. Lukas und mir ist es immer schon ein großes Anliegen gewesen, eine möglichst große Bandbreite an verschiedenen und fast schon in Vergessenheit geratenen Gemüsesorten anzubauen. Daher gibt es neben den klassischen grünen bei uns auch lilafarbene und gelbe Buschbohnen. Die Kartoffeln sind rosa, lila, gescheckt und marmoriert. Tomaten kommen sowieso in allen nur denkbaren Formen und Farben daher, und auch die Möhren können mal gelb, mal violett sein. Zucchini sind nicht zwingend länglich und grün – manche Sorten sind kugelrund oder gar strahlend gelb. Gemüse ist vielfältig, bunt und vor allem nicht perfekt, schon gar nicht in einem Bio-Gemüsegarten wie unserem. Wir nutzen keinerlei Pestizide oder andere Schädlingsbekämpfungsmittel, die nicht die Natur von sich aus bereitstellt. Es gibt kein Schneckenkorn, keinen Kunstdünger und keine Zaubermittelchen, die von heute auf morgen eine kranke Pflanze wieder erblühen lassen. Den Blattläusen kann man ganz einfach mit einem Brennnesselsud zu Leibe rücken, und eine mit Wasser verdünnte Brennnesseljauche lässt sich als natürlicher Dünger einsetzen. Die lästigen kleinen schwarzen Läuse, die sich gerne auf den Bohnen niederlassen, bekämpfen wir mit einem Ackerschachtelhalmsud. Florfliegen und Marienkäfer sind indes das Beste, was einem Gärtner passieren kann, denn eine Florfliegenlarve verpuppt sich nach ein bis drei Wochen und frisst bis dahin bis zu 500 Blattläuse, und Marienkäferlarven verspeisen bis zu ihrer Verpuppung nach etwa drei Wochen sogar bis zu 600 der lästigen Läuse. In einem Gemüsegarten gibt es also nicht nur Schädlinge, sondern durchaus auch Nützlinge, doch mit dem Einsatz giftiger Chemiekeulen werden beide gleichermaßen vertrieben. Langfristig tut man sich damit also wahrlich keinen Gefallen. Ebenso sollte man nie die Wirksamkeit einer vernünftigen Mischkultur unterschätzen, denn die richtigen Beetnachbarn schützen und stärken einander so sehr, dass der Einsatz von Dünger und Pflanzenschutz hinfällig wird. Zwiebeln neben den Möhren schützen diese vor dem Befall der weißen Möhrenfliege; Knoblauch hält Schimmel- und Pilzkrankheiten von den Erdbeeren fern, und Kapuzinerkresse kann neben verschiedenen Kohlsorten als sogenannte Opferpflanze platziert werden, die von den Raupen verspeist wird, während die Kohlpflanzen von den Schmetterlingsanwärtern verschont werden.

Es braucht ein wenig Geduld und Übung, doch dann zeigt sich recht schnell, dass es die vielen Dünge- und Pflanzenschutzmittel im heimischen Gemüsegarten eigentlich gar nicht braucht. Natürlich kann und wird es trotzdem immer mal wieder Schäden und Verluste zu verzeichnen geben – was mich nun wieder zum Ausgangsthema zurückführt: die Sache mit der Biogarten-Kundschaft.

Salat bildet im Grunde einen richtigen Verkaufsschlager, denn er ist mit wenig zusätzlichem Equipment schnell und einfach zubereitet, was die Campinggäste natürlich besonders schätzen. Ein Freilandsalat aus einem Biogarten hat jedoch bisweilen die ein oder andere braune Stelle; das kann zu viel Regen und Feuchtigkeit, einer hungrigen Schnecke oder diversen anderen Eventualitäten geschuldet sein. Doch so oder so gehört das zur Normalität und tut dem Salat geschmacklich in keiner Weise einen Abbruch. Man zupft ein paar der äußeren Blätter ab und fertig. Dachte ich. Eine Kundin belehrte mich im Sommer 2021 eines Besseren: Sie orderte einen Salat, ich schnitt ihr einen frisch aus dem Beet ab, und sie ging von dannen. Keine halbe Stunde später stand sie verärgert vor der Stalltür und hielt mir den Salatkopf unter die Nase. Ein paar der äußeren Blätter wiesen besagte braune Stellen auf. »Der ist nicht in Ordnung, den kann man nicht essen! Gib ihn den Hühnern, ich möchte einen neuen«, gab sie mir zu verstehen. Für einen kurzen Moment hielt ich das Ganze für einen Scherz, doch die Frau meinte es tatsächlich ernst. Nach einem kurzen Gespräch nahm ich ihr den vermeintlich mangelhaften Salat ab, drückte ihr ihre zwei Euro wieder in die Hand und ließ sie ohne einen neuen Salat einfach stehen. Die Hühner mussten an diesem Abend auf ihren Salatkopf verzichten, denn ich nahm das gute Stück mit hinauf in die Küche, putzte und schnitt ihn zurecht und setzte ihn Lukas und einer der Praktikantinnen vor. Dem Salat fehlte rein gar nichts – und an diesem Abend wurden drei Personen davon satt.

Auch das oben aufgezählte bunte Gemüse sorgt bisweilen für Verwirrung am Gartenzaun. Wenn jemand Bohnen haben will und von mir eine Schale der lilafarbenen in die Hand gedrückt bekommt, wird die Ware teilweise sehr skeptisch begutachtet. Manch einer fragt nach, ob ich denn nicht auch *normale*, also *grüne*, Bohnen hätte. Und einige wenige lehnen die Ware dann doch dankend ab. Dass lilafarbene Bohnen nach dem Kochvorgang ihre Farbe verändern und grün werden, spielt für diese Kund:innen offenbar keine Rolle. Wenn in der Verkaufsbox gelbe und orangefarbene Möhren liegen, werden die orangenen stets zuerst verkauft. Manchmal bleiben die gelben auch liegen, bis ich sie selbst mit in die Küche nehme. Die gleichen Geschichten kann ich über violetten Blumenkohl erzählen, über gelbe Zucchini oder auch sehr unförmig gewachsene Salatgurken. Der erste Verkaufssommer machte mir schmerzlich bewusst, dass die Verbraucher:innen auch heute noch lieber das kaufen, was sie kennen. Da die Auswahl in den gängigen Supermärkten – zumindest was die Sortenvielfalt anbelangt – doch sehr eingeschränkt ist und die Produkte für die Kund:innen eher in die Kategorie »ungewöhnlich« fallen, kaufen sie bei mir weniger ein. »Was der Bauer nicht kennt, frisst er nicht«, ja, allerdings scheint mir das eher eine berufsunabhängige Verhaltensweise zu sein.

Einerseits verwöhnen uns die Supermärkte mit einem saisonunabhängigen Angebot viel zu sehr. Erdbeeren im Dezember, Tomaten im Februar und Spargel im Oktober – da braucht man sich eigentlich nicht zu wundern, dass niemand mehr weiß, wann ein bestimmtes Obst oder Gemüse tatsächlich Saison hat. Alles ist immer verfügbar, und saisonales Gemüse scheint ein Relikt aus längst vergangenen Zeiten zu sein, doch gleichzeitig stellt das Angebot der Supermärkte in der Regel nur einen Bruchteil dessen dar, was die Natur eigentlich für uns bereithält. Zudem sieht das, was einem in den Geschäften angeboten wird, immer gleich aus. Es hat die gleiche Form, die gleiche Größe und, im Fall der Salatgurke, auch stets die gleiche Krümmung. Ein Hoch auf die Verordnung 1677/88 der Europäischen Wirtschaftsgemeinschaft, die zwar 2009 auf EU-Ebene außer Kraft gesetzt wurde, aber bis heute im Handel noch immer genutzt wird und den zulässigen Salatgurkenkrümmungsgrad auf den Millimeter genau definiert. Wie sind wir hier bloß gelandet?

Natürlich ist all das eine Sache von Angebot und Nachfrage, doch ich bin mir nicht sicher, ob sich die Katze hier nicht in den eigenen Schwanz beißt: Denn wenn es keine Vielfalt gibt, kann schließlich auch keine Vielfalt gekauft werden. Indem die Menschen also auf das gepolt werden, was sie kennen (und wir alle wissen, dass auch der Mensch nur ein Gewohnheitstier ist und beim wöchentlichen Einkauf gerne auf Autopilot schaltet), wird dafür gesorgt, dass sie in erster Linie auch nur das kaufen, was ihnen vertraut ist. Und die Nachfrage für Obst- und Gemüsevarietäten ist praktisch nicht vorhanden. Ein klassisches Henne-Ei-Problem.

Traurigerweise habe ich genau deshalb im nächsten Gartenjahr die Gemüsevielfalt in eine etwas andere Richtung verschoben: Für den Eigenbedarf gab es weiterhin Zucchini, Bohnen und Karotten in allen Farben, doch alles, was für den Verkauf bestimmt war, beschränkte sich nun in erster Linie wieder auf die »traditionellen« Sorten. Lediglich bei den Tomaten ließ ich mir die Vielfalt auch bei geringer Nachfrage der Konsumenten nicht nehmen. Denn die Sache mit den Tomaten sollte im folgenden Gartenjahr ganz neue Dimensionen erreichen:

Im Frühjahr 2022 wurde der Garten (und ich weiß, wie überraschend das für einige Leser:innen sein wird) ein weiteres Mal um einige zusätzliche Quadratmeter Anbaufläche ergänzt. Die Freilandfläche belief sich auch 2022 noch auf 8 × 12 Meter, doch in diesem Jahr würde etwas Neues dazukommen: ein nicht weniger als vierzig Quadratmeter großes Ganzjahresgewächshaus. Mit dieser Anschaffung erfüllte ich mir einen ganz persönlichen Traum, doch bis es schlussendlich so weit war, dass es für sämtliche Jungpflanzen einzugsbereit war, zogen viele Wochen und noch mehr Nerven ins Land. Zunächst war Anfang des Jahres allein schon die Entscheidung für einen Hersteller und ein Gewächshausmodell eine Aufgabe, mit dessen Umfang man bequem eine Doktorarbeit hätte füllen können. Beim einen fehlten die Seitenfenster, das nächste hatte keine Schiebetür, und ein weiteres hatte zwar alle gewünschten Extras, doch es wäre frühestens im Sommer lieferbar. Anfang März hatten Lukas und ich uns schließlich auf ein ganz konkretes Gewächshaus geeinigt. Wir sendeten die Bestellung ab, nahmen wie gewünscht eine erste Anzahlung vor und harrten der Dinge, die da kommen würden. Doch zunächst kam gar nichts, und aus den versprochenen vier Wochen Lieferzeit wurden mal eben knapp zwei Monate. Mitte April brachte ein Speditionsfahrer endlich die sehnlichst erwartete Fracht. Wir hatten schon damit gerechnet, dass der Aufbau bei diesem Modell wohl ein bisschen länger dauern würde als bei unserem ersten Gewächshaus (denn das stand binnen dreißig Minuten bezugsfertig da), doch selbst diese Annahme erwies sich nachträglich als überaus naiv.

Zunächst einmal stellte sich heraus, dass die Mehrzahl der gelieferten Bauelemente nicht in der passenden Länge geliefert wurde, sondern vom Empfänger entsprechend zurechtgeschnitten werden musste. Selbiges galt auch für alle Plexiglaswände. Das Problem hierbei? Die Anleitung für den Aufbau des Gewächshauses war nicht nur komplett auf Italienisch verfasst, sondern hörte auch noch bei der Hälfte auf. Anscheinend war man in Italien der Meinung, dass der Ottonormalgärtner schon wisse, was zu tun sei, sobald das Grundgerüst einmal steht. Nur leider fehlte somit auch jede Erklärung dazu, in welche Form und Größe das Plexiglas zugeschnitten werden sollte. Es war alles ziemlich unübersichtlich und zehrte extrem an unseren Nerven. Überdies stellten wir irgendwann fest, dass einige Teile schlicht und ergreifend gar nicht geliefert worden waren. Am Ende brauchte es weitere vier Wochen, den Einsatz von Flex, Stichsäge und Schlagbohrer, den Hoflader sowie einen Betonmischer, um das Gewächshaus aufzubauen. Lukas zog zudem seinen älteren Bruder, seines Zeichens Diplombauingenieur, zurate und hörte erst auf, an seinen eigenen Fähigkeiten zu zweifeln, als sein Bruder mit einem ebenso großen Fragezeichen im Gesicht vor der Gartenbaustelle stand. Irgendwie – und ich frage mich bis heute, wie genau – haben die beiden es mit vereinten Kräften dann doch noch geschafft. Exakt vier Wochen nach dem ersten Spatenstich, am 22. Mai 2022, konnten schließlich die ersten Tomatenpflänzchen einziehen. Das war offen gestanden auch längst überfällig, denn in den letzten Wochen wurde es in unserer Wohnung mit nicht weniger als vierundsechzig Pflänzchen in vierundsechzig Töpfchen langsam ein wenig eng.

Ich habe es ja gesagt: Der Tomatenanbau erreichte 2022 neue Dimensionen. Wenige Wochen später würden vierundzwanzig verschiedene Tomatensorten in unserem Gewächshaus wachsen und gedeihen, und Lukas wurde auch in den Folgemonaten nicht müde, mich mehrmals in der Woche zu fragen, wer das eigentlich alles essen sollte. Vierundzwanzig verschiedene Tomatensorten, ja, man könnte sich nun fragen: Hat sie tatsächlich nicht mehr alle Ziegel auf dem Dach? Doch schuld an dieser Vielfalt war im Grunde nur mein Adventskalender. Eine befreundete Biogärtnerin aus dem Allgäu hatte mir vergangenen Dezember einen Tomaten-Adventskalender geschenkt, und hinter jedem Türchen verbarg sich eine neue Sorte der köstlichen Sommerfrüchte. Tja, und Anfang März dachte ich mir ganz unbedarft: Wenn du nun schon ein vierzig Quadratmeter großes Gewächshaus haben wirst (vielleicht sollte man ergänzen, dass selbst meine Studentenwohnung in Jena keine vierzig Quadratmeter groß war …), kannst du auch klotzen statt kleckern. Warum sich für nur eine Handvoll Sorten entscheiden, wenn man auch alle anbauen kann? *Think big!*

Im August konnten wir schließlich beinahe jeden Tag Körbe voller Tomaten in allen Formen und Farben ernten. Die kleinsten waren sonnenblumengelb und kaum größer als eine Murmel; die größten hatten eine filigrane, rot-orangefarbene Zeichnung und wogen schon mal um die 800 Gramm. Man konnte allen Pflanzen, die fortan im Gewächshaus residierten, förmlich beim Wachsen zuschauen. Das Basilikum wuchs derart prächtig, dass ich nicht selten handgroße Blätter von den Sträuchern zupfte und zu Pesto verarbeitete. Nach den ersten Wochen hörten wir irgendwann auf, die Tomaten auf die Küchenwaage zu legen und genau abzuwiegen, bevor wir sie verarbeiteten. Am Ende des Sommers schätzten wir die gesamte Tomatenernte jedoch auf etwa 100 bis 120 Kilogramm. Ich versuchte mich an gefühlt einem Dutzend verschiedener Tomatensoßenrezepte, warf die kleinsten in Scheiben in den Dörrautomaten und versorgte sämtliche Menschen in meinem Freundeskreis gleich kistenweise mit Tomaten. Generell war 2022 ein wirklich gutes Erntejahr: Es gab endlich wieder Birnen, die Himbeeren konnten eimerweise von den Sträuchern im Wald gepflückt werden, und auch die Stangenbohnen taten ihr Möglichstes, um uns ein ganzes Jahr lang zu versorgen. Der größte Zucchino brachte ganze sechs Kilogramm auf die Waage, und die Buschbohnen aus dem Gewächshaus hatten zum Teil eine Rekordlänge von 21,5 Zentimetern. Wir ernährten uns den ganzen Sommer von dem üppig wachsenden Gemüse, und trotzdem blieb am Ende mehr als genug übrig, um uns auch bis zum nächsten Sommer mit dem Wichtigsten zu versorgen. Mein Dörrautomat lief im Spätsommer auf Hochtouren, und so konnten wir Pilze und Tomaten trocknen und zudem jede Menge Apfelchips produzieren. Unser Gemüsegarten brachte mir 2022 allerdings nicht nur eine überaus gute Ernte ein, sondern verhalf mir zudem auch zu mehr Gelassenheit.

Gelassenheit ist wohl das wichtigste Werkzeug, das eine Gärtnerin besitzen kann. Andernfalls wäre ich bei dem Anblick der faustgroßen Hagelkörner, die Ende Mai plötzlich wie Wurf-geschosse auf alle frisch gesetzten Jungpflanzen herabprassel-ten, wohl in Tränen ausgebrochen. Vermutlich hätte ich ohne besagte Gelassenheit auch viel zu früh damit begonnen, die von Blattläusen befallenen Kohlrabiblätter abzureißen, anstatt einige Tage mit den Händen im Schoß abzuwarten, bis die Florfliegenlarven ihren Dienst taten. Das letzte Gartenjahr war in vielerlei Hinsicht deutlich entspannter als seine Vorgänger. Während ich 2020 und auch 2021 völlig versessen jeden noch so kleinen Schnittlauchhalm abgewogen und peinlich genau in meine Ernteliste eingetragen hatte, war mir das 2022 alles egal. Was da war, war da. Was gegessen wurde, wurde gegessen. Der Mehltaubefall im Zucchinibeet war auch nichts mehr, was mich irgendwie hätte aus der Ruhe bringen können, und die Kohlweißlingraupen, nun ja, nach 2021 wusste ich nun genau, wie ich dieser Invasion begegnen musste. Ich überlegte häufi-ger, was ich gerade gerne essen würde, anstatt ständig den Füll-stand der Gefriertruhe zu erhöhen. Schließlich kommt nichts, absolut gar nichts an den Geschmack von frischen Stangen-bohnen direkt aus dem Garten heran. Falls ich keine Zeit oder Lust hatte, um Tomaten zu einer Soße oder Johannisbeeren zu Gelee zu verarbeiten, habe ich beides einfach portionsweise in die Gefriertruhe geworfen. Nach den letzten Wintermonaten weiß ich nun, wie schön es ist, wenn plötzlich der Duft einer frischen Tomatensoße oder süßer Marmelade durch das Haus weht. Es ist ein Hauch von Sommer, den man sich auch dann in die Wohnung holen kann, wenn draußen noch alles schnee-bedeckt ist.

Um die Gelassenheit noch stärker im Garten zu verankern, bauten wir Anfang Juni schließlich noch ein Palettensofa im Gewächshaus auf. Und weil uns auch das nicht reichte, wurde selbiges noch mit einem luftigen Baldachin, einer Menge wei-cher Kissen und einigen Solarlichterketten dekoriert. Ich habe mir mit diesem Gewächshaus und der kuscheligen Sofaecke wahrhaftig einen Traum erfüllt und gleichzeitig einen sicheren Rückzugsort, einen *safe space*, geschaffen. Nichts erdet und beruhigt mich derart, wie nach einem langen Arbeitstag auf diesem Sofa zu liegen und den dicken Regentropfen zu lauschen, die auf das Dach des Gewächshauses prasseln. Die Ruhe zieht nicht nur mich förmlich an, sondern auch Findus und King Hutze. Die beiden Kater gehörten nach wenigen Wochen quasi zum Gewächshausinventar und ließen es sich nicht nehmen, auch im Hochsommer bei der größten Hitze zwischen den Tomatenpflanzen zu liegen und vor sich hin zu schlummern.

Womöglich habe ich ja gar nicht *mir* den Gewächshaustraum erfüllt, sondern den Katern nur endlich das gegeben, was ihnen ihrer Meinung nach schon lange zusteht: einen eigenen Palast, in dem sie ein und aus gehen können, wie sie möchten. Ein Glück, dass ich in diesem Palast ein geduldeter Gast bin. Denn auf Streichelpersonal können und wollen schließlich selbst die königlichsten Katzen nicht verzichten.

Chickago Gardens

Wichtige Erkenntnisse und (vielleicht)
hilfreiche Tipps

1. Einen Weg mit Kapuzinerkresse säumen ist nur etwa zwei bis drei Wochen lang eine gute Idee.
2. Pesto lässt sich in Gläsern wunderbar einfrieren.
3. Minze, egal welche Sorte, sollte nur und ausschließlich im Topf angebaut werden.
4. Der Garten ist nicht groß genug.
5. Pinterest ist deine beste Freundin und gleichzeitig der größte Feind deines Partners.
6. Kochendes Wasser ist dein bester Freund: Bohnen, Erbsen und Co. kurz blanchieren, bevor sie den Weg in die Gefriertruhe antreten.
7. Lukas hat recht, wenn er sagt, dass die Abstände zwischen den Kartoffelreihen nicht groß genug sind.
8. Mutter Natur regelt vieles von ganz allein.
9. Wühlmäuse leider auch.
10. Tomaten kann man im Haus nachreifen lassen, wenn der erste Frost kommt.
11. Der Garten ist nicht groß genug.

12. Erdbeermarmelade einfrieren – so behält sie ganz ohne Zusatzstoffe ihre fabelhafte Farbe.

13. Wenn die Tomaten reif sind und man keine Zeit und/oder Lust auf die Verarbeitung hat: einfach halbiert in einem Gefrierbeutel in die Gefriertruhe werfen und irgendwann anders zu einer Soße einkochen. Funktioniert auch bestens mit diversen Beeren für Marmelade, Saft und Co.

14. Nichts eignet sich besser zum Hoch- und Zusammenbinden von Pflanzen als alte Damenstrümpfe. Auch nicht die legendären Kabelbinder.

15. Der Garten ist *nie* groß genug.

Die Schwerkel

1+1=12

August 2022

Ende Juli hatten sich sowohl Frieda und Edna als auch die Kälber an ihr gemeinsames WG-Leben gewöhnt. Nicht selten lagen
Frieda und Rocher beinahe schon einträchtig nebeneinander
auf der Wiese und ließen sich die Sonne auf Fell und Borsten
scheinen. Doch mit der Zeit beobachtete ich sorgenvoll, dass die
Schwafe nicht nur immer träger und bewegungsunlustiger wurden, sondern gleichzeitig auch immer fetter. Zunächst schoben
wir diesen Umstand auf die wohl etwas zu gut gemeinte Fut-
termenge und reduzierten daher kurzerhand die Portionen. Als
jedoch auch das nichts an der Trägheit und dem Körperumfang
der beiden Damen änderte und wir zusätzlich noch mit Schre-
cken zur Kenntnis nahmen, dass das Gesäuge der Sauen plötzlich anzuschwellen begann, hatten wir einen anderen Verdacht.
Einen Verdacht, den ich zunächst nicht einmal laut auszusprechen wagte.

Frieda und Edna waren noch sehr jung, als sie im Juni zu
uns kamen. Wie alt genau, konnte der Halter Lukas jedoch
nicht sagen. Vielleicht sollte man ergänzen, dass dieser Hal-

ter im Nachhinein doch ein wenig dubios schien und – wie wir später erfahren haben – es auch mit der korrekten Schweinezucht nicht so genau nahm und seine Bande einfach fröhlich Inzucht betreiben ließ. Nun denn, möglicherweise (so zumindest unser Verdacht Ende Juli) gab es vor dem Umzug der beiden Schweinedamen ein kurzes Intermezzo mit einem ihrer Brüder (?) oder gar dem Vater (?) selbst. Wir kamen nicht mehr umhin, es zumindest für möglich zu erachten, dass Frieda und Edna trächtig waren.

Die Aufregung war natürlich groß, und jeder hatte eine eigene Meinung zu dem körperlichen Befinden der beiden Wollschweine. Manche schoben das angeschwollene Gesäuge auf einen zu hohen Östrogengehalt des Futters (das wäre beispielsweise bei übermäßig viel Soja oder Klee der Fall), andere indes waren felsenfest davon überzeugt, dass die Schwafe Nachwuchs im Gepäck hatten. Unsere damalige Praktikantin Julia wurde nicht müde, Edna regelmäßig abzutasten und über den Inhalt ihres Bauchs zu sinnieren. Am 1. August hatten wir Gewissheit, denn Julias Abtasten wurde mit sanften Tritten aus Ednas Bauch heraus beantwortet. Bei Frieda war noch alles ruhig, und auch ihr Körperumfang hatte seit gut einer Woche nicht mehr wirklich zugenommen, daher hegten wir die Hoffnung, dass nur Edna einige blinde Passagiere mitgebracht hatte. Doch nur einen Tag nachdem wir die Ferkeltritte in Ednas Bauch gespürt hatten, legte Frieda nach. Als mein sanftes Bauchspeckstreicheln mit kräftigen Tritten quittiert wurde, stöhnte ich laut auf.

Ferkel – ich wusste wirklich nicht, ob ich vor Freude herumspringen oder vor Verzweiflung und Überforderung im Kreis rennen sollte. Wenn eine Kuh ein Kalb bekam, brachte mich das schon lange nicht mehr aus der Ruhe. Ich wusste genau, wie die Abläufe waren und was wann zu tun war. Aber eine Ferkelgeburt? Es war zum Haareraufen.

Wie immer kam natürlich auch Anfang August alles auf

einmal: Julias letzte Tage auf dem Hof brachen an, und Birte, die Praktikantin, die uns in der zweiten Hälfte des Sommers unterstützen würde, war am 1. August bei uns eingetroffen. Und Lukas? Ja, Lukas hatte am 2. August natürlich den ganzen Tag über Dienst. So kam es also, dass ich Birte nicht, wie bei neuen Praktikantinnen eigentlich an ihrem ersten Tag üblich, in Ruhe über den Hof führte, sondern sie direkt mit in den Stall nahm, um dort mit ihr und Julia spontan die kleinen Hasenstallabteile und die Kälberboxen zu zwei Abferkelbuchten umzufunktionieren. Sauen brauchen einen gesonderten Stall, in dem sie sich kurz vor der Geburt zurückziehen und sich ihr Nest bauen können. Das ergab zumindest eine erste Recherche im Netz und ein Blick in die Vorlesungsskripte von Birte, denn Birte studierte Nutztierwissenschaften in Kiel und brachte somit einiges an Know-how mit auf den Hof, das wir gerade bitter nötig hatten. In einer absoluten Hauruckaktion bauten wir die Ställe zu zwei Einzelbuchten um, die jeweils noch einen sogenannten Ferkelschlupf in ein kleineres Nebenabteil besaßen. Der Ferkelschlupf dient als Rückzugsort für die Ferkel, denn dort hängt auch die Wärmelampe, welche die Neugeborenen in den ersten Tagen und Nächten sicherlich benötigen würden. Die Ferkel könnten jederzeit und gänzlich nach Belieben durch den Ferkelschlupf zwischen dem Abferkelabteil der Mutter und ihrem persönlichen Nebenabteil wechseln. So zumindest die Theorie.

Frieda und Edna hielten natürlich absolut gar nichts davon, den großen Auslauf und die Wiese gegen eine knapp drei mal drei Meter kleine Abferkelbucht einzutauschen, in der sie sich zusätzlich noch in Einzelhaft, getrennt von ihrer Wollschweingefährtin, befinden würden. Sie hielten nichts davon und verstanden auch gar nicht, was das alles eigentlich sollte. Dennoch konnten wir sie, zumindest für kurze Zeit, erfolgreich ablenken und ein wenig beschwichtigen.

Es versteht sich wohl von selbst, dass die beiden Schwafe

mit ihrem lockigen Wollkleid jede Menge Schlamm und Dreck mit in die Abferkelbucht bringen würden. Das wollten wir dringend vermeiden, weshalb uns nichts anderes übrig blieb, als beide Sauen vor ihrer Ankunft im neuen Heim gründlich zu waschen. Wir hielten mehrere Eimer mit warmem Wasser bereit, dazu eine XXL-Flasche Shampoo, jede Menge Handtücher und eine grobe Bürste. Bevor wir den Damen ihr gemütliches Strohnest herrichten würden, mussten wir sie einer Grundreinigung unterziehen. Diese Waschung ließ den Unmut der Schweine über ihren Umzug in die Einzelabteile schnell verblassen, denn es war schlicht und ergreifend das Größte für sie, von uns hingebungsvoll sauber gemacht zu werden. Frieda ließ sich sofort auf die Seite fallen, als ich mit der shampoonierten Bürste den Dreck aus ihren Locken schrubbte, und am Ende mussten wir sie wie einen nassen Sack auf die andere Seite wenden. Auch Edna genoss das Prozedere in vollen Zügen und hielt ganz still, während wir ihr das warme Wasser über den borstigen Rücken schütteten. Nachdem jeder noch so kleine Rest Schlamm weggeschrubbt war und die Schweine mit einigen Wassereimern »durchgespült« wurden, konnte ich sie mit einem der großen Handtücher trocken rubbeln. Frieda quittierte das bloß mit einem monotonen und in jeder Hinsicht zufriedenen Dauergrunzen. Wir streuten die Buchten noch großzügig mit Sägespänen aus, und Julia und Birte brachten einige Körbe voll Stroh, das wir in einer Ecke zu einem ansehnlichen Haufen formten. Für jedes Schwein noch eine Portion Gerstenschrot, und schon war der Unmut verflogen. Fürs Erste zumindest.

Die gute Laune hielt nicht lange an. Beide Sauen wurden von Tag zu Tag missgelaunter und ließen uns das auch ganz deutlich spüren. Edna begann beispielsweise damit, einen Riegel am Gitter ihrer Bucht kontinuierlich auf das darunterliegende Metall schlagen zu lassen, sobald jemand von uns den Stall betreten hatte. Es war unheimlich laut und offen gestanden auch einfach nur nervtötend. Weder strenge noch liebevolle Worte hielten sie davon ab, weiterhin diesen Lärm zu veranstalten. Zusätzlich begann Edna irgendwann damit, nach mir zu schnappen, wenn ich ihre Bucht betrat. Selbst Frieda, meine ehemals so herzensgute Frieda, wurde uns Menschen gegenüber immer aggressiver, und an besonders schlechten Tagen keiften sich die beiden Sauen sogar gegenseitig durch die Gitter hinweg an. Sie knurrten, bellten, sprangen an den Gittern hinauf und waren in jeder Hinsicht unzufrieden. Laut der einschlägigen Fachliteratur sollte eine Muttersau gut eine Woche vor der Geburt in die Abferkelbucht, die in konventionell wirtschaftenden Betrieben nichts anderes ist als ein die Sau fixierender Kastenstand. Im Vergleich zur branchenüblichen Schweinehaltung hatten unsere beiden Schweine eigentlich schon ein recht großzügig geschnittenes Abteil erhalten. Ich kann mir nicht vorstellen, wie sich das Verhalten von Frieda und Edna langfristig verändert hätte, wenn wir die beiden in einen Kastenstand gesteckt hätten. Wir konnten nur hoffen, dass die Geburt nicht mehr allzu lange auf sich warten ließ, denn einen genauen Abferkeltermin kannten wir schließlich nicht. Die Tragezeit einer Sau ist mit drei Monaten, drei Wochen und drei Tagen recht präzise zu berechnen, doch selbst diese Angabe bringt einem herzlich wenig, wenn man das Deckdatum nicht kennt.

Glücklicherweise spannte uns Edna nicht lange auf die Folter: Drei Tage nach ihrem Umzug in die Einzelbucht änderte sich binnen weniger Stunden ihr komplettes Verhalten. Sie zerlegte das Nest, das wir ihr mühevoll in die Ecke der Bucht gebaut hatten, die sich am weitesten von der Mistrinne entfernt befindet, innerhalb von Minuten in seine Einzelteile. Das Stroh flog durch die Gegend, die Gummimatte darunter lag zusammengeknüllt in der Mistrinne, und Edna wühlte und wühlte und wühlte. Naiv und unwissend, wie ich war, hielt ich dieses Chaos für das Produkt einer besonders schlecht gelaunten Edna und räumte unter Einsatz meiner Waden alles zurück an Ort und Stelle, damit die Sau wieder ein Nest hatte. Es dauerte etwa zwanzig Minuten, bis Edna erneut alles in die Mistrinne geräumt hatte. Schlussendlich lag dieses schwarze Wollschwein inmitten eines Berges aus Stroh und seltsam gefalteter Gummimatte und blickte mich finster an. Die Sau hatte wohl andere Pläne, und die Vorstellung von einem schönen und funktionalen Nest ging zwischen Mensch und Tier an dieser Stelle denkbar weit auseinander.

»Okay, ich hab's begriffen«, murmelte ich also und ließ Edna in Ruhe.

Keine vier Stunden später, es war genau 13:56 Uhr, brachte Edna das erste Ferkel zur Welt. Lukas und ich warteten in gebührendem Abstand und holten die Neugeborenen nacheinander von der Mutter weg, um ihre Atemwege von Schleim zu befreien, die Nabelschnur auszustreichen und sie schließlich unter die Wärmelampe zu legen, bis alle Ferkel geboren waren. Ich saß zusammengekauert in der kleinen Ferkelschlupfbucht, eine Kiste mit einem Handtuch und etwas Stroh auf dem Schoß, darüber die Wärmelampe. Nach nur zehn Minuten stolperten schon zwei kleine Ferkel durch die Kiste. Sie waren kaum größer als ausgewachsene Meerschweinchen, hatten samtiges Fell und zarte Streifen. Einzig die Tatsache, dass sie nicht braun, sondern grau und cremefarben waren, unterschied sie zu diesem Zeitpunkt von ihren wilden Artgenossen im Wald. Neben mir saßen Julia, Birte und Anna, die damalige Praktikantin von Lukas' Eltern. Ich hatte sie alle zu mir hereingewunken, nachdem sie sich zuvor die Nase an der Fensterscheibe platt gedrückt hatten. Alle verharrten nun wie erstarrt und beobachteten andächtig das Geschehen in der Abferkelbucht. Um 15:50 Uhr kam das letzte Ferkel zur Welt, und kurz darauf folgte die Nachgeburt (das Zeichen dafür, dass die Geburt beendet ist). Insgesamt hatte Edna in diesen zwei Stunden sechs Ferkel zur Welt gebracht, was in Anbetracht der

Tatsache, dass eine gewöhnliche Zuchtsau schon mal zehn bis vierzehn Ferkel wirft, durchaus als moderat zu bezeichnen ist. Es waren vier männliche und ein weibliches Ferkel; ein weiteres hatte die Geburt trotz größter Bemühungen unsererseits leider nicht überlebt.

Nun galt es, die Ferkel möglichst rasch zum Trinken zu bringen, doch wie bei allem anderen auch hatte ich im Grunde genommen keine Ahnung, was zu tun war – vor allem, wenn ein Ferkel vielleicht nicht trinken wollte oder Edna die Kleinen womöglich gar nicht erst an ihre Zitzen ranlassen würde. Die Liste der Fragen und Sorgen war wirklich lang, doch die meisten davon erwiesen sich glücklicherweise als völlig unbegründet. Sobald die Nachgeburt draußen war, brachten wir die Ferkel zurück zu Edna. Sie suchten ein wenig umher, aber fanden schlussendlich doch recht schnell zu ihrem Ziel. In Reih und Glied positionierten sie sich an dem Gesäuge ihrer Mutter und begannen begierig, ihre Milch zu trinken. Edna ließ sie gewähren und stimmte zudem einen leisen und gleichmäßigen Grunz-Singsang an. Dieses besondere Grunzen würden wir in den nächsten Wochen noch häufiger hören, und zwar nur und ausschließlich dann, wenn die Fütterungszeit eingeläutet und die Ferkel von der Mutter gesäugt wurden. Nicht selten schliefen die Ferkel unter diesem Singsang, den ich liebevoll »die Essensglocke« nannte, noch mit der Zitze im Maul einfach ein.

Frieda legte nur vier Tage später mit insgesamt fünf Ferkeln nach. Die Geburt begann am späten Nachmittag und verlief weitestgehend ohne Zwischenfälle. Im Gegensatz zu dem Wurf von Edna hatten wir bei Frieda keine Verluste zu verzeichnen; ihre Ferkel (vier Weibchen, ein Männchen) schienen sich bester Gesundheit zu erfreuen. Auch sie begannen ohne unser Zutun bei ihrer Mutter zu trinken und waren auch sonst quietschfidel.

Die Ferkel waren für die Campinggäste nun natürlich die

Attraktion schlechthin. Birte und ich waren ständig bemüht, sie auf Abstand zur Abferkelbucht zu halten, denn mit den beiden Müttern war mittlerweile wirklich nicht mehr gut Kirschen essen. Die Geburt weckte sowohl bei Frieda als auch bei Edna einen extrem ausgeprägten Beschützerinstinkt. Sobald sich jemand auch nur dem Gitter näherte oder gar die Hand nach ihnen ausstrecken wollte, begannen sie aggressiv zu schnappen und zu knurren. Nachdem unsere Ermahnungen bei so ziemlich allen Besuchern auf taube Ohren stießen und sie nur Augen für die süßen, kleinen Ferkel hatten, zog ich schließlich mit alter Tafelkreide eine Linie auf den Boden. Die Ansage für die Gäste war deutlich: bis hierher – und keinen Schritt weiter. Leider richtete sich die Aggressivität der Schwafe auch gegen den Tierarzt, sodass der in den ersten Tagen nach der Geburt seine liebe Not mit den beiden Sauen hatte.

Ferkel brauchen innerhalb der ersten Lebenstage eine zusätzliche Eisengabe, da sie durch ihr rasches Wachstum einen erhöhten Eisenbedarf haben, den die Milch der Mutter allein nicht zu decken vermag. Ein Ferkel nimmt über die Muttermilch etwa 1 mg Eisen am Tag auf, doch ihr tatsächlicher Bedarf liegt bei etwa 11 mg. Der Mangel von ungefähr 10 mg Eisen pro Tag würde bei den Jungtieren binnen kürzester Zeit zu einer lebensbedrohlichen Anämie führen, weswegen man in der Schweinehaltung dazu übergegangen ist, diese Nährstofflücke durch eine zusätzliche Eisengabe zu schließen. Der Eisenmangel der neugeborenen Ferkel ist weder eine ungünstige Laune der Natur noch die Folge einer Überzüchtung irgendwelcher Hybridsauen, denn er hat tatsächlich einen tieferen Sinn: Bakterien benötigen Eisen für ihren gesamten Stoffwechsel, weswegen der Eisenmangel der Muttermilch bei Sauen keinen Systemfehler darstellt, sondern vielmehr eine Art Schutzmechanismus zur Vorbeugung von Gesäugeinfektionen. In der freien Natur, bei Wildschweinen beispielsweise, würde den Ferkeln recht eisenhaltiger Waldboden zur Verfügung stehen, über den sie die notwendigen Mineralstoffe eigenständig aufnehmen könnten. Manche Ferkelzuchtbetriebe greifen hierbei gerne auf die Gabe von Torf zurück, doch es lässt sich so natürlich weitaus weniger gut überprüfen, ob die Ferkel eine hinreichende Menge der Spurenelemente zu sich genommen haben oder eben nicht. Alles, was zu Ausfällen oder zeitlichen Verzögerungen führt, wird in der modernen Landwirtschaft bekanntermaßen gerne ausgemerzt. Daher ist die übliche Vorgehensweise die, dass den Ferkeln die Eisenzugabe in den ersten beiden Lebenstagen entweder oral verabreicht oder subkutan einmalig injiziert wird. Nun sollte man erwähnen, dass sich Ferkel in einer Sache grundsätzlich von anderen Jungtieren wie beispielsweise Kälbern unterscheiden: Sie schreien. Nicht manchmal, nicht nur ein bisschen und nicht nur kurz – sie tun es ununterbrochen und ohrenbetäubend. Während ein Kalb bei jeder noch so unangenehmen Behandlung für gewöhnlich kaum einen Mucks von sich gibt, schreien die Ferkel schon dann wie am Spieß los, wenn man sie nur festhält. Diese Laute sind wirklich unfassbar schrill und erinnern auf erschreckende Art und Weise an das Schreien eines kleinen Kindes. Die Muttersauen indes sind darauf geprägt, auf diese Schreie zu reagieren und ihren Nachwuchs zu beschützen. Nachdem wir also Ednas Ferkel mit einem langen Besen vorsichtig durch den Ferkelschlupf in die zweite Bucht geleitet hatten (denn wir konnten die Bucht – Edna sei Dank – derzeit schließlich selbst nicht betreten), sperrten wir den Durchgang ab und griffen ein Ferkel nach dem nächsten, damit der Tierarzt die Eiseninjektion setzen konnte. Spätestens nach dem zweiten Ferkel, das ich fest an meine Brust drückte (man wäre überrascht, wie viel Kraft diese kleinen Wesen schon haben), hatte ich nur mehr ein Klingeln in den Ohren. Edna war außer sich. Sie knurrte und grunzte uns wütend an, streifte an dem verschlossenen Ferkelschlupf umher und sprang am Gitter hoch. Wahrscheinlich übertreibe ich nicht, wenn ich sage: Die Sau hätte mich umgebracht, wenn da kein Gitter zwischen uns gewesen wäre. Leider sollte auch Edna in den zweifelhaften Genuss einer Spritze kommen, denn sie zeigte einige Anzeichen von MMA, einer unter Muttersauen leider recht verbreiteten Erkrankung, die eine entzündliche Infektion des Gesäuges *(Mastitis),* der Gebärmutter *(Metritis)* sowie einen signifikanten Abfall der Milchproduktion *(Agalaktie)* umfasst. Die Symptome reichen von Abgeschlagenheit, Fieber, geringer oder ausbleibender Futteraufnahme über Milchmangel bis hin zu eitrigem Ausfluss. Bei rechtzeitiger Diagnose ist MMA über die Gabe eines entzündungshemmenden Antibiotikums jedoch meist gut in den Griff zu bekommen – doch hierfür bräuchte es wie gesagt eine Antibiotikuminjektion. Nachdem sich Edna bereits bei der Behandlung ihrer Ferkel wie eine Furie aufgeführt hatte, war ich offen gestanden um das Wohlbefinden unseres Tierarztes besorgt, wenn er sich der Sau nun mit einer Spritze nähern würde. Er unternahm nur einen einzigen Versuch, Ednas Bucht zu betreten, aber nachdem das Schwein ihm bellend und schnappend entgegengesprungen war, trat er den sofortigen Rückzug an. Zu meiner Überraschung grinste er.

»Die frisst mich auf, wenn ich da reingehe. Habt ihr ein Treibbrett?«

Ein Treibbrett ist, wie der Name schon sagt, ein längliches Brett mit zwei Griffen, das für gewöhnlich zum möglichst stressfreien und für den Menschen sicheren Treiben von Schweinen genutzt wird. Der Tierarzt wollte das Brett nun dafür verwenden, die Sau vorsichtig zwischen Gitterabtrennung zum Ferkelabteil und Treibbrett zu fixieren, damit er – ohne dass dabei Gefahr für Leib und Leben besteht – die Spritze setzen konnte. Unser Plan war gut, doch für Edna offenbar nicht gut genug. Während wir das schimpfende Schwein zwischen Brett und Gitter einklemmten, stimmten die Ferkel in das Quieken der Mutter mit ein. Die schreienden Ferkel wiederum potenzierten das mütterliche Stresslevel, und so schaukelten sich Mutter und Kinder gegenseitig hoch. Als der Tierarzt die Spritze ansetzte, das Antibiotikum injizierte und mit der Behandlung eigentlich schon fertig war, brannte bei Edna eine Sicherung durch. Sie stieß das Brett, mit dem wir den Ferkelschlupf zuvor versperrt hatten, mit einer einzigen Kopfbewegung davon und trat die Flucht nach vorne an. Nur dass »nach vorne« in diesem Fall »durch den Ferkelschlupf« bedeutete. Ein Ferkelschlupf ist von den Ausmaßen her selbstredend mehr für Ferkel als für Muttertiere ausgelegt, doch trotzdem wollte sich Edna durch diesen etwa 40 × 30 Zentimeter großen Schlupf hindurchzwängen. Während Lukas und der Tierarzt sofort mit dem Treibbrett zurückwichen, um der Sau in ihrer Bucht wieder Raum zu geben, stand ich nur mit heruntergeklappter Kinnlade auf der Stallgasse und beobachtete, wie Edna plötzlich ihren Aggregatzustand von fest zu flüssig zu wechseln schien und wie durch Zauberhand durch den winzigen Durchgang hinüber zu den Ferkeln schlüpfte. Für einen kurzen Moment standen alle Beteiligten sprach- und schier atemlos da. Die Ferkel waren sichtlich irritiert, dass der Platz in ihrem Abteil mit der großen Muttersau in der Mitte plötzlich sehr viel weniger wurde, Edna knurrte noch immer wütend vor sich hin, und Lukas und ich fragten uns nun gleichzeitig, wie wir die Sau wieder zurück in ihre Bucht bekommen sollten. Der Tierarzt zog sich geschickt aus der Affäre, indem er sich einfach wieder in sein Auto setzte und den Heimweg antrat, denn sein Werk war ja nun getan. Lukas und mir blieb indes nichts anderes übrig, als einfach alle Türen der Abferkelbucht und des Ferkelabteils zu öffnen und uns einige Meter hinter ein weiteres Treibbrett zurückzuziehen. Edna verstand die subtile Aufforderung und schritt erhobenen Hauptes zurück in ihre Bucht. Allerdings nicht, ohne uns noch einen verächtlichen Seitenblick zuzuwerfen und dabei weiter vor sich hin zu knurren.

Während diese Sau durch die Mutterschaft zu einem wahrhaftigen Schwein des Schreckens mutierte, blieb bei Frieda deutlich mehr von ihrer Gutmütigkeit zurück. Sie schimpfte zwar auch mit uns, als ihre Ferkel unter der Eisengabe Zeter und Mordio schrien, doch immerhin durchbrach sie dabei keine Wände. Auch sonst war Frieda recht schnell wieder genauso umgänglich, wie sie es vor der Geburt auch gewesen war. Als bei Edna noch längst nicht daran zu denken war, ihre Bucht zu betreten, ließ mich Frieda nicht nur bereitwillig gewähren, wenn ich etwa die Mistrinne leeren oder ihren Futtertrog säubern wollte, sie erlaubte sogar, dass ich mich zu ihr setzte. Zu ihr – und ihrem Nachwuchs. Die Ferkel begannen schon nach zwei Tagen, miteinander herumzutoben und zu kabbeln. Sie machten sich auch regelmäßig bei ihrer Mutter bemerkbar, wenn es in ihren Augen an der Zeit war, mal wieder die Milchbar zu eröffnen. Diese Futterrufe ließen mich immer an eine Horde kleiner hungriger Drachen denken. Sie fauchten und quietschten so lange, bis sich ihre Mutter mit einem Seufzer an der Wand entlang auf den Boden rutschen und die kleinen Raubtiere an ihre Zitzen ließ. Wir hatten anfangs offen gestanden so unsere Zweifel, ob nicht irgendwann eines ihrer Ferkel zu Schaden kommen würde, wenn alle zusammen in einer Box waren. Schließlich war es eines der Hauptargumente, mit denen in der Schweinehaltung der Kastenstand gerechtfertigt wird, dass dort die Muttersau ihre Ferkel nicht versehentlich unter sich begraben kann. Und tatsächlich kann man es weder Frieda noch Edna verübeln, dass sie sich bisweilen irrtümlich auf eines ihrer Ferkel legten, weil die sich mal wieder ganz tief im Stroh vergraben hatten. Doch unsere Sorgen wurden jedes Mal binnen des Bruchteils einer Sekunde aus der Welt geschafft: Das beinahe begrabene Ferkel stieß einen spitzen Schrei aus, infolgedessen die Muttersau wie von der Tarantel gestochen sofort wieder aufsprang und mit der Nase den Ursprung dieses Schreis auszumachen versuchte. Erst nachdem sie ihr Ferkel ausgegraben und für unverletzt befunden hatte, änderte sie ihre Position und versuchte erneut, sich hinzulegen. Manchmal brauchte es mehrere Anläufe, bis die Sau ohne ein Ferkel unter der Strohmatratze zum Liegen kam, doch Frieda und Edna hatten relativ schnell begriffen, dass sie sich am besten einfach an der Wand entlang zu Boden rutschen ließen. Das Erdrücken der Ferkel durch die Mutter war somit kein Thema mehr für uns. Umso mehr beschäftigten wir uns in den ersten Lebenstagen der Ferkel mit der Kastration der männlichen Jungtiere. Wir hatten wahrlich kein Interesse daran, dass sich die Ferkel weiter vermehrten, mal von der inzestuösen Vorgeschichte ganz zu schweigen. Theoretisch darf der Landwirt oder die Landwirtin laut Gesetzeslage in Österreich die Kastration noch selbst vornehmen, wenn die Tiere nicht älter als maximal eine Woche sind und eine anschließende Gabe von Schmerzmitteln erfolgt. Ich wusste, dass Lukas' Vater die Kastration der Eber früher immer selbst gemacht hatte, als es vor Jahrzehnten noch eine Ferkelzucht auf dem Hof gab. Doch weder Lukas noch ich fühlten uns dazu befähigt, das selbst zu übernehmen, und nachdem die letzte Kastration von Lukas' Vater nun auch schon ein paar Jährchen her war, gingen wir auf Nummer sicher und bestellten den Tierarzt ein. Um ein weiteres Fiasko mit den Muttertieren zu vermeiden, brachten wir sie kurz vor Ankunft des Veterinärs in ihren alten Auslauf. Frieda und Edna waren hellauf begeistert, dass sie nun, zumindest für kurze Zeit, wieder die Möglichkeit hatten, sich im Schlamm zu suhlen, den Rüssel in die Erde zu graben und ein paar frische Grashalme zu knabbern. Ihre Jungen waren offensichtlich sofort vergessen – aus den Augen, aus dem Sinn. Nun ja, immerhin hatten Lukas, Birte und ich so die Möglichkeit, dem Tierarzt gleich assistieren zu können, ohne uns noch um zwei wütende Mütter kümmern zu müssen. Als der Tierarzt aus dem Auto stieg und nach seinen Instrumenten griff, sah ich ihn an und fragte ganz ruhig: »Aber betäuben wirst du sie schon, oder?«

Er grinste nur. »Meinst du, dass das notwendig ist?«

Ich lächelte ihn milde an. »Gerade du als Mann solltest dafür doch größtes Verständnis haben, oder?«

Das Lachen des Tierarztes fror für den Bruchteil einer Sekunde ein, und er griff schließlich anstandslos nach den Betäubungsspritzen. Die Ferkel hatten ohnehin schon eine solche Panik, dass eine Betäubung in meinen Augen unabdinglich war, und ganz abgesehen davon kostete die Anästhesie für alle fünf männlichen Ferkel gerade einmal zehn Euro zusätzlich. Da kann man sich schon mal fragen, warum man sich über ein Ja oder Nein überhaupt unterhalten muss.

Die Kastration der jungen Eber ging sehr schnell, und die Wunde heilte zu meiner Überraschung immens gut. Nach nur wenigen Tagen war der Schnitt unterhalb des Ringelschwanzes kaum mehr zu erahnen. Wir holten Frieda und Edna schließlich wieder aus dem Auslauf und brachten sie zurück zu ihrem Nachwuchs, allerdings nicht, ohne sie vorher mit dem Gartenschlauch abzuspritzen. An diesem Tag hatten die Muttis wohl eine extragroße Schlammpackung genossen.

Die Ferkel wurden größer und größer und begannen langsam, feste Nahrung zu sich zu nehmen. Zu Beginn hatten wir spezielles Ferkelfutter gekauft, doch die Jungtiere haben im Grunde genommen direkt mit dem angefangen, was die Muttertiere auch zu sich nahmen: Obst- und Gemüsereste, etwas Heu, ein bisschen frisches Gras. Nach den ersten drei Wochen ging es in den Abferkelbuchten und den benachbarten Ferkelabteilen hoch her: Die kleinen Schweine sprinteten von einer Ecke in die nächste, rauften miteinander und begannen sich auch langsam für das zu interessieren, was jenseits der Gitterstäbe auf sie wartete. Birte und ich setzten uns jeden Tag für mindestens fünf Minuten in das Ferkelabteil des Frieda-Wurfs und entdeckten so recht schnell, dass selbst diese wenige Wochen alten Ferkel schon ihre Macken und Eigenheiten hatten. Nebst der kreativen Wortneuschöpfung »Schwerkel« (eine Kombination aus Schaf, Schwaf, Schwein und Ferkel) vergaben wir nun auch die ersten Namen. Das einzige männliche Ferkel von Frieda wurde auf den Namen Gustav getauft. Es fiel uns durch seine Vorliebe für den kleinen blauen Kinderball ins Auge, den es wie ein passionierter Fußballspieler durch das Ferkelabteil rollte. Zudem war Gustav, wie eigentlich fast alle seiner Geschwister, sehr zugänglich für Streicheleinheiten von uns Menschen. Letztlich kann ich nicht so genau sagen, wen diese Augenblicke im Ferkelabteil eigentlich glücklicher machten: Birte und mich oder die Schwerkel selbst.

Obwohl sich in den ersten Wochen relativ viele Menschen aus dem Ort freiwillig dazu bereit erklärten, mir das ein oder andere Ferkel abzunehmen, lehnte ich jedes Mal ab. Denn diese Anfragen waren eine weitaus weniger selbstlose Geste, als man gemeinhin annehmen könnte: Mangalitza-Fleisch ist sehr bekannt für seine besonders hohe Qualität, und es kommt nicht allzu oft vor, dass man die Chance auf ein solches Schwein in der unmittelbaren Nachbarschaft hat. Es ging bei keiner dieser Anfragen darum, den Schweinen ein gutes und langes Leben zu bieten, sondern vielmehr darum, sich mal eben den nächsten Speck zu sichern. Ich hatte zwar keine Ahnung, wie wir zwölf in spätestens einem Jahr ausgewachsene Wollschweine in unserem Stall beherbergen sollten und wer für die Finanzierung des Futters aufkommen würde, aber ich ließ trotzdem keines der Schwerkel gehen. Irgendeine Lösung würde uns schon einfallen.

Die gesamte Rasselbande zog etwa einen Monat nach der Geburt in den Auslauf um die Hoppelhütte. Das war auch der Moment, in dem es eine erste Zusammenführung von Familie Frieda und Familie Edna gab. Wir hatten ehrlich gesagt keinen Schimmer, wie die Mütter ihre Ferkel auseinanderhalten konnten, aber irgendwie funktionierte es. Die Hoppelhütte selbst wurde in einer mehrtägigen Aktion von Birte und mir zu einem hübschen Schweinenest umfunktioniert, in dem alle zwölf Rüsselnasen bequem Platz hatten. Doch schon nach wenigen Wochen hatten die Schwafe und die Schwerkel nicht nur die komplette Wiese erfolgreich durchgepflügt, sondern es sich auch noch mit unseren Nachbarn verscherzt (man störte sich an dem Grunzen und an den Gerüchen der Schweine), und so ging es für die gesamte Mannschaft Ende September zurück in die Kälber-Schwaf-WG. Der Schockmoment für die Kälber war kaum in Worte zu fassen, denn sie mussten sich den Auslauf nicht nur wieder mit den Schweinen teilen, sondern auch akzeptieren, dass diese mittlerweile in der absoluten Überzahl waren. Nichtsdestotrotz war auch dieser Schreck nach wenigen Tagen bereits gänzlich überwunden, und die gesamte Schweine-Kälber-Kommune genoss gemeinsame Sonnenbäder.

Doch auch wenn am Ende alles irgendwie gut gegangen ist und wir uns für die Schwafe mittlerweile einen sicheren Platz auf dem Hof erarbeitet haben, gibt es einen Wermutstropfen, der nicht verschwiegen werden kann: Von den ehemals zehn Ferkeln sind mittlerweile nur noch sieben bei uns, denn die drei anderen konnten wir trotz aller Bemühungen nicht am Leben halten. Das erste Ferkel starb noch im September. Birte taufte den kleinen Eber von Edna auf den Namen »Karl der Kleine«. Karl war ungefähr das, was man in der Schweinemast gerne als Kümmerer bezeichnete: Er war im Vergleich zu seinen Geschwistern deutlich kleiner und legte auch kaum an Gewicht zu. Sein Allgemeinzustand war nicht besonders gut, und als noch ein heftiger Infekt hinzukam, konnte selbst der Tierarzt nichts mehr ausrichten. Karl der Kleine starb Birte schließlich am 13. September unter den Händen weg. Seine Schwester Edda wurde Anfang Oktober lungenkrank und starb trotz medizinischer Behandlung am 17. Oktober. Eine Woche später erkrankte ihr Bruder, Helge, wobei wir um ihn weitaus länger kämpften, da er sich zwischenzeitlich immer mal wieder erholte. Wir dachten eigentlich schon, dass er über den Berg sei, doch Anfang November kam der herbe Rückschlag. Nach mehreren Behandlungen, von denen keine einzige eine Besserung mit sich brachte, riet uns der Tierarzt dazu, das Ferkel einzuschläfern. Es hatte mittlerweile seit Tagen nichts zu sich genommen und bekam kaum mehr Luft. Helge litt. Am 5. November zog der Tierarzt schließlich die letzte Spritze auf und ließ Helge friedlich einschlafen. Von ehemals fünf oder eher sechs Ferkeln (wenn man die Totgeburt mitzählt) sind also nur noch zwei Ferkel aus Ednas Wurf übrig. Der Tierarzt hatte die Vermutung, dass sich die Lunge der Ferkel durch einen Gendefekt nicht richtig entwickeln und ab einem gewissen Punkt mit dem Wachstum der Ferkel nicht mehr Schritt halten konnte. Die inzestuöse Vorgeschichte der beiden Muttersauen untermauerte diese Theorie in jeder Hinsicht. Vielleicht gab es unter Ednas Vorfahren mehr inzestuöse Paarungen, und womöglich ist ihr Wurf deshalb anfälliger und schwächer gewesen als der von Frieda. Letztlich kann man nur spekulieren.

Friedas Wurf ist bis heute glücklicherweise vollzählig, doch auch mit einem ihrer Ferkel hatten wir so unsere liebe Not. Ende September, nach einigen Nächten, in denen die Temperatur auf knapp null Grad abgesunken war und es tagsüber auch noch wie aus Eimern geregnet hatte, bekam Ida eine heftige Erkältung. Sie hustete, hatte Fieber und war völlig abgeschlagen. Birte und ich isolierten sie von den anderen Ferkeln und brachten sie in ihr ehemaliges Ferkelabteil unter die Wärmelampe. Ich sorgte mich sehr um dieses kleine Ferkel, weshalb ich noch am gleichen Abend den Tierarzt einbestellte. Er verabreichte Ida eine Spritze mit Medikamenten und ließ mir für die nächsten zwei Tage noch ein zusätzliches Präparat da, das wir ihr oral verabreichen sollten. Die Abgeschlagenheit verschwand im Gegensatz zu Fieber und Husten nach der ersten Medikamentengabe recht schnell, und Ida war wieder so munter, dass sie sich lautstark über ihre Einzelhaft beklagen konnte und mehrfach versuchte, aus ihrem Ferkelabteil zu flüchten. Und einmal, ja, einmal ist es ihr sogar gelungen.

Wir hatten gerade Besuch von Lukas' Kumpel Micha und

dessen Freundin Justina, und Letztere wollte unbedingt die kleine Ida sehen. Ich schickte sie also mit Micha in Richtung Stall, denn der wusste selbst, wo er die junge Dame finden konnte. Doch kurz darauf klingelte mein Handy:

»Ähm, habt ihr Ida woandershin verlegt?«, fragte Micha zögerlich.

»Nein, warum?«, entgegnete ich nur.

»Na ja, sie ist nicht in ihrem Stall«, antwortete Micha.

Tatsächlich lachte ich für einen kurzen Moment laut auf, weil ich vermutete, dass sie sich wohl nur im Stroh versteckt und Micha sie schlicht und ergreifend übersehen hatte. Doch nachdem ich diesen Verdacht geäußert und Micha das gesamte Stroh durchwühlt hatte, legte ich auf und rannte die Treppen hinunter in Richtung Stall. Das Ferkel war weg. Es war sprichwörtlich vom Erdboden verschwunden. Niemand hatte es gesehen, niemand hatte es weggebracht. Ich durchsuchte jeden Winkel des Stalls und habe dabei sogar die Bretter der Entmistungsanlage angehoben. Findus sucht darunter manchmal gerne nach Mäusen, und wer weiß – vielleicht war Ida dort drin? Doch keine Ida weit und breit. Mit einem Blick auf die Güllerinne wurde mir plötzlich ganz schlecht: Der einzige Ausgang aus dem Stall ist diese Rinne, die draußen direkt in die Güllegrube führt. Wenn Ida dort hineingefallen war, würde jede Rettung zu spät kommen. Mittlerweile war die Suchmannschaft deutlich größer geworden: Micha, Justina, Lukas, Birte und selbst Julia, die zu diesem Zeitpunkt einen Kurzbesuch bei uns einlegte, standen mit mir im Stall und suchten die kleine Ida. Ich eilte zur Hintertür hinaus und inspizierte das Loch, das in die Grube hineinführte, doch es war keine Spur eines Ferkels zu sehen. Doch als ich mich umdrehte und den Blick über die Weide schweifen ließ, machte mein Herz einen Sprung: Dort, an der Mauer zum benachbarten Grundstück, trabte ein kleines, gestreiftes Ferkel entlang. Ida war etwa fünfzig Meter von mir entfernt, und obwohl mein Herz gerade eben noch vor

Freude gehüpft hatte, blieb es im nächsten Moment fast stehen. Der Hund des Nachbarn bellte laut auf, und Ida änderte prompt ihre Laufrichtung: Sie steuerte direkt auf die Straße zu. Ich rannte los und versuchte, allen entgegenkommenden Fahrzeugen zu bedeuten, dass sie bremsen sollten, doch sie sahen mich nicht rechtzeitig. Das vorderste Fahrzeug kam in gleichbleibender Geschwindigkeit immer näher, Ida sprang auf die Straße, und ich verlor sie aus dem Blick. Ein lautes Quieken war zu vernehmen, und mir gefror das Blut in den Adern. Es muss eine Sache von wenigen Millimetern gewesen sein, doch das Auto hatte Ida verfehlt. Sie rannte nun wieder zurück in Richtung Stall, wo Lukas sie schließlich mit einem großen Kescher, der eigentlich zum Fischefangen gedacht ist, einfangen konnte. Idas Herz pochte in einer Frequenz, die man kaum für möglich hielt, und sie zitterte am ganzen Körper, als ich sie, fest an mich gedrückt, wieder in den Stall brachte und alle Türen doppelt und dreifach kontrollierte.

Es überraschte mich nicht, dass Idas Allgemeinzustand nach diesem Ausflug zunächst wieder schlechter wurde, doch nun zogen wir alle Register: Birte und ich kontrollierten mehrmals täglich ihre Temperatur, rieben ihr den Bauch tatsächlich mit Eukalyptusbalsam ein und verabreichten ihr sämtliche Medikamente, die uns der Tierarzt dagelassen hatte. Ich rührte ihr in der Hoffnung, dass sie endlich etwas essen würde, zusätzlich Haferbrei an und gab noch etwas von unserem Apfelmus hinzu. Zu trinken gab es lauwarmen Fencheltee. Ida begriff jedoch natürlich nicht, dass all das nur zu ihrem Besten geschah, denn jedes Mal, wenn ich sie festhielt, damit Birte ihre Temperatur messen, ihr den Bauch einreiben oder die Medizin einflößen konnte, schrie sie aus Leibeskräften. Ein krankes Tier zehrt ganz besonders an den Nerven, und dabei geht es in erster Linie nicht einmal um das »mehr« an Zeit, das diese Patienten für sich beanspruchen.

Es war jeden Tag das gleiche Prozedere: einfangen, festhalten, behandeln, freilassen. Morgens, mittags, abends. Stress pur – für alle Beteiligten. Es gehört viel dazu, so ein schreiendes und sich windendes Tier festzuhalten, und dabei spreche ich nicht von physischer Kraft. Denn um nichts in der Welt kann man diesem Wesen begreiflich machen, dass all das, was gerade Angst macht, was wehtut oder was es partout nicht möchte, am Ende des Tages nur gut für es ist. Dass man es »quälen« muss, damit es ihm bald wieder besser geht. Doch nicht nur die Behandlungen als solche gingen mir damals an die Substanz, es war auch die Verantwortung, die damit einherging. Das Tier kann einem nicht sagen, wie lange es kämpfen oder wann es aufgeben möchte; die Entscheidung lag zu jedem Zeitpunkt allein bei mir. Wie lange ist *lange genug?* Wie lange ist *zu lange?* Und wann ist es *zu früh,* um aufzugeben?

Letztlich kann ich nicht genau sagen, was das ausschlaggebende Mittelchen war, doch Ida überlebte. Sie hinkt ihren Geschwistern in der Entwicklung zwar ein gutes Stück hinterher, doch sie lebt und ist heute wieder fit wie alle anderen Ferkel auch. Sie ist das Einzige von vier kranken Ferkeln, das wir retten konnten. Keine gute Quote, doch für Ida in jedem Fall gut genug.

Die Schweine lehrten mich vergangenen Sommer vieles. Zu Beginn wusste ich rein gar nichts über diese Tiere, und das Internet ließ mich über weite Strecken völlig im Stich. Man fand so gut wie keine Informationen über den Futterbedarf einer Sau, die man weder mästen noch alsbald schlachten möchte. Wie lange ein Ferkel bei der Mutter trinken sollte? Nun ja, in der industriellen Ferkelzucht maximal drei Wochen, denn alles andere würde den Profit schmälern. Aber wie lange ein Ferkel *normalerweise* bei der Mutter trinkt, wenn wirtschaftliche Aspekte keine Rolle spielen? Das weiß ich bis heute nicht. Frieda und Edna haben ihre Ferkel irgendwann, als sie schlicht und ergreifend keine Lust mehr auf die gierigen Mäuler hatten, einfach selbst abgestellt. Ich kann gar nicht genau sagen, wann dieser Zeitpunkt eigentlich gekommen war, denn ich habe die Tiere einfach machen lassen. Mangalitza-Schweine sind eine sehr alte Rasse, die in ihren Verhaltensmustern recht nah an die Wildschweine herankommen, weshalb ich in dieser Hinsicht einfach auf ihre natürlichen Instinkte vertraut habe, und dieses Vertrauen wurde belohnt. Die Tiere wissen, was sie tun. Manchmal sogar besser, als wir Menschen es jemals wissen könnten.

All das, was ich über die Trächtigkeit und die Geburt bei Kühen weiß, habe ich mir über Jahre hinweg angeeignet. Schritt für Schritt. Doch bei den Schweinen habe ich, gezwungenermaßen, in drei Tagen das Wissen inhaliert, wofür ich bei den Kühen drei Jahre gebraucht habe. Nachdem klar war, dass die Sauen tatsächlich tragend waren, bestand meine Abendlektüre aus Aufsätzen von veterinärmedizinischen Instituten, Vorlesungsskripten von Modulen über Ferkelzucht und allem anderen, was irgendwo im Netz zu finden war. Ich bin auch heute wahrlich keine Expertin, doch ich weiß mittlerweile eine ganze Menge über diese Tiere. Nicht immer ist mein Knowhow wissenschaftlicher Natur (wie etwa die Tatsache, dass Ferkel mit einem leisen »Plöpp«, das irgendwie an Erbsen erinnert, die man aus der Hülse springen lässt, auf die Welt kommen) und mit Sicherheit auch nicht durch irgendwelche Studien verifiziert (wie beispielsweise meine Erkenntnis, dass Ferkel gerne Nase an Nase mit ihren Geschwistern schlafen), doch es hat mich und uns dahin gebracht, wo wir heute sind.

Ich bin nun also die Rottenführerin einer ganzen Schwafherde. Und auch wenn meine Mutter noch heute verlegen das Gesicht hinter ihren Händen verbirgt, weil sie genau weiß, wie viel Ärger, Schweiß und Tränen sie mir mit ihrem (vielleicht doch nicht so ganz) wohlüberlegten Geschenk gemacht hat, bin ich froh, dass ich sie habe. Denn neben all dem Ärger, dem Schweiß und den Tränen bringen die Schwafe viel häufiger einfach nur unbändige Freude und schallendes Gelächter mit sich. Ich würde mich heute wieder für Frieda und Edna entscheiden. Trotz oder gerade wegen allem, was sie mir beschert haben.

Und wenn ich es so betrachte, ist es schon in Ordnung, dass meine Geschenke Geschenke dabeihatten.

Das Who's Who der Schwerkel

Gestatten: die Rüsselbande

Gustav

Gustav ist das einzige männliche Ferkel von Frieda. Er hatte bei seiner Geburt umgeklappte Ohren, was ihm bereits nach fünf Minuten den Spitznamen *Gustav mit den Fliegermützenohren* einbrachte. Die Ohren sind mittlerweile da, wo sie hingehören, doch der Name ist geblieben. Gustav lässt sich mit Hingabe den Rücken kraulen und wirft sich dabei auch gern mal auf die Seite. Abgesehen davon heißt seine Lieblingsbeschäftigung Fußballspielen beziehungsweise »Nasenballspielen«. Wir sagen ihm eine große Zukunft bei Inter Sauland voraus. Sofern er nicht vorher vom FC Sankt Schwerkel abgeworben wird.

Wilma

Wilma ist anders, aber im besten Sinne anders. Während bei Gustav die Ohren irgendwann wieder an Ort und Stelle gewandert sind, ist bei Wilma ein Ohr »liegen geblieben«. Wir nennen es liebevoll »das Hängeöhrchen«. Wilma hat einen kleinen Buckel und besonders struppig-lockiges Fell, das meist in alle möglichen Richtungen absteht. Sie ist mit Abstand das kleinste Ferkel (im Vergleich zu Ole gerade einmal eine halbe Portion), aber gleichzeitig auch das gerissenste: Nicht selten ist sie diejenige, die sich mit einem besonderen Leckerbissen vor allen anderen aus dem Staub macht und diesen dann in der hintersten Ecke des Stalls ganz allein verputzt.

Wilma ist das einzige dunkle Ferkel aus Friedas Wurf. Wenn sie sich am Kopf kraulen lässt und die Steckdosennase dabei in die Höhe hebt, gehen ihre Mundwinkel immer irgendwie gen Himmel. Man könnte fast meinen, dass sie lächelt.

Ronja

Ronja wurde nach keiner geringeren Person als Astrid Lindgrens Räubertochter höchstpersönlich benannt. Sie ist vorwitzig, ein bisschen frech und immer in der ersten Reihe, wenn irgendwo etwas Spannendes passiert. Ronja knabbert leidenschaftlich an Reißverschlüssen herum und stänkert auch gerne mal in Richtung ihrer Geschwister. Aber wenn es um Streicheleinheiten geht, wird auch sie ganz ruhig und hält still, damit man auch ja nicht frühzeitig aufhört. Ronja ist das älteste Ferkel von Frieda und gehört zu den Größten der gesamten Bande. Sie ist das einzige Schwaf, das mir schon mal einen ordentlichen blauen Fleck verpasst hat, weil sie vor lauter Euphorie über die anstehende Fütterung einfach blindlings drauflosgeknabbert hat – und unglücklicherweise war mein Unterarm im Weg.

Rosa

Rosa ist die Ruhige und ein besonders zurückhaltendes und schüchternes Ferkel. Doch das hält sie mitnichten davon ab, zu den größten Schmusesteckdosennasen zu gehören, die der Hof je gesehen hat. Als kleines Ferkel hatte Rosa im Gegensatz zu ihren Geschwistern so gut wie keine Streifen in ihrem Fell, sodass ihre rosafarbene Schweinchenhaut richtiggehend durchgeleuchtet hat. Spätestens jetzt sollte also klar sein, warum Rosa Rosa heißt.

Sie hat eine große Vorliebe für alte, matschige Bananen, und nicht selten verteilt sie den Bananenbrei beim Fressen in ihrem gesamten Gesicht. Das Einzige, was noch süßer ist als Rosa, ist Rosa mit Bananenmatsch im Gesicht!

Ida

Ida war lange Zeit unser kleines Sorgenkind. Als sie gerade wenige Wochen alt war, fing sie sich einen bösen Infekt ein. Aufgrund ihrer damaligen Krankheit sind Idas Geschwister (mit Ausnahme von Wilma) alle ein ordentliches Stück größer als sie, doch das macht sie mit Raffinesse wieder wett. Ida ist flink wie ein Hase und weiß ganz genau, wie sie sich an den anderen Ferkeln vorbeidrängen muss, um die schmackhaftesten Leckerbissen zu ergattern. Ihre Mama heißt Frieda.

Lasse

Bei Lasse sind wir uns manchmal nicht so sicher, ob er wirklich nur ein Schwein ist oder ob irgendwo noch ein Hauch Elefant in ihm steckt. Keines der Ferkel hat einen derart langen Rüssel wie Lasse.

Lasses Bruder heißt Ole, ihre Mama ist Edna. Während Edna und Ole einander optisch völlig gleichen, fällt Lasse mit seinem strohblonden, leuchtenden Fell ein wenig aus dem Muster. Er hat die seltsame Angewohnheit, sich am liebsten im Futtertrog aufzuhalten, und dabei ist es ganz gleich, ob der Trog leer oder voll ist. Das Größte für Lasse ist jedoch ein frisch aufgefülltes Schweinenest, denn das Glück der Schwafe liegt eindeutig in einem Berg Stroh.

Ole

Ole ist der Schatten der Bande. Er hält sich immer im Hintergrund und möchte auch am liebsten nicht angefasst werden, doch trotzdem beobachtet er das Geschehen (mit dem Ole-Sicherheitsabstand) immer äußerst aufmerksam, schließlich könnte er ja etwas verpassen. Er gleicht seiner Mama Edna bis aufs Haar, und mittlerweile hat er auch fast schon ihre Größe erreicht. Nur seine Sturmfrisur erinnert weniger an Edna als an Elvis Presley.

Irgendwie unser erster Sommer

Von helfenden Händen, widerspenstigen Kühen und unliebsamen Gästen

September 2022

Eigentlich könnte man meinen, dass ich nach fast vier Jahren auf dem Hof wissen müsste, was mich im Sommer erwartet. Heuernte, Praktikantinnen, besondere Gäste, Kühe auf der Alm, kistenweise Obst und Gemüse aus dem Garten und so weiter und so fort. Mittlerweile ist mir jedoch klar geworden, dass ich um das *Was* zwar sehr genau Bescheid weiß, das *Wie* hingegen auf einem gänzlich anderen, unbekannten Blatt steht. Jeder Sommer hielt bisher so seine Überraschungen für uns parat, und es waren beileibe nicht immer nur schöne Dinge, die uns da völlig unerwartet widerfahren sind. Das einzige *Wie*, das ich für jeden einzelnen Sommer anstandslos unterschreiben würde, wäre wohl die Ausdauer, die es braucht, um die Zeit zwischen Juni und September zu überstehen. Denn das haben die Sommer jedes Jahr gemein: Sie verlangen einem alles ab. Die eigenen Kapazitäten werden gnadenlos ausgereizt, und man kommt dabei nicht umhin, sich zu fragen, wie viel mehr eigentlich noch (er)tragbar ist. Der Sommer 2022 war in dieser Hinsicht ganz besonders, denn er war in gewisser Weise unser allererster Sommer.

Sowohl Lukas als auch ich kannten natürlich sämtliche Abläufe und Aufgaben aus den vergangenen Jahren zur Genüge, und dennoch war 2022 absolutes Neuland für uns. Es war Lukas' erster Sommer als Betriebsführer auf dem Hof und somit eben auch der erste, in dem wir beide das Heft in der Hand hatten: der erste Almauftrieb, die ersten eigenen Praktikantinnen, die erste Heuernte unter eigener Regie, die erste Hochsaison. Trotz unserer wirklich extrem fleißigen und tatkräftigen Praktikantinnen war es an manchen Tagen einfach viel zu viel für uns. Wir sind letztlich daran gewachsen, ja, aber nur, weil wir es mussten. Es wäre mit Sicherheit gelogen, wenn ich sagen würde, dass ich in diesem Sommer nicht ein wenig häufiger darüber nachgedacht habe, wie das Leben wohl wäre, wenn unsere Tage (und manches Mal auch die Nächte) nicht ununterbrochen von Arbeit bestimmt würden. Wie es sich wohl anfühlen würde, an den heißesten Sommertagen nicht mit dem Rechen auf dem Feld, sondern mit einem Eis in der Hand im Freibad zu liegen. Wie gesagt: 2022 hat im Vergleich zu den Vorjahren noch mal eine Schippe draufgelegt. Wir sind (mal wieder) bis an unsere Grenzen gegangen und meistens noch weit darüber hinaus, doch ich bin mir ziemlich sicher, dass besagte Grenzen spätestens im Herbst 2023, wenn der nächste Sommer vorüber ist, vermutlich schon wieder ein weiteres Stück nach oben hin korrigiert werden müssen.

2022 waren erstmalig Praktikantinnen hier, die einzig und allein für unsere Belange zuständig waren. In weiser Voraussicht auf etwaige Diskussionen und Streitereien mit anderen Familienmitgliedern wollten wir die Arbeitsbereiche Landwirtschaft und Campingplatz strikt voneinander trennen, um zu vermeiden, dass man sich mit den Schwiegereltern bezüglich der Praktikantinnen irgendwie ins Gehege kommt. Daher hatte nun jeder eine eigene Helferin: Die Praktikantin von Lukas' Eltern war im Juli und im August da, doch wir hatten uns bei unseren Helferinnen für einen längeren Zeitraum entschieden: Julia, eine Agrarwissenschaftsstudentin aus Wien, unterstützte uns im Juni und im Juli und wurde Anfang August für die nächsten zehn Wochen schließlich von Birte, die in Kiel Nutztierwissenschaften studierte, abgelöst. Ohne es beabsichtigt zu haben, wählten wir unter den 56 Bewerberinnen also ausgerechnet jene zwei Personen aus, die aufgrund ihrer Studienfachrichtung einiges an fachlichem Know-how mitbringen würden. Ich war sehr gespannt, wie sich die Zusammenarbeit gestalten würde und wie sehr Theorie und Praxis letztlich voneinander abweichen würden, doch wie gesagt: Das war keineswegs der ausschlaggebende Grund, weswegen unsere Wahl während der Bewerbungsphase im Frühjahr 2022 auf Julia und Birte fiel. Ich werde häufig gefragt, welche Voraussetzungen man erfüllen muss, um bei uns einen Praktikumsplatz zu ergattern. Wie viel Erfahrung mit der Hofarbeit sollte man mitbringen, welche Maschinen muss man bedienen können und wie viel Verständnis für die Arbeit mit Kühen sollte bereits vorhanden sein? Die Antwort ist eigentlich ganz leicht: Man muss nichts von alledem können. Es ist sogar völlig irrelevant, ob jemand weiß, wie man einen Heukran bedient, denn letztlich wiegen andere Kompetenzen weitaus mehr.

Bei uns Praktikantin zu sein, geht weit über das hinaus, was man für gewöhnlich unter einer Praktikumsstelle versteht. Es ist nicht Sinn der Sache, für die Sommermonate eine Person vor Ort zu haben, der man lediglich die einfachsten und unliebsamen Arbeiten unterjubelt und die ansonsten still und leise in ihrem Kämmerlein verschwindet. Eine Praktikantin soll nicht *für* uns, sondern *mit* uns arbeiten, sie trägt Verantwortung für verschiedene Dinge und wird ganz oft auch in Entscheidungsprozesse mit einbezogen. Für zwei Monate wird diese Person zu einem Teil unseres Lebens, unseres Alltags, unserer Höhen und Tiefen. Man ist sich räumlich so nah, dass man voreinander keine Schwäche und keinen schlechten Moment verheimlichen könnte – weder Lukas und ich vor der Praktikantin noch andersherum. Unsere Praktikantinnen sind Vertraute, Verbündete und am Ende ganz oft sogar richtig gute Freunde. Spätestens jetzt wird wohl deutlich, dass der Charakter, die Einstellung und letztlich auch die Fähigkeit, mit Lukas und mir Schritt zu halten, weitaus mehr Gewicht haben, als ein Traktorführerschein jemals haben könnte.

Julia und Birte machten ihre Sache unglaublich gut, und ich war wirklich froh, diese beiden und niemand anderen in jenem Sommer an unserer Seite zu wissen. Wie auch in den Jahren zuvor erlebten wir auch 2022 oft genug Situationen, die man nur mit einer gehörigen Portion Galgenhumor schadlos überstehen kann. Ich denke da beispielsweise stets mit einer Mischung aus Belustigung und entsetztem Kopfschütteln an jenen 13. Juli zurück, an dem wir morgens nicht nur einige Nachzügler-Kühe auf die Alm trieben und die alltägliche Stallarbeit bewältigten, sondern auch noch mit den Mäh- und Erntearbeiten unserer dreieinhalb Hektar großen Steilfläche begannen und ich am Abend mit dem Zwölf-Kilo-Heubläser auf dem Rücken, verschwitzt, übermüdet und mit einem phänomenalen Ausblick auf das Tal, auf dem Boden saß, um noch schnell meine an diesem Abend fällige Kooperation auf Instagram hochzuladen.

Ähnlich verhielt es sich mit dem 13. August, der Tag, an dem wir nicht nur das Standardprogramm auf dem Hof bewältigten, sondern abends nach dem Melken noch auf die Alm fuhren, um zwei der Kühe, die bald schon ihren Nachwuchs erwarteten, herunter ins Tal zu holen. Und das klingt bei Weitem leichter, als es war: Serita spazierte brav wie ein Lämmchen mit mir am Halfter über die Nachbaralm, durchquerte anstandslos den Bach und stieg schließlich einigermaßen entspannt in den Hänger. Ganz anders Sue. Sue hatte, um es gelinde auszudrücken, absolut keinen Bock. Weder auf das Halfter noch darauf, von der Alm geführt zu werden – und vom Betreten des Hängers möchte ich gar nicht erst anfangen. Als wir sie endlich vor die Laderampe des Hängers bewegt hatten, ging das Drama nämlich erst richtig los. Wir bemühten uns ganze zwei Stunden lang, Sue irgendwie davon zu überzeugen, zu ihrer Kollegin Serita in den Hänger zu steigen, und zogen dabei wirklich alle Register – selbst die, von denen ich gar nicht wusste, dass es sie überhaupt gibt: Wir nahmen die Plane des Hängers ab, damit es für die Kuh nicht so dunkel aussah, wir zogen von vorne, wir schoben von hinten, wir lockten mit Kraftfutter, Gras und Äpfeln, wir verbanden ihr mit meinem blauen Karohemd die Augen, redeten mit ihr und versuchten sie zu locken, kippten ihr eine Ladung kaltes Bachwasser über den Po und bettelten, was das Zeug hielt – doch es half alles genau nichts. Sue stand wie angewurzelt vor dem Hänger und machte sich gefühlt noch schwerer, als sie ohnehin schon war. Ihr störrischer Blick erinnerte mich ein wenig an ein trotziges kleines Kind, das einfach aus Prinzip heraus zu allem Nein sagt. Lukas, Birte und ich waren mittlerweile klatschnass geschwitzt und mit unserem Latein am Ende. Wenn wir zu dritt all unsere Kraft aufwendeten und von vorne am Strick von Sues Halfter zogen, setzte sie immerhin einen Fuß einen halben Zentimeter vorwärts, doch das konnte nun wahrlich nicht der Weisheit letzter Schluss sein. Nach zwei Stunden Nahkampf mit Sue hatten wir schlicht und ergreifend keine Kraft mehr.

Lukas entschied sich, als Ultima Ratio nun den Viehtransporter von der Anhängerkupplung zu lösen, stattdessen den Strick des Halfters samt Verlängerung daran anzubinden und die Kuh schließlich im Schneckentempo, Millimeter für Millimeter, mit dem Auto in das Gefährt zu ziehen. Obwohl niemand von uns damit rechnete, ging dieser Plan tatsächlich auf. Zumindest zeitweise: Dreiviertel der Kuh waren im Hänger, als schließlich das Material des alten, ja beinahe schon antik anmutenden Halfters nachgab, es einen lauten Ratsch machte,

Sue rückwärts aus dem Hänger sprang und in Richtung Alm zurückgaloppierte. Ich sank auf die Knie und vergrub das Gesicht in meinen Händen. Nun müssten wir wieder bei null anfangen, doch die Dämmerung machte uns auch das unmöglich. So blieb uns also nichts anderes übrig, als aufzugeben, Sue das Gatter zu unserer Alm zu öffnen und sie mit wehenden Fahnen und aufgeblähten Nüstern beleidigt von dannen ziehen zu lassen. Nein, diese Kuh würde heute nicht mehr mit uns auf den Hof fahren. Es war schon fast 23 Uhr, als wir wieder auf dem Hof angekommen waren und Serita in den Stall verfrachteten. Todmüde, verschwitzt und dreckig sprang jeder von uns noch unter die Dusche, bevor wir in unsere Betten fielen. Doch anscheinend hatte es einen Grund, weswegen Serita gar nicht schnell genug in den Hänger kommen konnte, während Sue sich renitent weigerte, unseren Wünschen Folge zu leisten: Ich hatte gerade das Licht meiner Nachttischlampe ausgeschaltet, als Lukas die Schlafzimmertür öffnete und mir verkündete, dass im Stall gerade ein Kälbchen zur Welt käme.

»Serita legt los.«

Ich stöhnte vielleicht ein wenig zu laut, als ich mich aus meiner warmen Decke schälte und zurück in die Stallklamotten schlüpfte, doch es half nichts. Um 00:17 Uhr erblickte ein gesundes Kuhkalb das Licht der Welt.

Und Sue? Ja, was soll ich sagen: Auch sie hatte irgendwie das richtige Gespür. Da sie nicht von unserem Tierarzt besamt, sondern von einem Stier gedeckt worden war und wir nicht genau wussten, wann dieses Tête-à-Tête stattgefunden hatte, mussten wir uns bei der Geburtsplanung auf die Einschätzung des Veterinärs verlassen. Dieser gab Ende September bis Anfang Oktober als errechneten Geburtstermin an, doch da verschätzte er sich offenbar gewaltig, denn es würde noch bis zum Februar des nächsten Jahres dauern, bis Sue ihr Kälbchen auf die Welt brachte.

So ging besagter 13. August als einer von vielen Tagen, deren

Ereignisreichtum locker für eine ganze Woche gereicht hätte, in unsere persönliche Geschichte ein. Wir hatten mittlerweile den Punkt erreicht, an dem uns auch das nicht mehr schockierte.

Der Sommer 2022 glich also – *mal wieder* – einem Marathon, und es waren – *mal wieder* – die kleinen Dinge, die uns diese Langstrecke haben überstehen lassen. Es gab keine Tagesausflüge ins Freibad, Wochenendtrips ans Meer oder Stand-up-Paddling im Weißensee für uns, aber wir haben das Beste daraus gemacht. Unsere »Auszeiten« und »Lichtblicke« waren die Ausflüge in den Wald, um für das Abendessen Pilze zu sammeln. Oder der Moment, in dem man morgens schlaftrunken aus dem Haus geht und als Erstes die Bäckerin sieht, die gegen 6:30 Uhr immer die Backwaren für den Campingplatz liefert und an jenem Morgen jedoch mehr damit beschäftigt war, zwei der Kälber zu streicheln, die des Nachts aus dem Stall ausgebrochen waren und einfach vor unserer Haustür standen. Legendär ist auch das Kuhkalb Rocher, das sich vor nichts und niemandem fürchtete und scheinbar so schmerzresistent war, dass es jeden Stromzaun durchrannte und ich sie eines Morgens nur durch beherztes Tackling wieder bändigen und zurück in den Stall verfrachten konnte. Manches Mal kaute sie sogar genüsslich auf der Stromlitze herum, was Lukas dazu brachte, selbst einmal furchtlos nach der Weidezaunschnur zu greifen, nur um sie sogleich wieder loszulassen, denn der Stromfluss funktionierte bestens. Rocher hatte scheinbar ein Faible für dieses ganz besondere Kitzeln. Es soll ja auch Menschen geben, die Center Shock-Bonbons mögen …

Unterm Strich betrachtet sind es wirklich all die kleinen Dinge, die uns oftmals den Tag und manches Mal auch die ganze Woche überstehen lassen. Es ist für Außenstehende wohl nicht immer leicht zu verstehen, wie wichtig und wertvoll solche kleinen Momente für uns sind. Heutzutage zielen viele auf die großen und außergewöhnlichen Ereignisse ab, die Devise lautet zumeist *höher, schneller, weiter* (als die anderen). Vielleicht ist daher eines meiner größten Learnings der vergangenen vier Jahre, dass dieses Glück, nach dem alle so mehr oder minder verzweifelt streben, tatsächlich in den kleinsten Dingen stecken kann. Es ist wahrlich kein leichtes Unterfangen, diese Momente zu erhaschen, und festzuhalten vermag man sie sowieso nur in den allerseltensten Fällen, doch ich wage zu behaupten, dass sie einem manchmal mehr Ruhe und Frieden schenken können als manch anderes: Es ist der x-te Zucchinikuchen, der im Notfall auch als Ersatz für eine ganze Mahlzeit dienen kann. Oder jenes Kuchenexemplar, das der Praktikantin beim Herausheben aus dem Ofen einfach mal komplett auf den Boden stürzt und erst für Entsetzen und anschließend für viel Gelächter sorgt. Es sind die Kälber, die in ihrem jugendlichen Übermut die Hühner über den Hof jagen und einen dazu bringen, lauthals loszulachen. Es ist der Moment, in dem man nach der letzten gemähten Weidefläche bei 30 Grad einfach mitsamt Kleidung in den See springt, um sich nach getaner Arbeit abzukühlen. Oder Findus, der plötzlich seine Vorliebe für die dicken Junikäfer entdeckt und auf der Jagd nach ihnen wie ein dilettantischer Balletttänzer durch die Gegend springt. Es ist der Geruch von frischer Himbeermarmelade, der das Haus durchströmt und die saftigen Tomaten, die so sehr nach Sommer schmecken, dass man es kaum in Worte zu fassen vermag. Manchmal ist die Summe der Einzelteile größer als das Ganze selbst – und da stellen auch unsere Sommer hier keine Ausnahme dar.

Besagte Einzelteile sorgen jedoch nicht nur dafür, dass man den Sommer über durchhält, sie trösten einen auch über jede noch so ungute Begegnung mit anderen Menschen hinweg, denn davon gab es im vergangenen Jahr leider auch wieder eine ganze Menge. Mittlerweile habe ich einen Punkt erreicht, an dem ich von allein um viele Gäste einen Bogen mache oder die Stalltür ein wenig früher als gewohnt hinter mir zuziehe, weil ich einfach nur noch müde bin. Müde von der Ignoranz, dem

Egoismus und der Dreistigkeit, die viele Menschen an den Tag legen. Gleichzeitig macht es mich jedoch auch immer wieder traurig zu erleben, wie wenig Respekt man heutzutage nicht nur vor fremdem Eigentum, sondern auch vor anderen Menschen wie auch Tieren haben kann. Da hätten wir zum Beispiel den Gast, der morgens um 6:30 Uhr plötzlich mitsamt Kamera im Stall stand und ohne Begrüßung oder Erlaubnis anfing, uns mit Blitzlicht bei der Arbeit zu fotografieren. Die Kühe waren darüber mindestens genauso begeistert wie Birte und ich. »Ohne Begrüßung« ist sowieso ein gutes Stichwort, denn scheinbar ist es mittlerweile gang und gäbe, dass man einfach in der Stalltür steht und schaut oder auch einfach unaufgefordert reingeht. Ein »Guten Morgen« scheint zu viel verlangt. Wenn wir im Spätsommer die Äpfel von unseren Streuobstwiesen einsammeln, müssen wir aufpassen, dabei nicht in Hundekot zu greifen. Es ist notwendig, den ein oder anderen Raucher darauf aufmerksam zu machen, die Zigarettenstummel nicht einfach in unserer Wiese zu entsorgen. Ich muss mit Kindern und oft genug auch mit Erwachsenen schimpfen, weil sie an meinen Hochbeeten stehen und völlig tiefenentspannt die gerade reif gewordenen Erdbeeren pflücken und vernaschen. Gleiches passiert jedes Jahr mit den Johannisbeerbüschen. Im September hatte ich mich über ganze vier Zwetschgen an unserem Baum gefreut, denn in den beiden Jahren zuvor hatte er keine einzige Frucht getragen. Als ich einige Tage später die reifen Früchte ernten wollte, war mir bereits ein Gast zuvorgekommen.

Auch verschlossene Türen und hüfthohe Zäune scheinen für viele kein Hindernis darzustellen: Wie oft ich abends irgendwelche Gäste aus dem dunklen Kuhstall vertreiben musste, kann ich schon gar nicht mehr sagen, und ein Zaun wird heutzutage scheinbar mehr als Anreiz denn als Abschreckung verstanden. Meine Geduld ist, wie man den vorangegangenen Zeilen wohl unschwer entnehmen kann, am Ende. Ich bin mittlerweile wirklich positiv überrascht und fast schon begeistert, wenn mich Gäste freundlich ansprechen und höflich fragen, ob sie mit ihren Kindern wohl am nächsten Abend beim Melken zuschauen dürfen. Wenn das *bare minimum* schon verblüfft, scheint es schlecht um unsere Gesellschaft bestellt, doch leider entspricht genau das hier und heute der Realität. Nach einem Sommer auf dem Hof mit einem kleinen Stadion voller Campinggäste, die von Juni bis September hier durchmarschieren, kann man scheinbar nur zum Misanthropen werden. Wie so oft sind die rücksichtslosen Exemplare unterm Strich zwar in der Minderheit, doch ihr rüpelhaftes Auftreten lässt bisweilen den Anschein entstehen, dass es *ausschließlich* solche unliebsamen Gäste gibt. Ich habe mir in diesem Sommer schließlich abgewöhnt, selbst dem größten Trottel nur aufgrund der Tatsache, dass er »Kunde« ist und Geld für seinen Stellplatz zahlt, noch mit einem Lächeln zu begegnen, wenn eher eine Standpauke angebracht wäre. Das ist wohl einer der Vorteile, wenn die Landwirtschaft und der Campingplatz strikt voneinander getrennt sind; sowohl arbeitstechnisch als auch finanziell.

Ja, der Sommer 2022 war eine Herausforderung für uns, doch wir haben sie – wie jede andere auch – mit Humor, mehr oder weniger viel Elan und einer gehörigen Portion Durchhaltevermögen gemeistert. Fairerweise muss man dazusagen, dass mehr Menschen als bloß Lukas, Birte, Julia und ich daran beteiligt waren: Jedes Mal, wenn wir Besuch von Freund:innen hatten, haben die wie völlig selbstverständlich und ohne viel Aufhebens mit angepackt. Da wären Max und Esther, die mit Heubläsern ausstaffiert unsere Steilflächenheuernte unterstützt haben. Oder Jasmin, die nicht einmal, nicht zweimal, sondern gleich dreimal zu Besuch kam und geholfen hat, wo sie nur konnte. Dann gibt es natürlich noch Justina und Michael, die uns bei jedem Aufenthalt in Mörtschach höchst motiviert unter die Arme gegriffen haben. Diese Liste ließe sich wohl noch weiter fortführen, doch um die Quintessenz vorwegzunehmen: Wir sind einfach nur froh, all diese Menschen unsere Freund:innen nennen zu dürfen. Nicht jeder versteht das Leben, das wir hier führen, und den Einsatz, den es zu jeder Tages- und Nachtzeit braucht, um den Laden am Laufen zu halten. Wie auch? Manche Dinge muss man wohl selbst erlebt haben, um sie in vollem Umfang begreifen zu können. Umso schöner, dass es all diese Menschen in unserem Leben gibt. Solche, die einem nicht nur Arbeit abnehmen, sondern einem auch manchmal dabei helfen, das ein oder andere Päckchen zu tragen, unter dem man alleine wohl sonst recht schnell einknicken würde.

Manch einer sagt, dass es ein ganzes Dorf braucht, um ein Kind großzuziehen, aber mittlerweile glaube ich, dass Gleiches auch für einen Bauernhof gilt. Dabei geht es mitnichten um die Gemeinde hier, sondern vielmehr um das Netzwerk, das wir uns in den letzten Jahren weit darüber hinaus aufgebaut haben. Unser eigenes kleines Dorf. Ein Dorf, das über Hunderte Kilometer in alle Himmelsrichtungen verstreut und doch trotzdem immer da ist, wenn man es braucht.

Und das ist etwas, das mich – *uns* – mit tiefer Dankbarkeit erfüllt.

Der alte, weise Kater

Eine etwas andere Liebesgeschichte

November 2022

Die meisten Beziehungen, ganz gleich, ob romantischer oder freundschaftlicher Natur, unterliegen im Laufe der Zeit einem steten Wandel. Es gibt Phasen, in denen man sich besonders nah ist, und es gibt Zeiten, in denen man auseinanderdriftet. Manche Bindungen bestehen von Anfang an, und andere wiederum brauchen Jahre, um zu wachsen und dabei an Tiefe zu gewinnen. Ich bin überzeugt davon, dass dies nicht bloß auf zwischenmenschliche Beziehungen zutrifft, sondern auch auf Bindungen, die zwischen Mensch und Tier bestehen. Wie sonst sollte man meine Beziehung zu unserem Kater erklären?

Unser Kater, dieses rot-weiße Fellknäuel, das den begeisterten Leser:innen auf Social Media wohl eher unter dem Pseudonym King Hutze bekannt ist, gehört im Grunde zu den Urgesteinen des Hofs. Er weilte schon eine ganze Weile hier, als ich im Herbst 2018 zum ersten Mal einen Fuß auf den Hof setzte. Niemand weiß so recht, wie alt er eigentlich ist, doch nach Schätzungen unseres Tierarztes dürfte er die vierzehn Jahre schon weit überschritten haben. Der König ist also ein

älterer Herr – doch abgesehen von seinem überdurchschnitt-
lichen Schlafpensum lässt rein gar nichts auf sein hohes Alter
schließen.

In den ersten Jahren auf dem Hof lebten wir eher nebenei-
nanderher. Der Kater war immer irgendwo auf dem Gelände
unterwegs – meistens dort, wo wir Menschen auch waren,
denn wo Menschen sind, lässt sich für gewöhnlich entweder
ein Leckerbissen oder doch zumindest eine kurze Krauleinheit
abstauben, und für beides ist der Kater immer gern zu haben.
Ich muss gestehen, dass ich ihn zwar immer wahrgenommen
und oft genug auch mal gestreichelt oder gefüttert habe, doch
wirklich gesehen habe ich ihn nicht; zumindest nicht so, wie
ich ihn heute sehe. Wenn er da war, war er da. Und wenn er
mal nicht da war, machte ich mir auch keine großen Gedanken darum, wo er sich wohl herumtrieb oder ob ihm vielleicht
sogar etwas zugestoßen sein könnte. Im Laufe der letzten beiden Jahre hat er sich jedoch nicht nur immer öfter an meine
Fersen geheftet, sondern sich auch, so ganz nebenbei, in mein
Herz geschlichen.

Im Grunde nahm alles seinen Anfang mit der Ankunft des
kleinen Findus im Januar 2022. Als dieser bei uns auf dem Hof
landete, war er gerade einmal ein knappes halbes Jahr alt – ein
Grünschnabel erster Güteklasse. Er hatte keine Ahnung, was
ein Huhn ist, und dass man ihm Respekt zollen sollte, wenn
man nicht mit dem spitzen Schnabel Bekanntschaft machen
wollte. Oder dass man die Hofauffahrt nur bis zum alten Wal-
nussbaum herunterspazieren darf, weil man der Bundesstraße
sonst gefährlich nahe kommt. Oder dass sich die Wahrscheinlichkeit, Futter abzustauben, während der Melkzeiten signifi-
kant erhöht. Oder, oder, oder – die Liste der Dinge, die Findus noch lernen musste, war sehr lang. Und an dieser Stelle
kam unser alter Kater ins Spiel. Rückblickend lässt es sich also
nur sehr schwer rekonstruieren, wer sich hier eigentlich wen
ausgesucht hat, aber so oder so: Die beiden haben sich zwar

vermutlich nicht gesucht, aber am Ende trotzdem gefunden. Der Kater nahm den jungen Wilden vom ersten Tag an unter seine Fittiche: Er ertrug es in stoischer Ruhe, wenn Findus, das Energiebündel, seine fünf Minuten hatte und den alten Kater aus dem Hinterhalt überfiel. Natürlich wollte Findus nur spielen, doch der alte Kater kannte das Konzept des »Spielens« schlichtweg nicht. Tatsächlich habe ich ihn zeit seines Lebens noch nie mit irgendetwas spielen sehen. Manchmal verkeilt er sich zwar mit Wuschi zu einem schier nie wieder zu entwirrenden Fellknäuel, doch das fällt für mich eher in die Kategorie »Probe-Kämpfen«. Während Findus bis heute gerne jedem noch so kleinen Blatt hinterhereilt, jeden Ast, den man ihm hinhält, versucht zu fangen und mir manchmal wie aus dem Nichts ans Hosenbein springt, beobachtet der Alte das mit einer gewissen inneren Ruhe. Er steht auf eine grenzenlos geduldige Art und Weise über den Dingen und wartet jedes Mal gelassen ab, bis der Spieltrieb seines jungen Freundes abgeklungen ist und er ihn wieder in den wesentlichen Dingen des Hoflebens unterweisen kann. King Hutze teilt sich mit Findus sogar häufig den kleinen »Katzenhochsitz« im Kuhstall, eine kleine Erhöhung gegenüber den Melkplätzen: weit genug weg, um nicht Gefahr zu laufen, den ein oder anderen Kuhmistspritzer abzubekommen oder uns bei der Arbeit zu stören, und hoch genug, um von dort aus bequem den ganzen Stall zu überblicken und uns dabei lautstark mit Futterrufen in den Ohren zu liegen. Ein perfektes Plätzchen also. Normalerweise hat seine Miausetät ein königliches Vorrecht auf diesen besonderen Platz, doch seit Findus da ist, residieren sie gemeinsam auf dem Hochsitz. Ich komme nicht umhin, bei ihrem Anblick manchmal an Simba und Mufasa aus dem Disneyklassiker *König der Löwen* zu denken. Wie sie da so sitzen, jede noch so kleine Bewegung genauestens beobachten und ihre Blicke erhaben über die Weite des Kuhstalls streifen, könnte man meinen, dass sogar die Textzeile aus besagtem

Disneyfilm perfekt zu den beiden Katern passt: »*Sieh es dir an,
[Findus]. Das ist unser Königreich. Alles, was das Licht berührt.*«
Die Rollenverteilung von Meister und Schüler kommt bei
King Hutze und Findus also offensichtlich nicht von ungefähr.
Ich war dem alten Kater dankbar für die Erziehungsarbeit, die
er bei unserem kleinen Neuankömmling jeden Tag leistete,
denn er lehrte ihn all das, was man als Kater eben so wissen
muss und was ich ihm niemals im Leben hätte hinreichend
erklären können. Die wichtigste Lehre, die der Alte dem Jungen übermittelt hat, war in meinen Augen die Sache mit der
Geduld. Findus hat es bis heute wohl nie erlebt, dass King
Hutze ihn wegen irgendeines Vergehens angefaucht oder ihm
gar einen Hieb mit der Pfote versetzt hätte. Selbst wenn sich
der getigerte Kater zu seinem Freund auf meinen Schoß dazu-
quetschen will, akzeptiert der Alte dies stets in völliger Ruhe.
Da gibt es kein böses Fauchen, keine Eifersucht, keine Riva-
lität – nichts. Sie liegen dann eben gemeinsam auf meinem
Schoß, und meist rollen sie sich so nahtlos zusammen, dass
sie an das chinesische Yin- und Yang-Symbol erinnern. Findus hat die stoische Ruhe seines Meisters in Gänze übernommen. Wenngleich er wohl auch in den nächsten Jahren noch
immer manchmal der aufgedrehte, junge Kater bleiben wird,
der den lieben langen Tag emsig von einem Ende des Hofs
zum anderen streift, so ist er, was Geduld und Gelassenheit
angeht, in jedem Fall das Ebenbild unseres alten Katers. Auf
den ersten Blick kann man kaum mehr unterscheiden, wer von
den beiden der Junge und wer der Alte ist, denn Findus hat
mittlerweile die Größe von King Hutze erreicht. Doch sobald
sie gemeinsam über den Hof flanieren, lässt sich der Alters-
unterschied nicht mehr leugnen, denn während Findus beim
Gehen irgendwie federt, ja manches Mal in seinem jugendlichen Elan richtiggehend hüpft, spaziert der alte Kater eher
wie ein betagter Rentner von A nach B: die Frisur etwas wirr
und in der Hüfte ein bisschen steif. Findus ist ihm meist einige

Schritte voraus, doch das stört den alten Kater kein bisschen. Er scheint ganz genau zu wissen, dass es auf diesem Hof nichts gibt, was Eile erfordert. Wie recht er doch hat!

Mit der Zeit wurde es also zu einem recht vertrauten Anblick, die beiden Kater gemeinsam über den Hof streifen zu sehen, doch im Mai 2022 nahm jegliches Umherziehen ein jähes Ende, denn King Hutze fand plötzlich seinen ultimativen *place to be*. Besagter Mai war der Monat, in dem unser Gewächshaus endlich sein Richtfest feierte: Die Folie war fixiert, die Wasserschläuche verlegt, und schließlich zogen sogar die ersten Pflanzen ein. Und mit ihnen: der alte Kater. Sobald sich die Schiebetür am Morgen öffnete, schoss der Kater in einer Geschwindigkeit, die man ihm kaum zugetraut hätte, in das Folienhaus hinein. Meist war er von früh bis spät dort drin unterwegs, wobei »unterwegs« nach deutlich mehr Aktivität klingt, als er tatsächlich an den Tag legte. Denn in Wahrheit tat er den ganzen Sommer über im Grunde genommen nichts anderes, als den lieben langen Tag im Gewächshaus zwischen den Tomatenpflanzen zu schlummern. Der mit altem Heu und Stroh ausgelegte Fußweg zwischen den Beeten schien für ihn der perfekte Ort zu sein, um sich gemütlich zu einer kleinen Fellkugel zusammenzurollen. Nachdem wir einen Monat später das Palettensofa aufgebaut und mit reichlich Kissen und Decken ausstaffiert hatten, verließ King Hutze das Gewächshaus schließlich gar nicht mehr. Die einzige Ausnahme bildete nach wie vor die Melkzeit oder eine dringende Notdurft, derer er sich entledigen wollte, denn das tat er, zu unser aller Überraschung, nie, aber wirklich niemals im Gewächshaus. Der Kater war also in gewisser Hinsicht auf seine alten Tage noch stubenrein geworden.

Wenn wir Gäste zu Besuch hatten, die unbedingt mal den Kater mit dem Promistatus kennenlernen wollten, brauchte ich bloß das Gewächshaus anzusteuern. Denn wenn er gerade mal nicht in Sichtweite war, so lag er garantiert und absolut verlässlich irgendwo zwischen den Tomaten. Während der heißen Sommermonate machte ich mir immer wieder Sorgen um das Wohlbefinden des Katers, denn es schien ihn nicht zu stören, auch während der größten Mittagshitze, wenn die Innentemperatur trotz geöffneter Seitenfenster und Türen gut und gerne über 40 Grad betrug, im Gewächshaus zu verweilen. Es kam durchaus vor, dass er dort so fest schlief, dass ich mich vor ihm auf den Boden kniete und die Hand vorsichtig auf sein Fell legte – nur um sicherzugehen, dass er auch wirklich noch atmete und noch nicht den Hitzetod gestorben war. An besonders heißen Tagen habe ich ihm sogar den Luxus zuteilwerden lassen, ihn höchstpersönlich aus dem Dschungel hinauszubugsieren und an einem schattigen Plätzchen unter dem Apfelbaum wieder abzulegen. Doch er blickte mich nur jedes Mal verständnislos an und spazierte postwendend zurück in tropischere Gefilde. Eine Followerin schrieb mir irgendwann, dass Katzen wohl ein anderes Hitzeempfinden hätten als wir Menschen, 40 Grad seien für den Kater noch keine ernst zu nehmende Temperatur. Mit Blick auf unseren Dschungelkönig konnte ich ihr nur beipflichten.

Das Gewächshaus wurde für mich sehr schnell zu einem meiner wichtigsten Rückzugs- und Ruheorte auf dem Hof. Ich konnte Stunden damit zubringen, zwischen den Pflanzen umherzukrabbeln und jedes noch so kleine bisschen Unkraut aus der Erde zu rupfen. Der Kater war währenddessen immer in meiner Nähe, doch noch kochte jeder von uns sein eigenes Süppchen und beschäftigte sich nur wenig mit dem jeweils anderen. Der Kater schlief, ich zupfte. Doch irgendwann veränderte sich unser beider Verhalten grundlegend. Immer öfter ging mein erster Gang nach Betreten des Gewächshauses in Richtung Kater. Ich begrüßte ihn, kraulte ihm kurz das Fell und wandte mich erst dann meiner eigentlichen Arbeit zu. Der Kater wiederum ging schließlich dazu über, meine Arbeit stets eine Weile aufmerksam zu inspizieren und sich erst danach, wenn mein Tun für uninteressant genug befunden wurde, wieder zurück auf seinen vorherigen Schlafplatz zu begeben. Vielleicht ist er nur neugierig oder vielleicht hat er Angst, etwas zu verpassen. Aber vielleicht ist er auch einfach nur ein genauso großer Kontrollfreak, wie ich es bin.

Irgendwann begann ich damit, Katzenleckerlis in einem der alten Töpfe im Gewächshaus zu horten, um dem Kater einen standesgemäßen Snack bieten zu können, und wenig später gesellte sich noch eine Trinkschale hinzu. Irgendwann kehrte King Hutze nach seiner Inspektion nicht mehr auf seinen alten Schlafplatz zurück, sondern blieb bei mir und ließ sich an Ort und Stelle nieder. Der Kater und ich erinnerten mich ein bisschen an diese klischeehaften Hollywoodromanzen, in denen die Hauptcharaktere sich erst nur wenig oder gar nichts zu sagen haben und dann irgendwann, nachdem sie mehr oder minder freiwillig viel Zeit miteinander verbringen mussten, plötzlich feststellen, dass sie anscheinend doch recht gut zueinander passen. Dass sie eigentlich gar nicht mehr ohne einander sein wollen. Ja, das wären dann wohl der Kater und ich *in a nutshell.*

Seit dem Spätsommer 2022 also sind wir wie Pech und Schwefel. Wo ich bin, ist auch er – und andersrum genauso. Der Kater folgt mir auf Schritt und Tritt über den gesamten Hof, und auch im Stall beobachtet er jede meiner Arbeiten mit Argusaugen. Wenn er mir mal nicht folgt und ich für irgendeine Tätigkeit, die sich seinem Sichtfeld entzieht, länger als gewöhnlich brauche, kommt er mir hinterher und schaut, ob alles in Ordnung ist. Meist wartet er sogar, bis ich meine Arbeit erledigt habe, und begleitet mich anschließend zurück in den Stall – ganz so, als würde er mich abholen. An manchen Tagen sitzt er morgens um Punkt 6:30 Uhr auf der Holzbank neben der Haustür, empfängt mich mit erwartungsvollem Blick und begleitet mich schließlich hinunter in den Stall. Nach der Stallarbeit trennen sich unsere Wege dann zumindest vorübergehend: Ich gehe zurück ins Haus, um zu frühstücken, und er geht ins Gewächshaus, um zu schlafen.

Es dauerte natürlich nicht lange, bis Findus seinem alten Freund ins Gewächshaus folgte und den neu entdeckten Rückzugsort ebenfalls für sich beanspruchte. Leider ist der Bewegungs- und Spieltrieb bei Findus, wie bereits angedeutet, noch recht stark ausgeprägt, weshalb es den gesamten Sommer über häufig zerfetzte Blätter oder abgeknickte Basilikumstängel zu beklagen gab. Mama sagt stets: »Schwund ist immer drin« – anscheinend gilt das auch für Kater. Ich kann mir offen gestanden sehr gut vorstellen, dass die beiden Kater das Gewächshaus nicht nur für sich entdeckt, sondern irgendwie auch zu ihrem persönlichen Eigentum erklärt haben, denn nachdem Lukas' Eltern den Katzen bisher immerzu (recht erfolgreich) den Zutritt ins Haus verwehrt hatten, mussten sich die Samtpfoten nun ein anderes Reich suchen. Die Wahl fiel (vielleicht auch aus Ermangelung an ähnlich luxuriösen Alternativen) auf mein Gewächshaus. Doch das würde sich zumindest für einen der beiden Kater schon bald ändern.

Man würde wohl nicht meinen, dass sich die Mensch-Tier-Bindung auf einem Bauernhof bloß auf den Stall und den Hof beschränkt und vor der Haustür dann plötzlich haltmacht, doch genau so ist es bei uns lange Zeit gewesen. »Tiere haben im Haus nichts verloren«, pflegt mein Schwiegervater immerzu zu sagen. Selbst bei meinen beiden ehemaligen Wohnungskaninchen Hubertus und Emma, die ich bei meinem Umzug aus Jena mit nach Mörtschach gebracht hatte, war für alle Beteiligten von Anfang an klar, dass die beiden das Haus niemals von innen sehen würden. Der Hund von Freunden, die uns auf dem Hof besucht haben, durfte nur ganz ausnahmsweise und »wenn es denn sein muss« in unsere Wohnküche. Die Hausregel scheint also für alle Tiere gleich zu sein. Nur der Hund von Lukas' Tante darf ohne Diskussionen das Haus betreten, auf dem Teppich vor der Treppe schlafen und mit Frauchen und Herrchen hinauf ins Gästezimmer spazieren. Wie schrieb George Orwell in *Animal Farm* so schön? »Alle Tiere sind gleich, aber manche sind gleicher.«

Der alte Kater weiß wahrscheinlich durchaus von dieser Regel, weil ihm die Türen des Erdgeschosses oft genug mit großer Vehemenz vor der Nase zugeschlagen wurden, doch er weiß scheinbar auch, wo ich anzutreffen bin, wenn ich nicht auf dem Hof unterwegs bin. So kam es also, dass King Hutze im Spätsommer damit begann, mir kurze, heimliche Besuche abzustatten, wenn Lukas' Eltern die Hintertür zum Lüften offen stehen gelassen hatten. So konnte er unbemerkt an der schwiegerelterlichen Küche vorbei und die Treppe hinaufhuschen. Ich selbst saß gerade am Küchentisch und kümmerte mich um etlichen Papierkram, der in den Wochen zuvor liegen geblieben war, als ich im Augenwinkel etwas wahrnahm. Es war nur eine winzige Bewegung, doch ich hob den Kopf und sah den Kater, der genau auf der Türschwelle zu unserer Wohnküche saß und mich fragend anschaute. Er schien unsicher, ob die Vermessenheit, einfach so das Haus zu betreten und, dem nicht genug, auch noch ins Obergeschoss zu gehen, nun mit Schimpf und Schande bestraft würde. Doch ich beugte mich von der Eckbank herunter und flüsterte bloß: »Na komm her …«

Man könnte meinen, dass der Kater jedes Wort verstanden hatte, denn prompt trabte er über die Dielen und sprang leichtfüßig neben mich auf die Eckbank. Ich freute mich über den überraschenden Besuch und strich dem Kater sanft über den Rücken. Unglücklicherweise hatte ich weder Katzenfutter noch eines der heiß begehrten Leckerlis in meinen Küchenschränken versteckt, weswegen ich ihm rein gar nichts anbieten konnte. Doch King Hutze schien gar nichts erwartet zu haben. Er begnügte sich damit, wie eine Sphinx einige Zentimeter neben mir Platz zu nehmen und selig vor sich hin zu dösen. Eventuell war ich in diesem Augenblick ob der Anwesenheit des Fellknäuels nicht minder selig. Die Besuche des Katers wurden regelmäßiger, doch als die Türen im Erdgeschoss mit den sinkenden Temperaturen im Herbst immer häufiger geschlossen waren und sich King Hutze so keine Möglichkeit mehr bot, an den Bewohnern des Unterhauses vorbeizuschleichen, wurden sie immer weniger und blieben sehr zu meinem Leidwesen irgendwann gänzlich aus.

Anfang November verschlechterte sich mein Gemütszustand zunehmend. Es war wohl eine Mischung aus den kürzer werdenden Tagen, viel beruflichem Stress, der Tatsache, dass alle Sommerpraktikantinnen nun endgültig abgereist und wir wieder alleine waren, sowie den zwischenmenschlichen Stolpersteinen, die uns immer wieder begegneten. Ich war angespannt, fahrig, nervös und hatte die größten Schwierigkeiten damit, überhaupt irgendwie zur Ruhe zu kommen. Zeitgleich brachen Lukas' Eltern zu einem fast zweiwöchigen Urlaub auf, und wir hatten das Haus (wenn man von Lukas' ältestem Bruder absieht) nun für uns alleine.

An einem der ersten Abende begleitete uns der Kater nach dem abendlichen Melken bis zur Haustür. Er nahm in gebührendem Abstand zur Haustür Platz und beobachtete, wie wir hineingingen. Bevor ich die Tür schloss, blickte ich ihn an, und er schaute eindringlich zurück. Lukas hatte die Regelungen seiner Eltern so für sich übernommen, wie es Kinder nun einmal tun, wenn ihnen etwas oft genug gesagt wird. In den letzten Jahren hatte es für ihn auch nie einen Anlass gegeben, diese Regelungen zu hinterfragen. Bis jetzt.

»Können wir ihn nicht mit hoch nehmen?«, wandte ich mich, noch immer vor der halb verschlossenen Tür stehend, an Lukas. Doch der seufzte nur.

»Der Kater gehört nicht ins Haus. Er haart bestimmt alles voll.«

»Ich lege ihm eine alte Decke aufs Sofa, und er darf dann

eben nur dort liegen«, entgegnete ich prompt. Ich vernahm ein zweites, dieses Mal etwas länger gezogenes Seufzen.

»Er wird nicht einfach dort liegen bleiben, wo du ihn gerne hättest«, antwortete Lukas schließlich mit einem resignierenden Schulterzucken. Es war kein Nein, weswegen ich es einfach als ein Ja deutete und mir kurzerhand den Kater unter den Arm klemmte.

Zu Lukas' Überraschung blieb der Kater sehr wohl auf seiner Decke liegen, ganz so, als hätte er noch nie in seinem Leben einen anderen Platz gehabt. Binnen weniger Minuten rollte er sich zu einer rot-weißen Kugel zusammen, entschlummerte sanft und begann kontinuierlich vor sich hin zu schnarchen.

»Bei mir findest du das nie süß, wenn ich schnarche«, beklagte sich Lukas mit gespielter Entrüstung, als ich den schnarchenden Kater verklärt lächelnd betrachtete.

»Ja, weil du auch weniger wie der Kater, sondern mehr wie ein gigantisches Sägewerk klingst, aber okay!«

Schlafende Tiere zu beobachten, hat eine ganz besondere Wirkung auf den eigenen Gemütszustand. Man wird automatisch ruhiger, der stressige Alltag verblasst für einen kurzen Augenblick. Man sieht nur noch dieses Wesen und beobachtet, wie es ein- und wieder ausatmet. Der Kater ließ mich dieser Tage mit schierer Leichtigkeit zur Ruhe kommen, und dafür musste er gar nichts tun. Tatsächlich tat er während seiner Aufenthalte im Haus selten etwas anderes, als zu schlafen. Hin und wieder fraß er etwas (denn von nun an lagerte ich eine bunte Auswahl verschiedener Katzenleckereien in unserem Küchenschrank) oder veränderte seine Liegeposition ein wenig, aber sonst bewegte sich der Kater nie vom Fleck. Einmal versuchte ich, mit ihm zu spielen, und band dafür eine kleine Kugel an eine Schnur, doch der Kater begriff beim besten Willen nicht, was ich gerade von ihm wollte, und trat sofort wieder den Rückzug auf seine Decke an. Bewegung wird bei King Hutze generell nicht sonderlich großgeschrieben. Vermutlich ist das der Grund dafür, weswegen Lukas ihn auch in den nächsten Tagen anstandslos duldete. Vielleicht lag es aber auch daran, dass er wahrgenommen hatte, wie ich auf die Anwesenheit des Katers reagiere. Lukas hat wohl gefallen, was er da gesehen hat. Der Kater war im Haus und tat nichts – doch gleichzeitig tat er alles.

Meine Stimmung besserte sich über die nächsten Tage wesentlich. Ich fühlte mich im Haus weniger einsam, wenn Lukas gerade Dienst hatte oder draußen irgendwo herumwerkelte, denn fortan leistete mir der Kater Gesellschaft. Einsamkeit ist ein großes Thema für mich, denn dieses Gefühl ist in den letzten Monaten sehr präsent geworden. Einsam zu sein, hat in diesem Falle nichts damit zu tun, allein zu sein, denn offen gestanden habe ich mich immer am einsamsten gefühlt, wenn das Haus voller Menschen war. Wenn Lukas' Eltern da waren, seine Brüder und vielleicht noch die ein oder andere Verwandtschaft. Oft saßen alle zusammen in der elterlichen Küche. Lukas und ich waren schon lange kein Teil mehr davon, was irgendwie erträglich wäre, wenn wir dann wenigstens zusammen in unserer Küche sitzen würden. Doch die Tage, an denen Lukas Dienst hatte und ich allein dort oben saß, waren hart. Denn dann klopfte die Einsamkeit nicht nur vorsichtig an, sondern sie fiel mit der Tür ins Haus. Es mag nun recht dramatisch klingen, wenn ich sage, dass der Kater dieses Gefühl über weite Strecken hin zwar nicht gänzlich hat verschwinden lassen, aber es zumindest geschafft hat, dass es irgendwie in den Hintergrund gerückt ist. Dieses Tier machte (für mich) fortan einen wesentlichen Unterschied. Nur leider brachte auch diese an und für sich wirklich gute Sache gewisse Schwierigkeiten mit sich. Wie könnte es auch anders sein?

Nachdem die Schwiegereltern aus dem Urlaub zurückgekommen waren, schmuggelte ich den Kater auch weiterhin mit nach oben in unseren Wohnbereich. Eng an meine Brust gepresst und manchmal mit einem großen Pulli darüber, ja, das war der gängige King-Hutze-Transportweg in unsere Küche. Natürlich ging das nicht lange gut, denn irgendwann begegnete ich zwangsläufig Lukas' Vater im Flur. Wenn man in unseren Wohnbereich möchte, muss man zunächst durch den Flur der Schwiegereltern und (das war das eigentliche Problem) direkt an der meist offen stehenden Küchentür vorbei. Es war also nur eine Frage der Zeit, bis mir auf meinem Weg nach oben jemand entgegenkam. Lukas' Mutter verlor nie ein Wort über meinen vierbeinigen Begleiter, wobei ich offen gestanden nicht weiß, ob es ihr wirklich völlig egal war oder ob sie einfach jeder Konfrontation aus dem Weg gehen wollte. Doch Lukas' Vater war in dieser Hinsicht ganz anders gestrickt.

Er ließ mich an jenem Tag nicht kommentarlos mit dem Kater von dannen ziehen und erinnerte mich für mein Empfinden recht ungehalten daran, dass Tiere im Haus angeblich nicht gestattet seien. Wobei diese Regelung nur auf jene zuzutreffen schien, die ich mit ins Haus brachte, denn für den Hund seiner Schwester galt sie, wie bereits erwähnt, offensichtlich nicht. Ihr letzter Besuch lag erst wenige Monate zurück, und ich kann mich noch sehr gut daran erinnern, wo dieser Hund tagsüber verweilte. Spoiler: weder draußen auf dem Hof, noch in einem der Gästehäuser. »Wenn zwei das Gleiche tun, ist es noch lange nicht dasselbe« – ja, dieser Spruch kommt wohl nicht von ungefähr.

Der Kater, den ich während des gesamten Gesprächs noch immer eng an meine Brust gedrückt hatte, nahm meine Anspannung wahr und versuchte, sich aus meinem Griff zu befreien. Doch ich behielt ihn bei mir.

»Er kommt ja nachher wieder raus«, beendete ich die Diskussion und ließ meinen Schwiegervater am Fuß der Treppe stehen.

Auf in ein neues Abenteuer

Der kleine Herr Salmiak – kaum eine Stunde alt und schon frisch geduscht

Mittagssnack in der Milchkammer

Der Stier, der gehen musste, um am Ende wirklich bei uns anzukommen

Lukas und Herr Salmiak – best buddies

Kälberpopos

Schwerkelpopos

Interku(h)lturelles Ku(h)scheln

Sitting, waiting, wishing: Edna liegt in den Wehen, und wir warten gespannt auf den Nachwuchs.

Unsere kleinen »Frischlinge«

Lasse – nach einem halben Jahr trägt er auch ein Wollkleid

Das Trio Infernale: Lena, Birte und ich

Birte, Lukas und ich, wie wir Sue nach Hause holen wollen; und Sue, wie sie absolut keine Notwendigkeit darin sieht, unserem Wunsch Folge zu leisten

Heuernte 2023 – es sieht nicht ansatzweise so anstrengend aus, wie es wirklich war.

Nach getaner Arbeit kann man schon einmal den Blick über das Tal genießen.

Selina, Pflaume, Birte und ich auf der Alm

Ein kunterbunter Erntekorb

Vor dem Abendessen eine Runde im Garten »einkaufen«

Der Gemüsegarten 2022 – das erste Jahr mit dem großen Gewächshaus

Die Tomaten sind mir irgendwann über den Kopf gewachsen.

Sommer 2023 – wie viel haben wir geerntet? Alles!

Ein heißer Sommertag verlangt nach einer Abkühlung im Fluss.

Die legendäre grüne Schubkarre – der
»Kinderwagen« zahlreicher Kälber

Ronja – oder doch Dumbo?

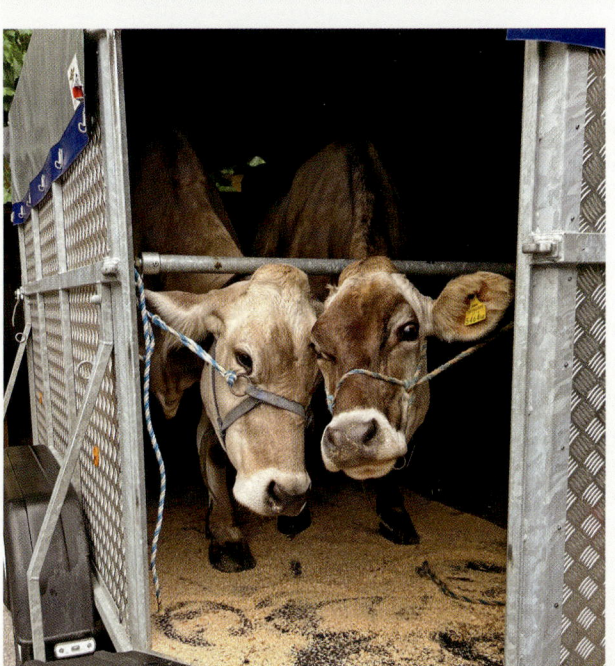

Birke und Gretel auf ihrem
Weg in ein neues Leben

Nach dem aufregenden
Transport auf die Gastalm
kehrt Ruhe ein: kollektives
Ku(h)scheln.

Primel und ihre Erstgeborene Perin – ein Herz und eine Seele.
Auch sie sind mit uns in die Steiermark gezogen.

Insgesamt gab es vier solcher Zusammenstöße zwischen Lukas'
Vater und mir. Interessanterweise waren das auch gleichzeitig die einzigen Situationen, in denen wir von November 2022
bis weit ins Frühjahr 2023 hinein mehr als »Hallo« zueinander sagten. Ich ignorierte seine ermahnenden Worte bezüglich
des Katers jedes Mal und brachte ihn weiterhin mit ins Haus.
Vielleicht sollte man erwähnen, dass sich King Hutze immer
und ausschließlich in unseren Räumlichkeiten bewegte. Er lag
nicht plötzlich bei den Schwiegereltern auf dem Sofa, sprang
auf deren Küchentisch oder machte ihnen ins Schlafzimmer.
Im Grunde bemerkten sie seine Anwesenheit gar nicht. Es
sei denn natürlich, ich wurde auf dem Weg nach oben gesehen. Wenn man das Ganze mal realistisch betrachtete, gab es
im Grunde exakt nichts, woran sie sich wirklich hätten stören
können. Außer daran, dass ich es gewagt hatte, mich meinem
Schwiegervater zu widersetzen.

Der Kater indes genoss seine Aufenthalte in unserer Wohnung sichtlich, denn der Winter war in diesem Jahr wirklich
besonders kalt. Tageshöchsttemperaturen von -10 Grad waren
nichts Ungewöhnliches, und so wartete King Hutze stets
geduldig im Kuhstall, bis wir die Melkarbeit beendet hatten,
und begleitete Lukas und mich dann bis zur Haustür. Von dort
ging es auf meinem Arm im Eilschritt hinauf in unsere Wohnung. Es wurde unsere allabendliche innig geliebte Routine. In
den ersten Wochen brachten wir ihn am späten Abend, kurz
bevor wir schlafen gehen wollten, wieder hinaus. Doch auch
das änderte sich bald.

Unsere Wohnküche ist an sich kein Raum, in dem man
wirklich seine Ruhe hat. Es kommt immer mal wieder vor, dass
Lukas' Mutter plötzlich die Tür aufreißt und sich mit irgendeinem Anliegen an uns wendet. Oder sein Bruder plötzlich
im Zimmer steht. Oder irgendwer betritt den Balkon und
winkt von draußen durchs Küchenfenster. Oder, oder, oder.
Für gewöhnlich ziehe ich mich abends in unser Schlafzimmer

zurück und schaue dort meine Serien, häkele oder spiele am Handy herum. Doch seit der Kater in der Wohnküche residierte, gab es ein nicht unerhebliches Argument, das gegen das Schlafzimmer sprach. Es sei denn, King Hutze würde sein Einflussgebiet um einen zusätzlichen Raum erweitern.

Lukas war anfangs nicht begeistert, als ich dem Kater die Tür zu unserem Schlafzimmer öffnete, doch er duldete es – wahrscheinlich mir zuliebe. Ich platzierte eine alte Holztruhe neben meiner Bettseite und stapelte einige abgenutzte Decken darauf, sodass die Liegefläche auf der Truhe genau die gleiche Höhe hatte wie die unseres Bettes. Von nun an war dies das Katerplätzchen Nummer 2. Eigentlich war ich nicht davon ausgegangen, dass King Hutze, wenn er bis auf einige wenige Stunden schon den ganzen Tag verschlief, in der Nacht wirklich Ruhe geben würde, doch genau das war der Fall. Über Wochen hinweg kam der Kater am Abend nach dem Melken mit uns ins Haus und verließ es erst in den frühen Morgenstunden wieder, wenn wir in den Stall mussten. Danach folgte er uns wieder bis zur Haustür, ließ sich hinauftragen und verweilte bei mir, bis wir spätestens am Nachmittag wieder hinausgingen. Dieser Kater wurde wahrhaftig zu meinem persönlichen Schatten. Es kam nur selten vor, dass er seine Toilettengänge nicht richtig terminiert hatte und am späten Abend doch noch einmal hinauswollte. Das Konzept des Katzenklos war ihm natürlich völlig fremd, und er machte auch keine Anstalten, sich auf die eigens für ihn errichteten Sanitäranlagen in unserer Wohnung einzulassen. Anstatt sich im Katzenklo zu erleichtern, kuschelte er sich lieber hinein und tat das, was er am besten konnte: schlafen.

Obwohl Lukas sich gegen den neuen Hausgast zu Beginn noch recht vehement gesträubt hatte, wurde der Kater irgendwann auch ihm eine sehr willkommene Gesellschaft. Wenn ich mal kurz (vermeintlich) nicht hinsah, hockte sich Lukas vor den schlafenden Kater und strich ihm andächtig über den Kopf. Nach außen hin mimte Lukas die größte Entrüstung, wenn King Hutze es wagte, sich auf seinem Schoß niederzulassen. Doch selbst Lukas wusste, trotz der gespielten Empörung, dass man einfach nicht Nein sagen kann und darf, wenn eine Katze einem auf den Schoß springen möchte.

Spätestens im Februar, als ich beruflich bedingt einige Tage verreist war, konnte Lukas seine Begeisterung über den neuen Hausgast nicht mehr leugnen. Allabendlich erreichten mich Selfies von ihm und seinem vierbeinigen Besuch: Lukas und der Kater auf dem Sofa, Lukas und der Kater auf der Sitzbank und ja – auch Lukas und der Kater im Schlafzimmer. Mein Freund war offensichtlich dazu übergegangen, King Hutze auch dann mit ins Haus zu nehmen, wenn ich nicht da war. Als es irgendwann so weit kam, dass Lukas von sich behauptete, der Einzige zu sein, der den Kater am Abend zur Ruhe bringen könne und es sogar duldete, dass dieser am Fußende seines Bettes nächtigen durfte, konnte ich nur noch grinsen. Selbst Lukas' Sticheleien darüber, dass der Kater seine Seite des Bettes offensichtlich der meinigen vorzog, ließen mich gänzlich unbeeindruckt.

Damals wie heute genieße ich die Anwesenheit des Katers in vollen Zügen. Er gehört mittlerweile schon fast zum Inventar, und auch wenn seine Besuche in den Sommermonaten etwas seltener wurden, blieben sie doch nie gänzlich aus. Manchmal steckte ich ihn wieder unter meinen Pullover und brachte ihn nach oben, und manchmal stand Lukas mit ihm in unserer Küchentür. Es war im Grunde ein unausgesprochenes Agreement zwischen Lukas und mir, dass King Hutze nun ein dauerhaftes Bleiberecht in unseren vier Wänden genoss – wenngleich mein Freund bis heute darauf pocht, dass der Kater ja »nur wegen mir« in der Wohnung sei. Eine Schuld, die ich gerne auf mich nehme. Vor allem mit dem Wissen im Hinterkopf, dass nicht *ich* diejenige war, die schließlich eine Katzenklappe für das Gewächshaus bestellt hat. »Nur für den Fall, dass wir mal nicht zu Hause sind.«

Ja, manche Bindungen brauchen Jahre, um zu wachsen. Doch manchmal entsteht daraus letztlich etwas ganz Besonderes. In unserem Falle wohl die unkomplizierteste und anständigste *ménage à trois*, die die Welt je gesehen hat.

How to handle Mölltal

Über senkrechten Haussegen, Dorftratsch und
das Frau-Sein auf dem Land

Jahreswechsel 2022/2023

Der Kater machte für mich vieles wieder gut, doch letztlich
konnte er auch nichts daran ändern, dass sich die Lage im
Haus Ende des Jahres 2022 sogar noch einmal zuspitzte. Denn
auch fast ein Jahr nachdem Lukas und ich den Hof und die
Stallarbeit übernommen hatten, gab es keine konkreten Pläne,
wie es in naher Zukunft mit der Landwirtschaft weitergehen
würde. Würde Lukas den Hof nach diesem ersten Wirtschafts-
jahr im Januar nun offiziell pachten dürfen? Würde sein Vater
ihm die Landwirtschaft schließlich komplett übergeben, sodass
wir endlich eine gewisse Sicherheit darüber hätten, wie unser
Leben in den nächsten zehn, zwanzig Jahren wohl aussehen
würde? Im Dezember 2022 stand all das noch in den Sternen.
Als wir mit der Bewirtschaftung des Betriebs begonnen hatten,
hatte Lukas' Vater zunächst darauf insistiert, dass er erst einmal
schauen wollte, wie der Betrieb unter unserer Aufsicht funktionierte. Ob die Sache mit den Patenschaften wirklich Hand und

Fuß haben würde oder nur eine idealistische Spinnerei war, ob wir vernünftig wirtschaften könnten, ohne dabei den Betrieb in den Ruin zu stürzen, und letztlich vermutlich auch ein Stück weit, ob wir die Arbeit denn so verrichteten, wie er es gerne hätte. Einen Teil seiner Bedenken konnte ich anfangs durchaus nachvollziehen, doch nachdem diese auch nach unserem ersten Jahr nicht weniger, sondern gefühlt eher mehr wurden, begann ich, ungeduldig zu werden. Wir hatten dieses erste Jahr wahnsinnig gut gemeistert. Wenngleich wir im Frühjahr dank der steigenden Preise und der vielen kranken Kühe wirklich kurz vor dem Abgrund gestanden hatten, so wendete sich das Blatt im Verlauf des Sommers doch noch zum Guten. Nicht alles lief perfekt, sicherlich, aber es gab eigentlich nichts, was man uns vorwerfen könnte. Zumindest nichts, das es rechtfertigen würde, eine Pacht oder eine Übergabe stets weiter hinauszuzögern. Lukas fixierte den 15. Januar 2023 als den Tag, an dem eine Entscheidung gefällt werden müsse oder es zumindest einen Plan geben sollte, denn an diesem 15. Januar würden wir den Betrieb genau ein Jahr lang bewirtschaften. Doch dieses Datum rückte nun immer näher, ohne dass es richtungsweisende Gespräche über die Zukunft des Hofs gab.

Die Ungewissheit machte mich schier wahnsinnig. Einerseits wusste ich, dass der Weg für Lukas nur in eine Richtung gehen konnte, wenn sein Vater ihm eine Übergabe oder selbst eine Pacht versagen würde: Wir würden den Hof verlassen. Andererseits wollte ich dieses Leben an diesem Ort noch immer. Ich wusste, dass Lukas und ich all diese Herausforderungen meistern könnten – zumindest jene, die sich nicht auf zwischenmenschliche Differenzen bezogen. Denn in dieser Hinsicht waren wir mit unserem Latein langsam am Ende. Die Verbitterung über sämtliche Konflikte, die sich in der Vergangenheit angehäuft hatten, wuchs stetig, dabei war ein Vergeben und Vergessen schier unmöglich, da keine einzige Auseinandersetzung je wirklich von Grund auf bereinigt wurde. Stattdessen verfolgte man lieber eine Politik des »Gras über die Sache wachsen«-Lassens. Unglücklicherweise konnte das Gras jedoch nie wirklich anfangen zu wachsen, da ununterbrochen ein weiterer Haufen Mist hinzukam, der selbst den winzigsten Grashalm im Keim erstickte.

Weihnachten verging, Neujahr zog vorüber, und der 15. Januar rückte näher und näher. Mittlerweile kam der immer kürzer werdende Geduldsfaden von Lukas noch erschwerend hinzu. Man sollte dabei erwähnen, dass ich keinen Menschen kenne, der so viel Geduld besitzt wie Lukas. Besagten Geduldsfaden könnte man wohl zweimal um den Erdball wickeln und hätte am Ende trotzdem noch genug Garn übrig, um eine formidable Schleife zu binden. Doch unsere Situation und unser Leben kürzten diesen Faden immer weiter ein. Das führte dazu, dass Lukas – der bisher mit Widerworten und Aussagen, die einen Konflikt womöglich nur befeuern würden, wirklich gut gehaushaltet hatte – mit seinen Gedanken nicht mehr groß hinterm Berg hielt. Dieses Verhalten schien für alle Familienmitglieder ein absolutes Novum zu sein und es wäre wohl gelogen, wenn ich sagte, dass auch ich nicht das ein oder andere Mal überrascht von seinen Reaktionen war. Doch das spielte keine Rolle, denn die Interpretation von Lukas' Gebaren führte seine Familie offensichtlich zu dem vermeintlich naheliegenden Grund, dass ich es sein musste, die ihn so aufstachelte. Die dafür sorgte, dass er und seine Eltern immer weiter auseinanderdrifteten und sich der Konflikt immer mehr verschärfte. Es schien mir fast, als sei für alle Beteiligten ausnahmslos ich die treibende Kraft dahinter. Man kann es glauben oder nicht, aber tatsächlich war eher das Gegenteil der Fall. Ich drängte Lukas zwar dazu, die Zukunft des Hofs und damit auch unsere eigene zu klären, doch gleichzeitig versuchte ich, ihn bisweilen eher zu beschwichtigen, als anzustacheln. Aber das spielte keine Rolle. Lukas wurde in seinem Tun und Handeln schlicht und ergreifend nicht ernst genommen. Und das machte ihn immer wütender.

Wir befanden uns also in einer Art Teufelskreis und fieberten dennoch auf den 15. Januar hin. Unseren persönlichen Tag X. Tatsächlich geschah das, was ich insgeheim schon länger befürchtet hatte – nämlich gar nichts. Der 15. Januar verging wie jeder andere Tag, und ehe man sich's versah, war plötzlich schon der 16. Januar. Es gab keine Lösung, keinen Plan, keine Perspektive. Ich hatte mittlerweile den Punkt erreicht, an dem mir fast schon egal war, wie der Plan aussah. Wesentlich war nur noch, überhaupt einen zu haben und nicht wie in einem luftleeren Raum vor sich hin zu dümpeln und keine Ahnung zu haben, was als Nächstes passieren wird. Lukas erging es kaum anders. Bei dem Gedanken daran, dass das hier nun für immer mein Leben sein würde – in diesen vier Wänden, unter den Blicken der Schwiegereltern und mit all den Nebenkriegsschauplätzen –, machte sich nur noch blanke Panik in mir breit. Mein Fluchtreflex (und ehrlich gesagt wusste ich bis dato nicht einmal, dass ich überhaupt einen solchen besitze) wurde stärker und stärker. Nur wie? Und wohin?

Der Hauptgrund für all diese Streitereien und den Generationskonflikt, der wie ein Damoklesschwert über unseren Köpfen schwebte, war letztlich wohl das mangelnde Verständnis für den jeweils anderen. Und da nehme ich Lukas und mich in keiner Weise aus. Alle haben ihren Beitrag geleistet – die einen mehr, die anderen weniger. Doch es gibt noch eine weitere, (für mich) unsichtbare dritte Partei, die am Ende des Tages auch einen nicht unerheblichen Beitrag zu unserer Gesamtsituation und der weiteren Entwicklung der Lage geleistet hat: den Dorftratsch.

Eigentlich ist in der ganzen Familie hinlänglich bekannt, dass in einem Dorf (und das gilt für Mörtschach wie auch für jedes andere) viel geredet wird, wenn der Tag lang ist. Meistens ist an dem, was so getratscht wird, nicht ein Funken Wahrheit dran. Lukas weiß das, ich weiß das – und seine Eltern wissen das (eigentlich) auch. Und dennoch haben es einige wenige

Dorfbewohner:innen geschafft, aus der Ferne den schiefen Haussegen zu einem beinahe senkrechten Haussegen geraten zu lassen. Man berichtete meinen Schwiegereltern brühwarm, was ich (angeblich) im Internet über sie geschrieben hätte, wie ich sie (angeblich) vor aller Welt durch den Dreck ziehen und (angeblich) öffentlich an den Pranger stellen würde. Und das ist noch eine recht milde Umschreibung dessen, was an Falschinformationen kursierte. Ich verunglimpfte (angeblich) den ganzen Betrieb, ich ließ mich (angeblich) von Lukas aushalten und war unterm Strich betrachtet die (vermeintliche) Ursache allen Übels auf dem Hof. Das große Problem bestand jedoch darin, dass Lukas' Eltern all diese Dinge glaubten. Es war völlig einerlei, ob ich alles leugnete und noch darauf bestand, dass man mir bitte entsprechende Passagen vorlegen möge oder einfach gar nichts dazu sagte – die Wahrheit war gesetzt. Und zwar von einigen wenigen Menschen, die scheinbar nichts Besseres zu tun hatten, als noch Salz in eine bereits klaffende Wunde zu streuen. Ab einem gewissen Punkt habe ich diesen Umstand als sehr bedrohlich empfunden, ja fast schon gefährlich. Wenn alles geglaubt wurde, was man den Schwiegereltern so auftischte, ja, dann könnte man das Allerschlimmste von mir behaupten, und ich hätte keine Möglichkeit, irgendetwas davon zu widerlegen.

Wenn Lukas und ich auf irgendwelchen Dorfveranstaltungen unterwegs waren, wurden wir sehr häufig angesprochen – und zwar im besten Sinne. Man hegte Bewunderung für das, was wir taten und wie wir es taten, man zeigte Verständnis für Generationskonflikte und berichtete im selben Atemzug von den eigenen, man wünschte uns viel Glück und drückte die Daumen für eine erfolgreiche Zukunft. In den meisten Fällen kam dieser Zuspruch eher von jungen Menschen, was in letzter Instanz den Verdacht nahelegt, dass die Unruhestifter:innen wohl eher zu den Urgesteinen Mörtschachs gehören. Nachdem Lukas an einem Abend mit dem Roten Kreuz eine relativ große Veranstaltung im Nachbardorf betreut hatte und dort über den Abend verteilt mit Sicherheit von rund zehn Personen mit lobenden Worten angesprochen wurde und dabei absolute Rückendeckung erfuhr, sagte er zu mir: »Weißt du, ich glaube, dass die meisten Menschen nichts gegen uns haben – im Gegenteil. Die Mehrheit im Dorf stärkt uns immer und immer wieder den Rücken. Ich vermute, dass es nur ganz wenige sind, die uns nichts Gutes wollen. Nur leider bekommen wir diese wenigen viel mehr zu spüren als die vielen anderen.«

Ja, es waren wohl wirklich nur einige wenige – doch diese paar Menschen richteten mehr als genug Schaden an. Manchmal braucht es eben nur einen kleinen Tropfen, um ein Fass zum Überlaufen zu bringen. Und die Oberflächenspannung unseres Haus-Fasses kam langsam wirklich an ihre Grenzen.

Ich kann es mir nicht nehmen lassen, einen Teil des Konflikts auf die Tatsache zurückzuführen, dass ich nicht so recht in das Bild einer braven jungen Frau hineinpasse, das man hier im Allgemeinen hat. Von außerhalb in ein kleines Dorf irgendwo in den Bergen zu ziehen, ist schon so eine Sache – doch als Frau in diesen Hofkosmos hineinzuplatzen und dabei nicht zu allem Ja und Amen sagen, ist die andere Sache. Denn das Frauenbild und die Vorstellung darüber, wie man sich als Frau zu verhalten hat, ist auf dem Land manches Mal wohl irgendwo in den späten Fünfzigern stehen geblieben.

Während man in Wien, München und Berlin immerhin schon darüber debattiert, ob das Gendern den Niedergang der deutschen Sprache darstellt, hält man es auf dem Land zumeist noch etwas einfacher. Wäsche waschen, putzen und ganz allgemein der Haushalt selbst scheint hier noch klares Hoheitsgebiet der Frau zu sein, weshalb ein Staubsauger in Männerhänden zur Entrüstung von so manch älterem Semester führen kann – männlich wie weiblich. Tradition und Brauchtum werden hier großgeschrieben; und die Tradition besagt schließlich, dass die Dinge schon immer so gewesen sind. Abgesehen davon ist der Haushalt ja im Grunde auch eher ein Hobby der Frau als wirkliche Arbeit, oder?

Die antiquierten Rollenzuschreibungen werden von beiden Geschlechtern ohne viel Aufhebens oder gar Hinterfragen bedient und befeuert. Es ist daher absolut selbstverständlich, dass stets *ich* angesprochen werde, wenn es darum geht, den Treppenaufgang zu saugen oder die gemeinsame Wäscheleine von Lukas' und meiner Wäsche zu befreien. Niemals käme es hier jemandem in den Sinn, diese Aufforderung an Lukas zu richten. Das zeigt die Grundproblematik genau genommen recht eindrucksvoll: Das »traditionelle Rollenverständnis« von Mann und Frau steht nicht bloß auf der Tagesordnung, es wird zu allem Übel noch munter von Generation zu Generation weitergereicht. Weshalb sollten Söhne selbst im Erwachsenenalter den Rundum-Service der Mutter hinterfragen, wenn er doch so bequem ist und die Mutter all das doch so »gerne macht«? Warum sollten sich Frauen aus ihrer Rolle lösen (wollen), wenn diese durch die ominöse »Tradition« begründet wurde, die man ebenso wenig hinterfragt? Und zu allem Überfluss die teils misogynen Verhaltensformen noch von der Mutter an die Tochter weitergereicht werden? Wenngleich das Patriarchat niemals erwähnt wird, so ist es auf dem Land doch allgegenwärtig. Das fängt bei den barbusigen Postermodels und dem »Jungbäuerinnenkalender« in den hiesigen Autowerkstätten an, zieht sich über diverse Aufgaben, für deren Verrichtung man scheinbar im Besitz eines Penis sein muss (und andersherum jene Aufgaben, bei denen selbiger scheinbar absolut und unwiderruflich im Weg ist), und findet seinen traurigen Höhepunkt schließlich in all dem, was Frau jeden Tag begegnet.

Ich habe irgendwann aufgehört zu zählen, wie oft man sich weigerte, mit mir zu sprechen und darauf bestand, »den Chef« zu holen, denn schließlich scheint es ein Ding der Unmöglichkeit zu sein, dass auch Frau eine adäquate Auskunft zu geben vermag. Weibliche Körper werden jederzeit, überall und ständig kommentiert und bewertet – ungefragt, versteht sich. Sexistische Witze (und vor allen Dingen jene, die niemand hier auch nur im Ansatz als solche versteht) sind an der Tagesordnung. Sie kommen von jenen Männern, von denen man sie fast schon erwartet, aber eben auch von einigen, bei denen man mit einem solchen Niveau zum Beispiel aufgrund ihrer politischen Stellung gar nicht gerechnet hätte. So mancher Mann zieht in Abwesenheit seiner Partnerin in einer Gehässigkeit über sie her, dass man sich bisweilen schon fragen kann, ob das Konzept Liebe in gewissen Seitentälern überhaupt angekommen ist. Und in dem ein oder anderen Gespräch mit einem männlichen Konterpart habe ich mich schon ernsthaft gefragt, ob es technisch überhaupt möglich ist, auch nur einen einzigen Satz auszusprechen, ohne dabei unterbrochen zu werden.

Das Frustrierende daran? All diese Dinge bleiben unkommentiert. Entweder weil es die Menschen nicht besser wissen (wollen) oder aus Furcht davor, mit einer Meinung, die nicht dem standardmäßigen Tal-Tenor entspricht, aufzufallen oder anzuecken. Deshalb lässt man es lieber beim vierten oder vierzehnten Bier (wer zählt da schon so genau mit) dabei bewenden, das bestehende Gedankengut weiter zu füttern und sich ja nicht aus der eigenen Komfortzone zu bewegen. Denn am Ende hält Mann womöglich noch einen Staubsauger in der Hand.

Ja, ich beschreibe das Leben und das hiesige Verhältnis von Männlein und Weiblein hier auf eine Art und Weise, die man beinahe schon humoristisch-sarkastisch nennen könnte, und *ja*, mit Sicherheit sind *nicht alle Männer* so, das mag schon sein. Doch nichtsdestotrotz sind *zu viele* Männer so. Das führt dazu, dass ich bei wirklich wichtigen Angelegenheiten mittlerweile grundsätzlich erst einmal Lukas vorschicke, da ich nicht weiß, wie mein Gegenüber auf eine Frau reagieren würde. Eine Deutsche noch dazu. Und damit wären wir bereits beim zweiten von mindestens drei Punkten, die mich in so mancher Situation hier katastrophal ins Aus schießen und für alles Weitere in Gänze disqualifizieren: Einerseits stellt das Frau-Sein an sich schon ein nicht zu unterschätzendes Erschwernis dar, doch dann kommt zu allem Überfluss noch das Deutsche-Sein hinzu und *last, but not least* habe ich weder eine landwirtschaftliche Ausbildung genossen, noch bin ich auf einem vergleichbaren Betrieb geboren. Und als ob all das noch nicht schlimm genug wäre, stelle ich auch noch das System infrage, komme mit neuen Ideen um die Ecke und mache da »diese Sachen im Internet«. Kein Wunder, dass ich anecke.

Man könnte mir bei diesen Zeilen natürlich auch vorhalten, dass ich selbst pauschalisiere, Klischees bediene und in die andere Richtung verurteile, doch ich benenne hier nichts, was ich in den letzten Jahren nicht (regelmäßig) selbst erlebt habe. Es hat beinahe drei Jahre gedauert, bis einer von Lukas' Brüdern mich nicht mehr mit »*die Deitsche*« angesprochen hat. Aus Spaß, versteht sich. Wenn man als Bedienung im Campingrestaurant mit »Süße« oder »Mäuschen« angesprochen wird, entsetzt das hier niemanden. Und manch anderer Restaurantbesitzer hält es für allgemein belustigend, einem bei einer Umarmung unter die Jacke zu greifen und den BH-Verschluss zu öffnen. Als ich wegen eines Wohnungsinserates bei dem entsprechenden Makler anrief, wurde mir von diesem direkt mitgeteilt, dass ich »hier aber nicht hergehöre«. Mit Bedauern teilte man mir also mit, dass die Warteliste der potenziellen Interessenten schon so lang sei, dass meine Chancen recht gering wären. Schließlich gelte hier der Leitsatz: Wer zuerst kommt, mahlt zuerst. Lukas, der keine fünf Minuten später dort anrief und im tiefsten Mölltaler Dialekt nach einem Besichtigungstermin fragte, wurde sogleich für den nächsten Tag in besagte Wohnung eingeladen. Ein Schelm, wer Böses dabei denkt.

Nach vier Jahren in diesem Tal bleibt in erster Linie Frust übrig. Frust darüber, dass für alle auch nur ansatzweise feministischen Themen derart wenig Verständnis da ist, sich in den

Köpfen vieler Menschen einfach absolut gar nichts bewegt und der Horizont manches Mal nicht über den nächsten Bergkamm hinauszureichen scheint. Man muss sich ständig und überall auf die Hinterbeine stellen, mit der Faust auf den Tisch schlagen und für die eigenen Bedürfnisse einstehen – und ganz ehrlich? Das ist extrem anstrengend und ermüdend, und manchmal habe ich darauf einfach keine Lust mehr. Dieser andauernde Kampf und das mangelnde Verständnis vieler gehört daher offen gestanden auch zu den Gründen, weswegen das Thema Kinder für mich derzeit einfach kein Thema ist: Frau sein ist hier die eine Sache, aber Frau *und* Mutter sein möchte ich mir unter diesen Umständen nicht einmal vorstellen.

Es ist ein Marathon, den man hier zurücklegen muss. Und manchmal muss ich mich dabei selbst an die wesentlichen Dinge erinnern, die ich in so manch kruder Dorfdebatte bisweilen aus den Augen verliere: Ich muss nicht nett sein, nur weil es anderen besser in den Kram passt. Ich muss nicht Ja und Amen sagen, nur damit ich nicht anecke. Ich muss auch nicht aufpassen, dass ich es mir mit meiner vorlauten Art nicht verscherze, und es ist mir egal, dass diese Eigenschaft als unattraktiv eingestuft wird. Ich muss nicht lächeln, weil mich andere dazu auffordern. Meine Wut und meine Tränen sind kein Produkt von emotionaler Unzulänglichkeit oder gar meiner Monatsblutung. Ich bin nicht zu zart besaitet für die Realität, und ich brauche auch keine Erklärungen von (alten, weißen) Männern, wie ich meinen Job zu machen habe. Vor allem dann nicht, wenn es Erklärungen sind, die man nur als Frau zu hören bekommt. Es ist mir völlig egal, wenn mir jemand sagt, dass ich meinen Körper doch nicht in solch großen Pullovern verstecken müsse. Oder dass ich mich mal zurechtmachen könnte. Ich brauche kein Mitleid, kein gut gemeintes Schulterklopfen, keine Anerkennung meines Tuns auf Basis einer Abwertung anderer Frauen gegenüber (Stichwort Powerfrau vs. Püppchen) und schon gar keine Attribute wie sexy, hübsch oder brav. Brav scheint hierzulande sowieso das höchste aller lobenden Worte zu sein, die man als Frau zugeschrieben bekommen kann. Ich kann das alles nicht mehr hören, ehrlich.

Sich mal auf Augenhöhe miteinander austauschen, ein bisschen ernst gemeinte Anerkennung, das wäre hingegen mal ganz nett. Dann müsste ich auch nicht so laut sein, um gehört zu werden. Doch bis dahin ist es im Mölltal wohl noch ein verdammt langer Weg.

Und ich bin mir offen gestanden mittlerweile nicht mehr sicher, ob ich dafür überhaupt die richtigen Schuhe anhabe.

Chickago Care

Pension statt Pfanne

Februar 2023

Mein erstes Buch schloss ich 2020 mit dem Kapitel »…und dann werden wir gemeinsam alt und grau«. Ich träumte davon, für ausgediente Milchkühe oder vermeintlich unnütze Stierkälber irgendwann einen anderen Weg einschlagen zu können als ebenjenen, den man sonst auf einem Bauernhof zu gehen pflegt. Die Rede war von Pensionistenkühen, einer Vereinsgründung, Kuh-Kuschelkursen und Hofführungen. Wir hatten ein ganzes Potpourri an Plänen und Ideen, doch es sollte noch eine ganze Weile dauern, bis wir zumindest einen Teil davon umsetzen konnten. Es hat dieses erste Jahr gebraucht, damit so manche Idee (und wir gleich mit) wachsen konnten. Immerhin kann ich nun aus voller Überzeugung sagen, dass das, was lange währt, am Ende wirklich gut wird. Aber fangen wir von vorne an.

Der Traum von einem gemeinnützigen Verein wurde auf der Prioritätenliste zunächst ein ganzes Stück nach hinten verschoben. Wir wollten uns den bürokratischen Aufwand schlicht und ergreifend (noch) nicht antun, wenn wir nicht einmal wussten, ob wir auf dem Hof eine Zukunft haben würden. So begnügten wir uns also nach und nach mit einigen kleineren Schritten und Projekten, die für uns (und so manches Tier) unterm Strich doch eine ganze Menge bewegten. So begann ich Ende 2021 damit, mir verschiedene Workshop-Konzepte zu überlegen, die ich im kommenden Sommer interessierten Besucher:innen anbieten könnte. Der komplette Erlös hierfür würde in unsere Kuhkasse (auch eine Neuheit auf unserem Hof) fließen, und das Geld darin sollte einzig und allein dafür genutzt werden, der ein oder anderen Seele, die wir trotz der Tatsache, dass sie uns rein wirtschaftlich nichts mehr brachte, weiterhin ein gutes Leben auf unserem Hof zu ermöglichen. Hier dachten wir ganz besonders an Oma Primel und ab Mai 2022 dann auch an Herrn Salmiak. Dabei waren Lukas und ich die Einzigen, die das Workshop-Projekt einigermaßen optimistisch angingen, denn natürlich hatte niemand sonst daran geglaubt, dass die Kuhschel-Programme hier, in diesem entlegenen Tal in den Bergen, Anklang finden würden. Doch es stellte sich schnell heraus, dass das auch gar nicht nötig war, denn unsere Kursteilnehmer:innen kamen von überall her. Einige nahmen die Kurse als Anlass dafür, hier in der Gegend ihren Urlaub zu verbringen, andere wiederum machten nach ihrem Italien- oder Kroatien-Aufenthalt einen kleinen Umweg und legten einen kurzen Stopp bei uns ein. Und wieder andere nahmen rund 600 Kilometer Fahrt auf sich, übernachteten in einem Gasthof im Ort, streichelten tags darauf unsere Kühe und traten anschließend wieder den Heimweg an. Es kamen Menschen aller Altersstufen – die jüngste Teilnehmerin war gerade mal fünf Jahre alt, die älteste 72. Einige kamen aus der Stadt, manche vom Land (und wussten ihrer Aussage zufolge trotzdem nicht so recht, wie Kühe eigentlich »von Nahem« aussehen), und wieder andere (wenige) kamen aus der Landwirtschaft und waren neugierig darauf, die »Nutztiere« mal von einer anderen Seite kennenzulernen. Unsere Workshop-Programme tragen Namen wie *Kleines Kuhscheln* (mit den »kleinen Kühen« aka Kälbern), *Großes Kuhscheln* (mit den Milchkühen) oder auch *Fellness-Deluxe* (wildes Kuhscheln mit allen). Dazu gibt es noch das *Mitmachmelken*, bei dem der Name Programm ist, einen Blick hinter die Kulissen einer Landwirtschaft im Rahmen einer Hofführung und einen Kurs, der sich *Auf Tuchfühlung* nennt. In meinen Augen ist das vielleicht sogar der wichtigste Workshop in unserem ganzen Programm, denn hier geht es darum, Menschen, die (panische) Angst vor Kühen haben, wieder ein wenig neues Vertrauen in sich und die Tiere zu vermitteln. *Auf Tuchfühlung* ist daher der einzige Kurs, den wir ausnahmslos in einer 1:1-Betreuung absolvieren.

Die Angst vor Kühen hat oftmals ganz unterschiedliche Ursachen. Das kann eine unglückliche Begegnung mit einer Kuh sein, grundsätzliches Misstrauen gegenüber großen Tieren oder etwas ganz anderes. Manchmal wussten die Teilnehmer:innen auch schlicht und ergreifend gar nicht, worauf ihre Angst eigentlich gründet. Zu Lukas und meiner Überraschung brauchte es in den meisten Fällen überhaupt nicht viel, um das Eis zwischen Mensch und Kuh zu brechen. Eine Teilnehmerin hatte sich beispielsweise kaum mehr über die Wanderwege auf den Almen getraut, weil sie die Körpersprache der Kühe nicht so recht zu deuten wusste und ihr daher jede noch so kleine Bewegung bedrohlich vorkam. Hier fungierten wir im Grunde nur als Dolmetscher und »übersetzten« etwa anderthalb Stunden lang jede einzelne Bewegung unserer Kühe. Die junge Frau begriff recht schnell, dass vieles, das auf sie bedrohlich wirkte, nur auf die unbändige Neugier der Mädels zurückzuführen war. Außerdem erklärten wir ihr, wie sie sich durch ihre eigene Körpersprache Respekt verschaffen und die Tiere auf Abstand halten konnte. Zufrieden lächelnd und mindestens drei Zentimeter größer verließ sie uns wieder. Ein anderes Mal war eine Mutter mit ihrer Tochter da. Das Kind war sechs oder sieben Jahre alt und hatte derartige Angst vor Kühen, dass sie sich nicht einmal mit ihrer Mama auf die Weide traute. Sie stand vor dem Weidezaun, weinte bitterlich, und in diesem Moment hatte ich ehrlich gesagt selbst so meine Zweifel, ob das hier funktionieren würde. Zwei Stunden später lag das Mädchen *auf* Rehsi, die sich gerade zum Wiederkäuen in die Sonne gelegt hatte, und weigerte sich vehement, die Kuh wieder zu verlassen. Als wir die Weide dann doch irgendwann hinter uns ließen, schaute sie wehmütig über die Schulter und wandte sich an ihre Mutter: »Mama, wann kommen wir wieder?«

Es war einfach grandios. Die Kurse kamen gut an, und zu unser aller Glück gab es immer mindestens eine Kuh, die an besagtem Tag gerade wahnsinnig viel Lust auf Streicheleinheiten hatte. Und selbst wenn die Stimmung bei den Mädels mal nicht so optimal war, gab es ab dem zweiten Workshop-Sommer ja auch noch eine liebestolle Horde Schwafe zu beglücken. Einem Schwaf muss man praktischerweise bloß einmal über den Bauch streicheln, und schon lässt es sich wie ein nasser Sack auf die Seite kippen und bleibt ganz still liegen, damit die streichelnde Person den Bauchspeck problemlos kraulen kann. Wir scherzten immerzu mit den Teilnehmer:innen und sagten, dass sie ihre Aufgabe erst dann gut erledigt hätten, wenn am Ende alle Schwafe »am Boden« sind. Die meisten erfüllten diesen Auftrag mit Leichtigkeit. Alles in allem lief es also genau so, wie wir es uns erhofft hatten. Von Anfang Mai bis spät in den September hinein waren wir praktisch ausgebucht, denn mehr als einen, in Ausnahmefällen auch mal zwei Kurse pro Woche konnten wir aus Mangel an Zeit leider nicht anbieten. Im Spätsommer des Jahres 2022 meldeten sich zudem schon die ersten Interessent:innen für das darauffolgende Jahr.

»Ist dir klar, dass wir gerade in Begriff sind, etwas zu schaffen, das uns hier absolut niemand zugetraut hat?«

Lukas grinste bloß und antwortete: »Ja, und das ist erst der Anfang.«

Er sollte recht behalten, denn im Februar 2023 erreichten wir den nächsten Meilenstein. Und daran waren indirekt unsere gebärfreudigen Schwafe Frieda und Edna schuld: Nachdem aus zwei Schweinen binnen kürzester Zeit mal eben neun Schweine wurden und wir trotz aller Bemühungen niemanden fanden, der uns einige der Schwerkel abnehmen wollte (und für sie – das war die Bedingung – kein One-Way-Ticket in die Gefriertruhe lösen würde), blieb ich also auf meiner wilden Wollschwein-Rotte sitzen. Ich rutschte jedes Mal nervös auf meinem Stuhl umher, wenn Lukas mich daran erinnerte, dass ich mir »etwas« für die Schweine überlegen müsste.

Nach wie vor stand die Idee eines Patenschaftprojekts im Raum, denn nebst den Wollschweinen gab es seit vergangenem Jahr bekanntermaßen ja auch dieses gewisse Stierkalb namens Herr Salmiak und die betagte Kuhdame Oma Primel, die hier »einfach so« ihr Leben lebten. Wenn man es so wollte, hatten wir also gleich elf Tiere, die es zu finanzieren galt, denn diese Menge an Vierbeinern sprengte nun wahrlich jedes Hobby- haustier-Budget, und die Einnahmen der Kuhschelkurse konn- ten den Unterhalt leider nicht allein stemmen. Gezwungener- maßen und irgendwie auch aus Mangel an Alternativen gingen wir also endlich das Thema Tierpatenschaften an. Wochen- lang verbrachten wir unsere Abende mit Brainstorming und Recherche. Wir entwickelten Pläne und verwarfen sie gleich wieder, kontaktierten Lebenshöfe und befragten sie nach ihrem Vorgehen, starteten Umfragen in meiner Instagram-Commu- nity und verdrängten dabei stets die Angst davor, dass das Pro- jekt möglicherweise floppen könnte. Wir wurden bei alledem tatkräftig von unseren Freunden Michael und Justina unter- stützt, und trotzdem sahen wir an manchen Tagen den Wald vor lauter Bäumen nicht mehr.

Mitte Februar wuchs »das Team« auf gewisse Weise auf rund 55 000 Menschen an, denn wir hatten uns bei vielen Dingen einfach die Community an Bord geholt. So schaffte es Vanessa, eine meiner Followerinnen, all meine Ideen und Wünsche letztlich in ein wunderschönes Logo für uns zu verwandeln, das fortan unsere Urkunden, Mailsignaturen und auch unseren neu gegründeten Instagramkanal *Chickago Care* schmücken würde. Auch der Name des Projekts stammt aus der Community, denn hier hatte ich nach ganz konkreten Namensvorschlägen für ein Patenschaftsprogramm gefragt. Die Patenschaftsurkunden stammen von Jan, meinem Ansprechpartner für sämtliche grafische und gestalterische Belange (ebenjener Jan, der auch die Cover meiner Bücher sowie das Layout des Kuhlenders entworfen hat). Hinzu kamen noch die Zeichnungen von Marie, die ebenso an meinen Büchern sowie dem Kuhlender beteiligt war. Aus einem ehemaligen Hirngespinst, einer waghalsigen Träumerei, wurde schlussendlich ein großes Gemeinschaftsprojekt, das wir in dieser Form allein wohl niemals auf die Beine hätten stellen können.

Am Abend des 27. Februar war es schließlich so weit: Um Punkt 20:00 Uhr machten wir auf Instagram das Projekt *Chickago Care* publik. Ich kann mich noch sehr gut daran erinnern, wie Lukas, Michael, Justina und ich vor Nervosität ganz hibbelig überall in unserer Küche verteilt dasaßen und im Sekundentakt die Chickago-Care-Instagramseite, das Mailpostfach sowie das Paypalkonto aktualisierten. Nachdem noch am selben Abend die ersten Patenschaftsanfragen per Mail eintrudelten, konnten wir unser Glück kaum fassen. Es dauerte nur wenige Tage, bis wir alle Tiere für die nächsten drei Monate hinreichend »bepatet« hatten. Dank der zusätzlichen Zuwendungen, die auf dem Paypalkonto landeten, konnten wir außerdem endlich mit der Planung eines neuen Schweinestalls loslegen – denn auch hier scheiterte es bisher an der Finanzierung.

Chickago Care war ein großer Schritt für uns und unsere Visionen für den Hof. Wir zogen aus diesem Projekt die wichtigste und im Grunde auch einzig relevante Erkenntnis für unser Tun – nämlich die, dass es funktioniert. Es gibt genug

Menschen da draußen, die dazu bereit sind, sich völlig uneigennützig an dem Leben eines Tieres, das sie möglicherweise niemals persönlich kennenlernen werden, finanziell zu beteiligen. Mit Sicherheit ist es unmöglich, allen Tieren im modernen Nutztiersystem auf diese Art und Weise ein schönes Leben bis ans Ende ihrer Tage zu schenken, aber es ist eben sehr wohl möglich, einige wenige aus diesem System herauszuholen. Und auch das macht einen Unterschied – am allermeisten wohl für diese Tiere selbst. Es muss nicht immer »ganz oder gar nicht«, »alles oder nichts« sein, und man muss auch nicht immer direkt die ganze Welt retten oder verändern. Es gibt da diesen Spruch, der furchtbar kitschig anmutet, aber in diesem Sinne doch alle Wahrheit in sich trägt: *Ein einzelnes Tier zu retten, verändert nicht die Welt, aber die ganze Welt verändert sich für dieses eine Tier.*

Und so ganz nebenbei verändert sich auch die Welt für einen selbst, da man schlussendlich erkennt, dass auch die vermeintlich kleinsten Handlungen am Ende zu etwas wirklich Gutem führen können. Ein verdammt tolles Gefühl, wenn ich das mal so sagen darf.

Im Grunde genommen könnte man meinen, dass diese beiden Errungenschaften – die Workshops und das Chickago-Care-Projekt – schon Erfolg genug für ein ganzes Jahr seien, doch rückblickend betrachtet war da noch viel mehr. Es ist nur leider so, dass man all diese Dinge viel zu schnell und viel zu leicht aus den Augen verliert, wenn man schon wieder vor der nächsten Herausforderung steht. So zumindest war es bei mir, und Lukas erging es kaum besser. Erst in so manchem Gespräch mit Außenstehenden, die keine Ahnung davon hatten, was wir hier auf dem Hof eigentlich taten, traf uns die Erkenntnis wie ein Donnerschlag: Wir machen (und das lässt sich wahrhaftig in aller Bescheidenheit so sagen) eigentlich unmenschlich viel.

2022 haben wir nach langem Überlegen auch unseren ökologischen Gemüseanbau zertifizieren lassen. Dem kleinen, unscheinbaren Bio-Zertifikat merkt man kaum an, wie viel Arbeit und

Papierkram dahintersteckt. Wir legten dem Kontrolleur im Frühjahr einen dicken Ordner mit allen Belegen, Quittungen und Samentütchen vor, dazu einen von unserer damaligen Praktikantin Julia in fein säuberlicher Kleinstarbeit erstellten Gartenplan mit genauen Angaben, auf wie vielen Quadratmetern was wächst. Zugegeben: Am Ende saß ich doch recht nervös vor dem Kontrolleur und hoffte inständig, dass ich nichts vergessen und er nichts zu beanstanden haben würde. Doch auch das ging gut: Zwei Wochen später landete eine Mail mit dem offiziellen Bio-Austria-Gütesiegel für unseren Gemüsegarten in Lukas' Postfach. Nun war es amtlich – und wir konnten nicht anders, als diese Urkunde am Ende neben die Gewächshaustür zu kleben. Wer hat, der kann!

Neben dem Biogemüse-Verkauf gab es trotzdem nach wie vor das Bestreben, sich mit den eigenen Produkten weitestgehend selbst zu versorgen – auch im Winter. So ernteten wir raue Mengen von allem, was die Natur zu bieten hatte, und am Ende des Sommers ächzten die Holzbretter der Vorratskammer nur so unter dem Gewicht der vielen Gläser und Flaschen. Spätestens als durch Krieg und Inflation die Preise in den Supermärkten astronomische Ausmaße annahmen, war ich bei jedem Gang in den Vorratsraum nur noch dankbarer für all das, was unser Garten uns geschenkt hatte.

Abgesehen von unseren Tätigkeiten auf dem Hof hatte jeder von uns natürlich auch noch einen Job zu erledigen. Lukas war nach wie vor als Rettungssanitäter beim Roten Kreuz beschäftigt, und ich ging noch immer meiner Selbstständigkeit nach. Da die Aufträge nicht weniger und die Projekte größer statt kleiner wurden, kam ich bei vielen Dingen nicht mehr ohne Lukas' Hilfe aus. Sei es das Verpacken mehrerer hundert Kalender oder die Produktion von Foto- und Videomaterial aller Art – es war alleine nicht mehr zu stemmen. Im Grunde lieferte meine Selbstständigkeit Arbeit für mindestens zwei Leute, Lukas' Job und der Hof kamen noch obendrauf. Wie gesagt: *It's a lot.*

Aber wir haben es nicht nur gemeistert, sondern wir haben es *richtig gut* gemeistert. Im Herbst 2022, nach dem ersten Chickago-Care-Sommer, mussten wir keine einzige Kuh aussortieren. Überhaupt kam der gefürchtete große silbergraue Viehtransporter während all unserer Zeit nur ein einziges Mal: für Semmel und Herrn Salmiak. Wir behielten alle Kühe bei uns und gaben lediglich einige wenige Jungtiere an andere Höfe ab. Das hatte zur Folge, dass der gesamte Stall über die Wintermonate hinweg zum Bersten voll war und wir unglaublich viel zu tun hatten. Zwischenzeitlich hatten wir tatsächlich so unsere Sorge, ob uns im Frühjahr wohl das Futter ausgehen würde, doch diese Befürchtung erwies sich letztlich als unbegründet.

Ja, unser erstes Jahr war ein absoluter Erfolg, gerade in Anbetracht der Tatsache, dass es zu Beginn ja bekanntermaßen so einige Zweifel gab, ob wir oder insbesondere Lukas überhaupt in der Lage seien, den Hof zu führen. Wir haben es geschafft, doch leider nicht *wegen*, sondern *trotz* aller Umstände. Wir waren der festen Überzeugung, dass wir mit diesem ersten Jahr und allem, was es mit sich gebracht hat – *Chickago Care*, die Workshops, die rundherum gesunden Milchkühe, die gute Ernte –, nun auch die letzten Zweifel von Lukas' Vater aus der Welt schaffen konnten. Dass einer Pacht sowie einem konkreten Plan für eine zeitnahe Übergabe im Frühjahr 2023 endgültig nichts mehr im Weg stehen würde.

Doch leider sollten wir uns in dieser Hinsicht gewaltig irren.

Wachse oder weiche

Von einem überfälligen Ende und einem dringend benötigten Neuanfang

März 2023

Knapp zwei Wochen nach dem Launch unseres Patenschafts-
projekts setzten sich Lukas und Michael gemeinsam hin und
erstellten eine Grafik über sämtliche Zahlungen, die bisher
eingegangen waren, sowie über alle Tiere, die wir nun für mehrere Monate, manche sogar schon ein ganzes Jahr lang, finanziell versorgt wussten. Es waren eindrucksvolle Zahlen, die wir
nun schwarz auf weiß hatten und Lukas' Eltern präsentieren
konnten. Diese erste Bilanz war unser einzig verbliebenes Ass
im Ärmel, mit dem wir endgültig die letzten Zweifel aus der
Welt räumen und einen gemeinsamen Plan für die Zukunft
des Hofs entwickeln wollten. Wir brauchten endlich Klarheit
darüber, wie es für uns weitergehen würde. Es zehrte nach wie
vor massiv an unseren Nerven, im Grunde genommen absolut gar nichts planen zu können, denn in der aktuellen Situation konnte man unsere Vorhaben von einem auf den anderen Tag zunichtemachen. Es hatte zudem (noch) keinen Sinn,

Investitionen zu tätigen und größere Umbaumaßnahmen vorzunehmen, da niemand von uns wusste, ob wir auf diesem Hof wirklich alt werden würden. Unterm Strich waren wir dazu verdammt, in der gegenwärtigen Situation zu verharren und die Hände in den Schoß zu legen, bis andere eine Entscheidung treffen würden. Doch nachdem auch das Gespräch über Chickago Care keinen (positiven) Effekt auf die nicht vorhandenen Zukunftspläne des Hofs hatte und man weiter an irgendwelchen weit hergeholten Gründen festhielt, warum es noch immer nicht vorwärtsging, trafen Lukas und ich schließlich eine Entscheidung. Wir hatten keine Forderungen gestellt und keine Bedingungen formuliert, an die eine Pacht oder eine Hofübernahme für uns geknüpft wären. Letztlich bestand unser Wunsch einzig und allein darin, überhaupt einen Plan zu entwickeln und zu einer Entscheidung zu kommen, und selbst das hat nicht funktioniert. Im Grunde hatten Lukas' Eltern ihre Entscheidung ebenso getroffen, und zwar indem sie genau nichts entschieden.

Als Lukas seinen Eltern gegenüber zum ersten Mal ausgesprochen hatte, dass wir diesen Schwebezustand nicht mehr wollten und uns etwas Neues suchen würden, wenn wir nicht bald eine Lösung fänden, bestand die Reaktion aus absoluter Gleichgültigkeit. Mir klingt das »Wenn du meinst, dann mach« noch in den Ohren. Ich weiß nicht, ob diese Gleichgültigkeit nur aufgesetzt war oder ob es tatsächlich allen egal wäre, wenn wir gingen. Doch so oder so war für uns von nun an klar: Hier gibt es für uns keine Zukunft. Wir werden den Hof verlassen, und wir werden uns ein neues Zuhause suchen.

Wenn ich diese Zeilen so schreibe, klingt es beinahe, als wäre die Entscheidung eine leichte gewesen. Als hätten wir binnen weniger Minuten beschlossen, unser gesamtes Leben auf den Kopf zu stellen. Und es klingt, als hätte diese Entscheidung nicht unfassbar viel Schmerz mit sich gebracht. Ein Trugschluss, in jeder Hinsicht.

Wir haben in diesen Tagen wahnsinnig gelitten – jeder auf seine Weise. Ich für meinen Teil hatte den Punkt beziehungsweise die Erkenntnis, dass wir hier wegmussten, schon Wochen zuvor erlangt. Der Leidensdruck war einfach zu groß, und ich will nicht behaupten, dass ich bisweilen nicht sogar mit dem Gedanken gespielt habe, allein eine Tasche zu packen und für immer zu gehen. Doch Lukas durchlief währenddessen den vermutlich noch viel schmerzhafteren Prozess, denn er musste sich nun wirklich von aller Hoffnung darauf, dass es *vielleicht*, *unter Umständen*, *irgendwie* und *irgendwann* doch noch klappen könnte, endgültig verabschieden. Es tat weh, schließlich hatte er in den letzten Monaten etliche Bemühungen dahingehend unternommen, das Ruder doch noch herumzureißen. Und abgesehen davon ging es bei alledem um seine eigenen Eltern. Um seine Familie. Um den Hof, auf dem er aufgewachsen war. Doch Lukas erkannte zusehends, dass die Belastung langsam ebenso an seiner Seele zu nagen begann, wie sie es schon jahrelang an meiner tat. Und spätestens an diesem Punkt schrillten bei uns beiden die Alarmglocken lauter als je zuvor.

Entscheidungen zu treffen, ist vermutlich nie leicht. Man steht vor dieser Weggabelung und sieht in weiter Ferne zwei mögliche Szenarien, zwei mögliche Leben, und jede Entscheidung *für* ein Szenario stellt gleichzeitig eine Entscheidung *gegen* das andere dar.

So standen wir also an dieser Weggabelung und sahen auf der einen Seite all das, was wir uns für unser Leben hier immer erträumt hatten; wir sahen all die Projekte, all die Ideen, all die Möglichkeiten. Gleichzeitig sahen wir aber auch, dass dieses erträumte Leben mit einer schier endlosen Zahl an Bedingungen, Eventualitäten, Hindernissen, Streitereien, Kompromissen und *Vielleichts* verbunden wäre. Die Erkenntnis darüber, dass wir dieses Leben kein weiteres Jahr *über*leben würden, traf uns hart. Unser Blick richtete sich daher, trotz aller innerer Widerstände und trotz allen Wehmuts, in die andere Richtung.

Manchmal ist die einzig falsche Entscheidung die, am Ende gar keine Entscheidung zu treffen. Denn irgendwann ist man an dem Punkt angelangt, an dem man begreift, dass es nun an der Zeit ist, den Gang zu wechseln, weil man (in jeder Hinsicht) schon lange festgefahren ist. Es ist mit Sicherheit wichtig, für die eigenen Ideen einzustehen, für eigene Ideale und Träume zu kämpfen. Manchmal gibt es vermutlich auch Phasen, in denen man einfach nur »durchhalten« muss. Doch gleichzeitig muss man eben auch wissen, wann der Zeitpunkt gekommen ist, einen Schlussstrich zu ziehen. Der Zeitpunkt, an dem Aufgeben kein Zeichen von Schwäche, sondern vielmehr nur noch eine logische Konsequenz ist. Ein Leben auf dem Hof ist an sich schon eine physische wie psychische Belastung sondergleichen, doch wir wären trotzdem gewillt gewesen, uns dieser Herausforderung mit all unseren Möglichkeiten zu stellen. Allerdings könnte keine Aufgabe, keine Herausforderung und keine Belastung, ganz gleich ob psychischer oder physischer Natur, in ihrer Schwere dem gleichkommen, was zwischenmenschliche Konflikte mit einem machen.

So wählten wir also den *anderen* Weg; wir entschieden uns für das zweite Szenario, obwohl dessen Ausgang weitaus ungewisser und verschwommener schien, als wir es gerne gehabt hätten. Wir hatten die letzten vier Jahre ohne Plan B, ohne doppelten Boden und ohne Alternative zugebracht, und dementsprechend standen wir nun am Anfang einer Reise, von der wir keine Ahnung hatten, wo sie uns hinführen würde. Doch eines wussten wir ganz genau: Manchmal muss man Wurzeln aus der Erde reißen, damit sie an anderer Stelle richtig wachsen konnten. Und genau das würden wir nun tun.

Unsere Entscheidung machte sehr schnell die Runde, wobei die Reaktionen unterschiedlicher nicht hätten ausfallen können. Einerseits war da die Instagram-Community, die bald schon unsere ganz persönliche Suchmaschine für alle möglichen Hof- und Immobilieninserate landwirtschaftlicher Natur wurde. Wir bekamen ständig Links, Tipps und Kontakte zugeschickt und telefonierten einen nach dem anderen ab. Neben der Hilfe bei der Immobiliensuche ließ uns die Community jedoch eine weitaus wichtigere Sache zuteilwerden: bedingungslose Rückendeckung und unendlich viel Zuspruch. Man könnte meinen, dass eine überwiegend anonyme Masse aus dem Internet kaum eine echte Hilfe gewesen sein kann, wenn man gerade im Begriff ist, sein Leben auf den Kopf zu stellen, doch genau so war es. Es kam nicht selten vor, dass uns Nachrichten voller Zuspruch genau zum richtigen Zeitpunkt erreichten und dafür sorgten, dass wir etwas weniger geknickt durch den Tag gingen. Sämtliche Nachrichten begannen plötzlich nicht mehr nur mit »Liebe Madeleine«, sondern weiteten sich auf »Liebe Madeleine und lieber Lukas« aus – wir wurden immer mehr als eingeschworene Einheit gesehen. Wir bekamen Postkarten, Pakete voller »Nervennahrung« und täglichen Zuspruch in Nachrichten und Kommentaren. Ich scheue mich also nicht davor zu sagen, dass diese anonyme Masse aus dem Internet, meine – *unsere* – Community uns über Monate hinweg durch diese Ausnahmesituation getragen hat. Und das ziemlich erfolgreich.

Das Dorf indes schien zwischen Entsetzen und Kopfschütteln gefangen gewesen zu sein. Lukas wurde anfangs tagtäglich von Arbeitskolleg:innen wie auch Patient:innen auf *unsere Situation* angesprochen und bisweilen gar ausgefragt. Entgegen all unserer Befürchtungen waren aber auch hier ausnahmslos alle sehr großzügig mit dem Verständnis für unsere und gleichzeitig sehr sparsam mit dem für die andere Seite. Leider entspricht dieses »Seitendenken« – so zuwider es mir auch ist – ziemlich genau dem, was in den nächsten Wochen und Monaten bei uns im Haus vonstattenging. Was uns zur Reaktion der Familie auf unser Vorhaben bringt.

Tatsächlich war ich anfangs so naiv zu glauben, dass sich

die Situation nach unserer Entscheidung zumindest marginal entspannen würde. Schließlich war nun für alle Beteiligten klar, dass unsere gemeinsame Zeit endlich war. Wir würden nicht für immer aufeinandersitzen, und die Konflikte wären nun nicht mehr das, was fortan unser aller Alltag bestimmen würde. Leider irrte ich mich gewaltig. Die Gesamtsituation verschärfte sich erneut, und ich hatte beinahe das Gefühl, dass man sich nun nicht mehr dazu zwang, mit den Antipathien irgendwie hinterm Berg zu halten – und das ist noch eine sehr milde Beschreibung dessen, wie es in den Folgemonaten für uns weiterging. Lukas ging irgendwann dazu über, niemandem mehr etwas über den Stand unserer Hofsuche zu berichten, wenngleich seine Mutter durchaus interessiert gewesen schien. Zu groß war seine Sorge davor, dass – sollten wir schlussendlich einen neuen Hof finden – plötzlich alle Hemmungen fallen und die Situation regelrecht eskalieren würde. Also behielten wir alles für uns. Monatelang.

Insgesamt lässt sich die Reaktion von Lukas' Familie recht einfach zusammenfassen, denn es gab (mal wieder) keine. Niemand versuchte uns von unserem Vorhaben abzuhalten, niemand fragte nach, wie es uns ging, niemand versuchte zu vermitteln. Es herrschte (mal wieder) fast schon gleichgültiges Schweigen im Walde. Es schien, als hätten wir uns bloß dazu entschieden, fortan das Handy in der linken statt in der rechten Hosentasche zu tragen. Es wurde genauso wenig darüber gesprochen, wie lange wir den Hof noch bewirtschaften würden, wie darüber, wie es nach unserem Weggang mit dem Hof weitergehen würde. Tatsächlich wurde irgendwann gar nicht mehr miteinander gesprochen. Lukas und ich bemühten uns, die Situation – wie lange sie auch noch anhalten würde – in aller Stille auszusitzen. Wir zogen uns zurück, machten unser Ding und gingen allen und allem anderen aus dem Weg. Leider funktioniert diese Form des Waffenstillstands nur dann, wenn sich alle Beteiligten daran halten. Und das war nicht der

Fall. Unser Spießrutenlauf zog sich weiter in die Länge und fand für mich persönlich seinen traurigen Höhepunkt darin, dass mir von einem entfernteren Familienmitglied an den Kopf geworfen wurde, dass ich doch einfach meine Sachen packen und ausziehen solle. Manchmal gibt es Momente im Leben, in denen man sich nur fragen kann, ob das gerade alles wirklich passiert.

Letztlich hatten wir in den Folgemonaten nicht nur mit zwischenmenschlichen Reibereien zu kämpfen, sondern gerieten manches Mal auch durch andere Dinge aus dem Takt. Obwohl wir im März die Entscheidung zu gehen bereits gefällt hatten, ging unser Alltag während der nächsten Monate im Grunde genommen ganz normal weiter. Wir bewirtschafteten nach wie vor den Hof und kümmerten uns um all die Tiere, die sich in unserer Obhut befanden. Wir legten das vierte Jahr in Folge einen üppig wachsenden Gemüsegarten an, bepflanzten das Gewächshaus mit nicht weniger als 52 Tomatensorten und machten somit das, was wir am besten konnten: *weiter*. Parallel zum Alltagsgeschehen durchforsteten wir regelmäßig das Internet nach den verschiedensten Immobilien. Es sollte eine kleine Hofstelle sein, so viel war uns beiden klar. Ein kleiner Stall, ein Wohnhaus, etwas Grünland. Nichts irrsinnig Großes, schließlich sollte die Landwirtschaft in Zukunft nun auch vom Arbeitspensum her das sein, was sie in finanzieller Hinsicht schon lange war: ein Hobby. Wie wir es künftig mit den Tieren halten wollten, stand hingegen noch in den Sternen. Ein Hof gänzlich ohne Tiere kam für uns nicht infrage, doch welche und wie viele genau, ja, das war ein wunder Punkt, vor dem ich dieser Tage am liebsten die Augen verschloss, denn natürlich würden wir niemals alle Tiere mitnehmen können. Das ginge einerseits aus Platzgründen nicht (denn einen Hof in solchen Dimensionen konnten wir schlicht und ergreifend nicht finanzieren), und andererseits konnten wir Lukas' Vater schlecht einen leeren Stall überlassen. Es war also von Anfang an klar, dass – wenn überhaupt – nur eine kleine, ausgewählte Gruppe von Tieren die Reise mit uns gemeinsam antreten würde. Ich war nun das, was ich niemals sein wollte: die Person, die über *bleibt zurück* und *kommt mit uns mit* zu entscheiden hatte. Manchmal ging ich mit einem riesigen Kloß im Hals durch den Stall und betrachtete all unsere Kuhdamen. Ein leises Gefühl von Verrat lastete dieser Tage schwer auf meinen Schultern, aber trotzdem machten wir weiter. Es wurde April, dann Mai, schließlich kam im Juni unsere erste Sommerpraktikantin Lena zu uns, und ehe wir uns versahen, steckten wir mitten in der Heuernte. Und diese traf mich Mitte Juni auf eine Art und Weise, mit der ich wohl niemals gerechnet hätte.

Am 18. Juni, einem Sonntag *(was auch sonst)*, war es nach einer viel zu langen Schlechtwetterperiode endlich so weit: Lukas hatte am Donnerstag zuvor gemäht, und nun war alles so trocken, dass wir die Ernte einbringen konnten. Das Team bestand in der Hauptsache aus Lukas, unserer Praktikantin Lena, Lukas' ältestem Bruder und mir. Lukas kümmerte sich darum, das Heu mit dem Heukran in der Scheune gut zu verteilen, damit alles hineinpassen würde, sein Bruder brachte währenddessen mit dem Ladewagen eine Fuhre nach der nächsten nach Hause, und Lena und ich gingen vier Stunden lang bei glühender Mittagshitze mit dem Rechen über das Feld und sammelten all das ein, was die Maschinen liegen gelassen hatten. Die Ernte schien in diesem Jahr besonders gut zu sein, trotzdem wollten wir zumindest das Gröbste noch zusätzlich einsammeln.

Als ich am späten Nachmittag erschöpft, verstaubt und trotz großzügig verwendeter Sonnencreme mit leicht geröteten Schultern auf den Hof zurückkehrte, führte mein erster Weg zu Lukas in die Scheune. Ich wusste aus den letzten Jahren nur zu gut, wie das Heulager nach der Ernte aussah. Meist reichte der Heuberg bis unters Dach. 2022 hatten wir sogar ein kleines Häufchen Heu mitten in der Scheune abladen müssen, weil es schlicht und ergreifend nicht mehr hineingepasst hatte. Doch all das war nichts im Vergleich zu dem, was mich nun auf dem Heuboden erwartete. Als Lena und ich das Feld verlassen hatten, war noch ungefähr ein Drittel der Heuschwaden (so nennt man diese langen »Würste« aus Heu, die vom Traktor mit dem Ladewagen eingesammelt werden) übrig, doch als ich am Nachmittag in die Scheune kam, quoll das Heulager bereits über. Lukas war damit beschäftigt, mit dem Kran riesige Heuberge in das zweite Lager zu verfrachten, in dem wir eigentlich nur die Heureste des Vorjahres (die im Übrigen auch mehr als üppig waren) lagerten. Lukas' Bruder brachte indes weiterhin eine Fuhre nach der nächsten. In all den Jahren hier auf dem Hof hatte ich noch nie eine derartige Heuernte erlebt. Lukas und seinem Bruder ging es genauso: Niemand konnte sich erinnern, dass wir jemals einen solch reichen Ertrag gehabt hatten. Eigentlich ein Grund zum Feiern. Doch wie ich da vor der Wand aus Heu stand und es immer mehr und mehr wurde, zog es mir den Boden unter den Füßen weg.

Ich begann bitterlich zu weinen und hatte das Gefühl, als könnte ich für den Rest des Tages nicht mehr damit aufhören. Ich weinte wahrlich nicht um die gute Ernte oder aufgrund der Tatsache, dass wir hier Futter produzierten, welches wir vermutlich niemals selbst verfüttern würden. Es ging eher um das große Ganze.

Wir machten unsere Arbeit einfach nur gut. Die Reste der Ernte aus dem Vorjahr hätten vermutlich noch locker fünf bis sechs Wochen lang ausgereicht, und das, obwohl wir über den Winter deutlich mehr Tiere durchgefüttert hatten als all die Jahre zuvor. Schließlich hatten wir im Herbst keine einzige Kuh aussortiert, sondern den gesamten Bestand von vierzehn ausgewachsenen Kühen, neun Jungtieren im Alter von etwa sechs bis vierundzwanzig Monaten, zehn Kälbern und neun Schweinen versorgt. Wie lange der diesjährige Heuberg halten würde, ja, davon will ich gar nicht erst anfangen. Es blieb im Übrigen auch nicht nur bei besagtem Heuberg: Als schlussendlich wirklich kein einziger trockener Grashalm mehr in das Lager gequetscht werden konnte, gingen Lukas und sein Bruder dazu über, das Heu nicht lose einzusammeln, sondern Ballen daraus zu pressen. Heuballen sind weitaus kompakter als Heu in loser Form und lassen sich zudem auch bedeutend besser einlagern und transportieren. Am Ende war die gesamte (!) Scheune mit zwanzig (!!) zusätzlichen Heuballen befüllt, und wir hatten beim besten Willen keine Ahnung, wo wir all das Futter horten sollten.

Lukas hatte in den letzten Tagen außerdem eine Bilanz über die Gesundheit der Milchkühe und auch deren Leistung aufgestellt – und diese war tadellos. Durch seine immer wieder auf die Bedürfnisse jeder einzelnen Kuh angepassten Futtermengen hatte Lukas die Leistung sogar noch steigern können, und trotzdem waren die Kühe kerngesund und topfit. Selbst die im April 2022 noch dem Tode geweihte Peggy, die sich nach der Geburt ihres letzten Kälbchens derartig einen Nerv im linken Hinterlauf verletzt hatte, dass sie beinahe zwei Monate kaum gehen konnte, würde mit all ihren Kolleginnen in der kommenden Woche ihren Sommerurlaub auf der Alm antreten. Peggy, die Kuh, von der wir noch ein Jahr zuvor nicht gedacht hätten, dass sie den Stall in ihrem Leben überhaupt noch einmal verlassen würde.

Unsere Grünflächen wurden gut bewirtschaftet und stets gepflegt; Lukas hatte sogar Saatgut für die größte Fläche besorgt, um auch die künftigen Ernten durch die Nachsaat zu sichern. Wir hatten die Dinge im Griff – und zwar gänzlich. Der Betrieb schrieb schwarze Zahlen (wenngleich wir uns selbst noch immer keinen Lohn auszahlten), und man konnte mit all den zusätzlichen Projekten um den Bauernhof herum schon beinahe optimistisch in die Zukunft blicken.

Wir gaben alles und noch viel mehr, doch es reichte nicht. Es war einfach nie genug. *Wir* waren nicht genug. Es scheint mir beinahe unmöglich, die richtigen Worte zu finden, um diese Frustration hinreichend zu beschreiben. Und vermutlich war es eben auch genau dieser angesammelte Frust, der mich in dem Moment, als ich da in der Scheune vor unserer Ernte stand, wie ein Schlag traf. Wahrscheinlich hätten weder Lukas noch ich jemals bewusst die Entscheidung getroffen, Milchbauern zu werden, wenn der Betrieb nicht schon lange in seiner Familie gewesen wäre. Der Hof war da, die Tiere waren da, die Möglichkeit war da, und deshalb taten wir, was wir konnten. Es war eine bittere Erkenntnis, dass wir all den Plänen, wie wir den Betrieb langfristig fit für die Zukunft machen wollten, keine Taten folgen lassen konnten. *Wachse oder weiche* heißt es oft in der Landwirtschaft, und eigentlich geht es dabei um die Größe des jeweiligen Betriebs. Man sagt, dass kleine Höfe (wie unserer) in der modernen Landwirtschaft keine Zukunft hätten, es sei denn, sie würden sich immer weiter vergrößern, um wettbewerbsfähig zu bleiben. Doch je länger ich dieses Leben auf diesem Hof führte und Einblick in jene Dinge bekam, die sonst hinter verschlossenen Türen stattfanden, desto sicherer wurde ich mir, dass es bei besagter Floskel ganz bestimmt nicht um Größe des Betriebs, um die Menge der Tiere oder die Anzahl der Hektar ging. Es scheint mir vielmehr ein »Wachse in die althergebrachten Prinzipien und Vorstellungen der vorherigen Generation hinein – oder weiche«; *Grundsätze statt Grünland*, ja, das ist wohl des Pudels Kern dieser Angelegenheit. Und wenn ich mir die zahllosen Berichte von gescheiterten Hofübergaben (und oftmals darauffolgenden Hof*auf*gaben) in meinem Postfach so durchlese, sind wir dabei definitiv kein Einzelfall. Es ist bitter, denn heutzutage ist es wirklich gar nicht mehr so leicht, jemanden zu finden, der oder die bereit ist, dieses durchaus aufopferungsvolle Leben auf einem Hof zu führen. Viele junge Menschen der kommenden Generationen wollen sich auf die fragwürdige Kombination aus unendlich viel Arbeit und unterirdischer Bezahlung einfach nicht einlassen, und an manchen Tagen kann ich es ihnen nicht einmal verdenken. Ja, die kleinstrukturierte Landwirtschaft verschwindet nach und nach, doch daran sind mitnichten nur die niedrigen Preise für Milch und Fleisch verantwortlich. Der Starrsinn der scheidenden Generationen trägt eben auch einen nicht unerheblichen Teil zur prekären Lage der kleinbäuerlichen Betriebe bei.

Dieser Sommer, der für uns der letzte auf dem Hof sein sollte, war daher stets mit einer gewissen Portion Wehmut verbunden. Unsere Träume waren groß, doch die Hürden waren größer, und somit war da neben dem Wehmut auch noch der Wachstumsschmerz, der uns einfach nicht loslassen wollte. Denn wir wuchsen Tag für Tag – meistens über uns hinaus. Jedes Mal, wenn ich so bei mir dachte, dass wir nun am Ende unserer Möglich- und vor allem Fähigkeiten angekommen sein müssten, wuchsen wir noch ein Stück weiter. Trotz allem ist das aber genau der Punkt, den ich mir, damals wie heute, immer wieder vor Augen führen muss: Wir können nicht zurück. Und wir wollen nicht bleiben, wo wir gerade sind. Und genau deshalb gibt es für uns nur eine Richtung, in die es gehen kann:
Immer
Weiter
Vorwärts.
Denn irgendwann, und das ist gewiss, werden wir endlich ankommen.

Das Haus im Wald

Ein Bauernhof zieht um

August 2023

Wer schon einmal auf der Suche nach einem neuen WG-Zimmer, einer Wohnung oder gar einem Haus war, wird wissen, dass das kein leichtes Unterfangen ist. Die Suche nach einer Hofstelle hebt das Ganze noch mal auf ein völlig neues Level, wie Lukas und ich bald schon erfahren durften. Ist ein Objekt in beziehbarem Zustand, kostet es ein halbes oder noch viel häufiger gleich ein ganzes Vermögen. Was bezahlbar ist, ist in der Regel nicht bewohnbar oder im schlimmsten Fall sogar einsturzgefährdet. Was bewohnbar und auch bezahlbar ist, grenzt an eine Autobahn oder eine Mülldeponie. Ich hatte lange Zeit das Gefühl, dass wir niemals das passende Objekt für uns finden würden, denn jedes Inserat schien ein neues K.-o.-Kriterium für uns bereitzuhalten. Selbst als wir unsere Suche auf ganz Österreich ausweiteten, war das Durchforsten der Immobilieninserate alles andere als erfolgreich. Irgendwann im Frühjahr entdeckte Lukas schließlich eine kleine Hofstelle in der Steiermark. Der Preis ließ uns nicht sofort in Tränen ausbrechen, Haus und Stall schienen in einem annehmbaren Zustand zu sein, und die Bilder versprachen sogar eine richtig schöne Lage. Wir vereinbarten einen Besichtigungstermin und fuhren an einem sonnigen Mittwochmorgen in Richtung Steiermark. Die Fahrt zog sich über ganze drei Stunden hin, und ich weiß noch genau, wie sehr ich hoffte, dass es dieses Mal passen, dass es endlich für uns beide klick machen würde. Am Ende der Fahrt fanden wir uns auf einem unbefestigten, recht steilen Schotterweg wieder, der beinahe zehn Minuten lang durch einen dichten Laubwald führte. Die Sonne tanzte durch das junge Blattwerk der Baumkronen und verlieh dem Wald eine beinahe schon magische Atmosphäre. Am Ende des Weges waren wir nicht nur auf einer kleinen, aber feinen Hofstelle angekommen, sondern gleichzeitig auch mitten im Wald. Zumindest fast – denn auf einer Seite eröffnete sich ein unglaublicher Blick über das gesamte Dorf, das am Fuß des Berges lag, und noch viel weiter darüber hinaus. Der Hof liegt auf etwa 600 Metern Seehöhe; er besteht aus einer für mein Empfinden sehr großen Streuobstwiese direkt am Südhang, einem kleinen Stallgebäude nebst Scheune, dem Haupthaus sowie einem knapp zwanzig Meter entfernten Gästehaus. Hinter dem Haupthaus und der Scheune gibt es einen kleinen Kräutergarten und ein Kellerstöckl, das (wie ich später erfuhr) typisch für steirische Bauernhöfe ist. Im Grunde ist das Kellerstöckl ein in den Hang hineingebauter Erdkeller mit einem weiteren Stockwerk obendrauf, das aus nur einem einzigen Raum besteht: einem lichtdurchfluteten, kleinen Atelier mit einem dunklen Fachwerkgebälk, das sich noch im Rohbau befindet und laut Immobilienmakler eigentlich zu einer Sauna umgebaut werden sollte. An das Kellerstöckl und den Kräutergarten schließt sich eine weitläufige Wiese an, die ein Stück den Berg emporreicht und schließlich an einen dichten Mischwald grenzt.

Ich bin mir nicht ganz sicher, ob man es wirklich so sagen kann, aber ich glaube tatsächlich, dass ich mich auf den ersten Blick in dieses Anwesen verliebt habe. Vielleicht war es die Stille, die sich wie eine sanfte Umarmung anfühlte. Vielleicht war es die Vorstellung, mit Lukas zusammen auf der Terrasse vor dem Haupthaus zu sitzen und dabei den Blick in die Ferne schweifen zu lassen. Vielleicht war es das Kellerstöcklatelier, in dem ich sofort mein künftiges Büro, meine kleine Kreativwerkstatt, den Ort, an dem ich vielleicht noch viele weitere Bücher schreiben würde, sah. Oder (und das war mir ein eher unliebsamer Beweggrund) vielleicht wollte ich auch einfach nur schnellstmöglich von unserem jetzigen Wohnort fliehen. Denn wenn man aus der Vorhölle kommt, erscheint einem wohl so ziemlich jeder andere Ort nahezu paradiesisch. Ich zögerte also und war mir nicht so sicher, ob ich meinem eigenen Urteil dieser Tage überhaupt trauen konnte.

Die einzige Person, die noch mehr zögerte als ich, war Lukas. Er konnte meinen Enthusiasmus für das Haus im Wald und den zugehörigen Hof nicht wirklich teilen. Sicherlich, die Lage war ein Traum, doch durch den Wald ringsherum und die fehlende Möglichkeit, von diesen angrenzenden Flächen etwas dazu zu pachten, sah Lukas kein großes Potenzial in dem Hof. »Er ist zu klein, und ich bin mir nicht sicher, ob er für unsere Ideen und Projekte genug Platz bereithält«, lautete sein in meinen Ohren schon beinahe vernichtend klingendes Urteil. Mein Hochgefühl wich deshalb recht schnell der Ernüchterung, und auf der Heimfahrt war ich sogar richtiggehend geknickt. *Wieder nichts. Wieder zurück auf den Hof in Mörtschach. Wieder keine Perspektive. Wieder weitersuchen.* Doch es sollte anders kommen.

So wenig Lukas dem Hof in der Steiermark im ersten Moment auch abgewinnen konnte: Er wollte ihm scheinbar trotzdem nicht so recht aus dem Kopf gehen. Ich weiß letztlich nicht genau, ob es der Mangel an Alternativen, meine eigene (möglicherweise ansteckende) Begeisterung oder seine kreisenden Gedanken um diesen Hof in der Steiermark waren, die uns zu einer Zweitbesichtigung bewogen haben. Mir passte das tatsächlich ganz gut in den Kram, denn so konnte ich ausloten, ob mir meine Erinnerung einen Streich spielte und mir womöglich ein viel schillernderes Bild des Hofs vorgaukelte oder ob es vielleicht wirklich der Ort war, an dem Lukas und ich ankommen könnten – für immer. So fuhren wir also ein zweites Mal den langen Schotterweg durch den Wald, und die Quintessenz dieses zweiten Besuchs lässt sich letztlich recht simpel zusammenfassen: Meine Erinnerung spielte mir keineswegs einen Streich, und auch Lukas begann nun langsam, mit dem kleinen Hof zu liebäugeln. Es folgten mehrere zermürbende Wochen des Hin und Her, denn Lukas erwies sich in seiner Haltung gegenüber dem Haus im Wald als recht wankelmütig. Am einen Tag wollte er direkt das Kaufangebot unterzeichnen, während er am nächsten Tag wieder alles an den Nagel hängen und lieber noch länger suchen wollte – vielleicht wartete ja irgendwo noch etwas Besseres auf uns. Dass dieses Hin und Her über alle Maßen an meinen Nerven rüttelte, brauche ich wohl kaum zu sagen, denn meine Haltung zu diesem Hof hatte sich mittlerweile gefestigt: Seit unserer ersten Besichtigung waren sechs Wochen vergangen, und seitdem hatten wir kein einziges Anwesen gefunden, das dem in der Steiermark auch nur ansatzweise das Wasser reichen konnte. Es war das alte Spiel: Entweder waren es Höfe, die beinahe das Doppelte kosten sollten, oder sie waren in einem derart desolaten Zustand, dass ich mir nur an den Kopf fassen konnte. Und auch abseits des katastrophalen Immobilienmarktes gab es einige entscheidende Punkte, die für mich letztlich zu einem klaren Ja führten. Wenn man von der absoluten Alleinlage am Südhang mal absah, gab es da noch die Nähe zu Graz (was hoffentlich meine wiederkehrende Sehnsucht nach Stadtluft stillen würde), das Gästehaus, welches man künftig für Freunde, Familie oder auch zahlende Gäste nutzen könnte, und letztlich auch ganz nüchtern betrachtet die Tatsache, dass wir hier von einem Kaufpreis sprachen, der weder uns noch die Bank direkt in Ohnmacht fallen ließ. Tatsächlich war meine persönliche Liste der Gründe, die eher für Ja denn für Nein sprachen, noch weitaus länger, doch das würde an dieser Stelle wohl den Rahmen sprengen.

Es sollte noch weitere drei Wochen dauern, bis schließlich auch Lukas ein klares *Ja* verlauten ließ und sowohl wir als auch der Verkäufer am 27. Mai das Kaufangebot unterzeichneten. Weitere sechs lange Wochen später, am 19. Juli, saßen wir schlussendlich ziemlich aufgeregt bei unserem Notar und setzten unsere Unterschrift unter ein recht harmlos anmutendes, kurzes Schriftstück, das die Überschrift »Kaufvertrag« trug. Nun war es also amtlich: Wir kaufen einen Bauernhof und ziehen in die Steiermark.

Doch mit dieser frohen Kunde gingen wir keineswegs hausieren, im Gegenteil: Wir teilten die Neuigkeit bloß mit unserem engsten Vertrautenkreis, denn dass in Mörtschach nur noch ein kleiner Funken fehlte, um eine monumentale Explosion auszulösen, war uns beiden klar. Also erfuhren Lukas' Eltern von diesem Kauf kein Sterbenswörtchen. Abgesehen davon, dass wir nicht sonderlich scharf darauf waren, eine weitere Eskalation zu erleben, ging es uns auch und vor allem um die Tiere. Denn wir hatten uns entschlossen, einige von ihnen endgültig in Sicherheit zu bringen. Und obwohl ich in all den Jahren auf dem Hof wahrlich schon so einiges erlebt habe, kann ich rückblickend ohne zu zögern sagen: Nichts, wirklich rein gar nichts kann diesem Krimi, einem Unternehmen sondergleichen, auch nur ansatzweise das Wasser reichen. Aber fangen wir von vorne an.

Es war undenkbar, den Hof in der Steiermark zeitgleich mit allen Tieren zu beziehen, denn auch wenn alles in einem guten Zustand war, müsste für den Einzug der Vierbeiner noch ein wenig an der Infrastruktur gefeilt werden. Es braucht schließlich Zäune, Futter, genügend Tränkebecken und so weiter und so fort. Doch selbst wenn Lukas nach der Schlüsselübergabe für einige Tage in die Steiermark fahren und dort alles vorbereiten würde, wäre es noch immer ein wirklich hanebüchenes Unterfangen, mit einem ganzen Haushalt, einem halben Garten, etlichen Gerätschaften und noch dazu den Tieren im Schlepptau umzuziehen. Mir wurde allein bei der Vorstellung schon ganz flau im Magen. Abgesehen davon war uns klar, dass es ganz und gar nicht einfach werden würde, auch nur ein einziges Fellknäuel aus dem Stall zu holen, wenn dieser wieder an Lukas' Eltern übergehen würde, da sich die gespannte Situation stets weiter verschärfte. Mittlerweile sprach im Grunde niemand mehr ein Wort miteinander. Nein, wir brauchten definitiv eine andere Lösung. Also begannen wir zu planen.

Nach langem Hin und Her hielten wir es für die beste Lösung, die Kühe – sieben an der Zahl – offiziell an einen anderen Hof zu verkaufen, sie dort den Sommer über auf der Alm »zu parken« und sie im Herbst, wenn wir unseren eigenen Hof entsprechend für die Felle vorbereitet hätten, allesamt wieder zurückzukaufen und zu uns in die Steiermark zu bringen. Das war der Plan; so weit, so gut. Nur mangelte es uns und den Kühen noch an einem passenden Hof für die Unterbringung während der Sommermonate, einer entsprechenden Transportmöglichkeit und dem passenden Timing, um sieben Tiere unter den Augen der Familie unauffällig und ohne irgendwelche Diskussionen vom Hof zu schaffen. Hört sich an wie ein Krimi? Ja, hat sich auch so angefühlt. Ich habe in diesen Wochen mit Sicherheit einige Nerven gelassen und graue Haare gewonnen. Natürlich konnten wir nicht einfach herumlaufen und die Leute fragen, bei wem wir eventuell Tiere unterbringen könnten, denn der Dorffunk hätte diese pikante Information mit Sicherheit recht schnell in schwiegerelterliche Sphären getragen. Immerzu galt es, ganz genau abzuwägen, wem man in dieser Hinsicht vertrauen konnte und wem eher nicht. Letzten Endes fanden wir über drei Ecken eine Lösung und einen Hof, dessen Besitzer unsere Tiere in seine Obhut nehmen wollte. Das *Wohin* hatte sich nach wochenlanger Suche also geklärt, bliebe nur noch das *Wie*. Hier hieß es umsichtig planen. Von sieben Tieren befanden sich drei auf der Alm und vier bei uns auf dem Hof. Jeder Viehtransporter, den Lukas mit seinem Auto ziehen konnte, gab nicht mehr als Platz für zwei ausgewachsene Kühe her, weswegen die Damen diese Reise auch nicht in einem Rutsch antreten konnten, sondern nur in kleinen Zweier- beziehungsweise bei den Jungtieren in einer Dreiergruppe. Nach tagelangem Taktieren und Ausloten kam Lukas an einem Abend im Juli schließlich mit dem Hänger eines Bekannten nach Hause, denn eine unserer Kühe, Serita, musste noch zu den anderen auf die Alm gebracht werden. Das war unsere Chance! Am nächsten Morgen verluden Lukas, unsere Praktikantin Lena und ich in aller Herrgottsfrühe die ersten beiden Kühe, am Vormittag die nächsten beiden, und zur Mittagszeit waren wir alle gemeinsam mit der vorfreudigen Serita im Gepäck auf dem Weg zu unserer Alm. Eine Kuh rauf, drei wieder runter. So weit der Plan.

Bis dahin war tatsächlich alles nahezu reibungslos vonstattengegangen: Die Damen waren am Morgen bereitwillig in den Hänger getrottet, hatten sich, am Ziel angekommen, ebenso bereitwillig ausladen und dort in eine fremde Herde integrieren lassen. Auf dem Hof stellte (wie immer) niemand Fragen, (wie immer) schenkte niemand unserem Tun sonderlich viel Beachtung, und niemand mischte sich (neuerdings) mehr in irgendwelche Hof-Angelegenheiten ein. An diesem Tag war dies ausnahmsweise das Beste, das uns je passieren konnte. Vier Kühe hatten somit den Umzug in ihr Übergangs-Zuhause geschafft, drei weitere fehlten noch.

Auf dem Schotterweg zu unserer Alm betete ich innerlich, dass die Kühe nicht im hintersten Eck und ganz oben am Berg unterwegs waren, sondern sich womöglich unten am kühlen Bach aufhielten, von wo aus wir die letzten drei Tiere auf unserer Liste recht leicht von den anderen separieren und verladen könnten. Doch als wir die letzte Kurve nahmen, alle drei für einen kurzen Moment den Atem anhielten und wohl auch alle drei das gleiche Stoßgebet gen Himmel schickten, entdeckte ich in weiter Ferne, irgendwo ganz oben auf der Alm, einige stecknadelkopfgroße dunkelbraune und einige hellbraune Flecken. »Scheiße«, entfuhr es mir unweigerlich, und ich vernahm von der Rückbank ein leises Seufzen. Lukas presste die Lippen aufeinander und gab sich Mühe, sich nicht von meiner Nervosität anstecken zu lassen.

So stiegen wir kurz vor dem Bach aus, griffen uns unsere Hirtenstöcke, nahmen noch einen Schluck aus unseren Trinkflaschen und stapften zügig los. Es war ziemlich genau 12 Uhr, und die Sonne brannte mittlerweile unerbittlich herab. Als ich mit zusammengekniffenen Augen in den Himmel blickte, sah ich kein einziges Wölkchen. Kaum zu glauben, dass für den Nachmittag schwere Unwetter gemeldet waren. Strahlender Sonnenschein, ja, das war wohl das denkbar ungünstigste Wetter, das man sich für einen Viehtransport hätte aussuchen können, denn so würde es im Hänger recht schnell sehr heiß werden. Doch wir hatten keine Wahl. Die vielbenutzte Floskel »jetzt oder nie« war an diesem Tag, in diesem Moment so wahr wie schon lange nicht mehr.

Serita ging ebenso brav am Halfter mit uns die Alm hinauf, wie sie vergangenen August mit uns heruntergekommen war. Wir durchquerten die Nachbaralm und waren heilfroh, dass die riesige Jungtierherde auf der anderen Bergseite graste und wir zumindest keine Probleme mit fremden Kühen bekommen würden. Wenige Minuten später passierten wir das Gatter zu unserer Alm, ließen Serita laufen und begaben uns auf die Suche nach drei ganz besonderen Köpfen. Einer davon war ein Sturkopf und gehörte Oma Primel. Ein anderer dem Glückskind Herr Salmiak. Die dritte Kuh, die wir mitnehmen wollten, war die kleinste von allen: ein zierliches Holstein-Kalb namens Flora, das Lukas erst vor einem knappen halben

Jahr gekauft hatte; einfach so. »So eine fehlt uns noch«, lautete damals die Begründung, mit der ich mich gerne zufriedengab. Ohne mich umzusehen und ohne zu zögern, stapfte ich weiter den Berg hinauf und ließ den Blick nicht von ebenjenen drei Tieren, die, wenn man den Worten meiner Mama Glauben schenken mag, in der Lotterie des Lebens gewonnen hatten. Als ich schwer atmend und mit nass geschwiztem Shirt oben bei den Kühen angekommen war, ging es nur noch bergab. Und zwar in jeder Hinsicht. Primel verstand beim besten Willen nicht, warum sie ihr Urlaubsdomizil frühzeitig verlassen sollte (Kühe haben ein recht ausgeprägtes Gespür für Jahreszeiten und folglich auch für die entsprechenden anstehenden Ereignisse), Herr Salmiak hielt alles für ein tolles Spiel, bei dem es darum ging, möglichst wild über die Alm zu turnen, und Flora war einfach nur verwirrt. Wir hatten die größte Mühe, die drei Tiere vom Rest der Herde zu trennen und auf den Weg zum Bach zu treiben, doch das war nichts im Vergleich zu dem, was uns an diesem Tag noch erwarten würde. Herr Salmiak ließ sich das Halfter mehr oder minder bereitwillig umlegen, Oma Primel würde für eine Handvoll Kraftfutter sowieso ihr letztes Hemd geben, aber für die kleine Flora war das alles absolutes Neuland. Während Lena Primel und Herrn Salmiak im Blick behielt, mühten Lukas und ich uns mit dem kleinen Holsteinkuhkalb ab. *Klein* war in diesem Moment relativ, denn sie war immerhin schon groß genug, dass man sie nicht einfach einfangen und festhalten konnte. Wir zogen alle Register, doch mit jedem gescheiterten Versuch wuchs Floras Unsicherheit nur noch mehr. Lukas warf einen sorgenvollen Blick auf die Uhr und ich einen noch sorgenvolleren Blick in Richtung Himmel, der sich langsam, aber sicher zuzog. Wir hatten bereits fast zwei Stunden Zeit verloren, und vor meinem inneren Auge lief ununterbrochen in großen neonfarbenen Lettern der gleiche Satz ab:

Wenn wir es nicht schaffen, müssen wir sie hierlassen.

Wenn wir es nicht schaffen, müssen wir sie hierlassen.

Wenn wir es nicht schaffen, müssen wir sie hierlassen.
Es war letzten Endes das beherzte Tackling von Lukas und meine Hände, die wie fremdgesteuert in Windeseile den Strick zu einem Halfter zusammenknüpften und dieses um Floras Kopf schlangen, was es uns ermöglichte, wie geplant mit drei Tieren im Schlepptau den Weg zum Hänger anzutreten. Ich bemühte mich sehr, sämtliche Gedanken um die auf der Alm verbleibenden Kühe beiseitezuschieben. Ich wusste, wir taten, was wir konnten. Sosehr es – damals wie heute – auch schmerzt: Wir hätten niemals alle neunzehn Tiere mit auf unsere Reise nehmen können.

Es war schon eine recht skurrile Prozession, die sich da langsam in Richtung Hänger bewegte: Lukas mit dem Kraftfuttereimer vorweg, Primel und der halbwüchsige Salmiak direkt auf seinen Fersen, dahinter, mit gebührendem Abstand, Flora, die immer mal wieder den Anschluss verlor, um dann wieder hektisch den anderen beiden hinterherzustolpern, und ganz zum Schluss Lena und ich. Doch es wurde auch jetzt nicht wirklich einfacher. Wir hatten etwa die Hälfte des Weges zurückgelegt, als wir wie aus weiter Ferne plötzlich eine Kuhglocke hörten. Ich selbst schenkte dieser Glocke keine große Aufmerksamkeit, denn Kuhglocken auf der Alm sind nun wahrlich keine Seltenheit, doch als Lukas sich weiter vorne umdrehte, an mir vorbei in Richtung unserer Alm schaute und ihm die Kinnlade herunterklappte, wagte auch ich einen Blick zurück. Eines unserer Jungtiere, Gurke, hatte anscheinend den Zaun durchbrochen und galoppierte uns laut muhend fröhlich hinterher. Auch mir entgleisten nun sämtliche Gesichtszüge, und ich fragte mich ernsthaft, ob irgendwo eine Kamera versteckt war oder ob ich dieses ganze abstruse Happening hier einfach nur träumte. Es blieb uns also nichts anderes übrig, als Primel, Salmiak und Flora auf des Nachbarsalm wieder laufen zu lassen, daraufhin mit vereinten Kräften Gurke irgendwie einzufangen und zurück auf unsere Alm zu geleiten. Lukas flickte den Zaun, Lena und ich eilten den anderen drei Rindern hinterher, und so schafften wir es tatsächlich irgendwann bis zum Gatter am Bach. Selbiger führte durch den anhaltenden Regen der letzten Wochen recht viel Wasser, weswegen wir uns wohl oder übel damit abfinden mussten, ein Tier nach dem anderen über die kleine Holzbrücke und dann in den Hänger zu führen. Tja, was soll ich sagen – Primel hielt nichts von der Holzbrücke. Sie hielt auch nichts von unserem Schieben und Ziehen, strenge Worte prallten völlig an ihr ab, und auch mein Bitten und Betteln ließen sie kalt. Erst der tiefrote Proviantapfel aus dem Kofferraum wirkte Wunder und überzeugte die betagte Dame davon, doch noch in den Hänger zu steigen. Herr Salmiak spazierte mit Lukas die Laderampe empor, als hätte er nie etwas anderes getan, und Flora, ja, Flora hoben wir kurzerhand zu dritt in den Hänger hinein. Drei Rinder in diesem Hänger zu transportieren, war zwar nicht optimal, doch es gelang uns, Primel durch eine Trennstange auf ihrer Seite zu halten, während sich Salmiak und Flora die andere Hälfte teilten. Die Ladeklappe ging zu, wir sprangen ins Auto und fuhren los. Lukas hielt alle paar Kilometer an und ließ Lena kurz aussteigen, um zu überprüfen, ob bei unseren Vierbeinern alles in Ordnung war. Nachdem auch nach der Hälfte der Strecke noch immer alle Rinder an Ort und Stelle standen und sich dank der dichter werdenden Wolken auch die Temperatur langsam wieder regulierte, wurde auch ich ruhiger. Bis es einen Schlag tat und Lukas sofort die nächste Bushaltestelle ansteuerte. Die Stange, die Primel von Salmiak und Flora trennte, hatte aus unerfindlichen Gründen den Dienst quittiert, woraufhin sich Primel in jeder Kurve nicht mehr gegen die Stange, sondern gegen Herrn Salmiak und damit auch gegen Flora lehnte. Und da Flora das kleinste und demnach auch am wenigsten standhafteste Wesen in diesem Hänger war, hatte sie das Nachsehen. Das am Vormittag großzügig verteilte Einstreu war mittlerweile in einer braunen Masse von Kuhmist verschwunden, in der Flora ausgerutscht war und nun unter den anderen beiden Rindern lag. Die Kleine musste da raus – und zwar sofort. Zum ersten Mal an diesem Tag war ich den Tränen nahe. Lukas stieg wieder ins Auto und bog in die nächste Seitenstraße, damit wir das Kalb nicht direkt neben der Landstraße ausladen mussten, und mit viel Mühe fischten wir die Kleine heraus. Lukas und ich waren daraufhin völlig verdreckt, doch das war nichts im Vergleich zu Flora und Lena. Unsere Praktikantin hielt den Kopf der noch immer konsterniert dreinblickenden und in Kuhmist gebadeten Flora im Arm und sah selbst kaum besser aus. Wir überlegten fieberhaft, wie wir nun weitermachen sollten. Lukas rief kurzerhand bei einem Bauern an, den er über vier Ecken kannte, ob der uns womöglich mit einem zusätzlichen Hänger aushelfen konnte, doch der hob nicht ab. Kurz kam uns noch der Gedanke, dass einer von uns mit Flora hier warten könnte, bis Primel und Salmiak an ihrem Zielort angekommen waren, doch da machte uns das Wetter einen Strich durch die Rechnung. Uns blieb in diesem Moment also nichts anderes übrig, als die Stange notdürftig zu flicken, Flora wieder in den Hänger zu wuchten und weiterzufahren. Lena indes musste sich schließlich mitten im Ort mal kurz bis auf die Unterwäsche ausziehen und in meine Wechselklamotten schlüpfen, da sie wirklich und wahrhaftig von oben bis unten mit Kuhmist bedeckt war. Im Auto herrschte Schweigen, das nur alle paar Kilometer von Lenas Kuh-Kontrolle, dem darauffolgenden »alles in Ordnung« und dem leisen Gemurmel des Radios unterbrochen wurde. Und dem Donnergrollen, das langsam, aber sicher näher kam. In der letzten Nachrichtendurchsage des regionalen Radiosenders sprach man eine eindringliche Wetterwarnung und gleichzeitig auch die Bitte aus, alle Bürger:innen mögen wenn möglich in ihren Häusern bleiben. Sturm, Starkregen, Hagel, schwere Gewitter. Ich betete, dass wenigstens dieser Kelch heute an uns vorübergehen würde.

Als wir die Landstraße verließen, uns durch ein kleines Dorf schlängelten und schließlich am Fuße der (glücklicherweise gut asphaltierten) Bergstraße ankamen, die uns zu der neuen Alm-Residenz der Kühe führte, war jedoch gar nichts mehr in Ordnung. Wir hatten die zweite von insgesamt neunzehn Kehren hinter uns gebracht, als die Stange unter Primels Gewicht erneut nachgab und Flora wieder am Boden lag.

»Das funktioniert so nicht«, stammelte ich und war zum zweiten Mal den Tränen nahe, als wir versuchten, Flora wieder in Position zu bringen. »Ich geh mit ihr zu Fuß hoch!«

»Vergiss es«, sagte Lukas mit einem Kopfnicken in Richtung Westen, »hast du mal geschaut, was da gerade aufzieht? Du stehst mitten im Wald!«

Ich wollte es nicht wahrhaben, aber Lukas hatte recht. Das Donnergrollen war nun nicht mehr leise, ein heftiger Wind zog durch die Bäume, und in der Ferne sah man die ersten Blitze über den Himmel zucken. Ich blickte Flora an. Sie hielt absolut gar nichts davon, sich noch mal zu berappeln, und blieb einfach liegen, als wäre das hier keine Pfütze aus Kuhmist und Urin, sondern ein Stück Almwiese. Sie würde in diesem Hänger nicht noch mal aufstehen.

»Dann fahr ich da drinnen mit.«

»Dein Ernst?«, hakte Lukas nach.

Für einen kurzen Moment klappte Lena die Kinnlade herunter, doch sie fing sich sofort wieder.

»Mein Ernst«, bestätigte ich. »Wir telefonieren, ich lasse den Lautsprecher am Handy an und bleibe hier vorne in dem kleinen Dreieck zwischen Kopfstange und dem vorderen Ende des Hängers stehen. Da bin ich von den dreien getrennt und stehe sicher. Ich gebe Bescheid, wenn es nicht mehr geht.«

Lukas missfiel diese Idee eindeutig, doch auch er hatte gerade keinen anderen Einfall, wie wir so schnell wie möglich auf die Alm und wieder herunterkommen sollen. Also nickte er. Und ich stieg in den Hänger.

Es dauerte kaum eine Minute, bis Primel sich in der nächsten Linkskurve wieder an Salmiak anlehnte und der auf Flora stolperte. Mit einem Fuß stand er auf ihrem Vorderlauf, und mit dem anderen erwischte er sie am Hals. »Scheiße, Scheiße, Scheiße!«, rief ich über den nunmehr immer lauter dröhnenden Wind hinweg in mein Handy. »Er tritt auf sie drauf!« Am anderen Ende der Leitung meldete sich Lukas zu Wort: »Soll ich stehen bleiben?!«

In meinem Kopf ratterte es. Ja, er sollte sofort stehen bleiben. Flora sollte hier raus. Wir alle sollten sofort aus diesem Hänger raus, und überhaupt sind wir hier gerade total falsch. Wir sollten bei uns auf dem Hof sein, irgendwelche Zukunftspläne schmieden und überlegen, was wir abends kochen könnten. Wir sollten überall sein – nur nicht hier in diesem Hänger. Mit diesem Kälbchen, das immer wieder unter die Füße von Herrn Salmiak geriet. Ich biss die Zähne zusammen. *The best way out is always through.*

Ich klemmte also mein Handy zwischen Shirt und Bustier, schlüpfte unter der Kopfstange des Hängers hindurch und stellte mich zu Flora an die Seitenwand des Hängers. Ich positionierte ihren Kopf auf meinen Oberschenkeln und drückte meine Hüfte gegen Herrn Salmiak. Mit der linken Hand hielt ich Floras Kopf, mit der rechten reichte ich über den kleinen Salmiak hinweg und stemmte mich mit aller Kraft gegen Primel. »Fahr – aber fahr langsam«, brüllte ich in mein Handy und versuchte danach sofort wieder, halbwegs beruhigend auf die Tiere einzureden. Im Hänger wurde es immer dunkler, und ich hörte die ersten Tropfen auf das Dach prasseln. In einer Kurve lehnten sich Primel und Salmiak so sehr gegen mich, dass ich mich für den Bruchteil einer Sekunde ernsthaft fragen musste, wie viel Druck menschliche Rippen eigentlich aushalten können, bevor sie brechen. Am anderen Ende der Leitung hörte ich Lena sprechen.

»Noch zwölf Kehren.«

»Noch zehn Kehren.«

»Noch sieben Kehren.«

Mein Zeitgefühl war völlig dahin, und ich hoffte einfach nur, dass wir schnellstmöglich oben ankommen würden. Die Wand, an der ich lehnte, war eben noch völlig verdreckt und dunkelbraun gewesen, doch jetzt war sie wieder sauber, weil sämtliche Ausscheidungen an meinem Körper klebten. Doch das war mir noch nie so egal gewesen wie in diesem Moment. Floras Kopf lag noch immer auf meinen Oberschenkeln, und wir sahen einander an. »Es tut mir so leid, es tut mir so, so leid ...«, murmelte ich gebetsmühlenartig vor mich hin.

»Noch fünf Kehren.«

Und dann, dann ging die Welt unter. Als hätte man einen Schalter umgelegt, setzte plötzlich Starkregen ein, wenige Sekunden später folgte der Hagel, und im Hänger wurde es ohrenbetäubend laut. Dicke Eisklumpen prasselten mir von hinten durch die offene Fensterklappe schmerzhaft auf den Rücken, und binnen weniger Sekunden war ich klatschnass. Wir fuhren direkt in das Gewitter hinein, so viel war klar. Ich zählte die Sekunden zwischen Blitz und Donner, und als ich kaum mehr bis zwei kam, brach auch die Telefonverbindung zu Lukas und Lena ab. Die Sorge um meine Rippen schien mir plötzlich banal. Wir fuhren in ein Unwetter hinein. Auf einem Berg. Und wir mussten dort oben drei Rinder ausladen. »Das kann es jetzt nicht gewesen sein«, flüsterte ich verzweifelt. »Uns wird nichts passieren, uns wird nichts passieren, uns wird nichts passieren ...« Ich wurde vom Vibrieren meines Handys unterbrochen, und nachdem ich mit zitternden Fingern den Anruf entgegennahm und mir Lukas »Wir sind gleich da, ich sehe das Gatter!« entgegenrief, entfuhr mir unweigerlich ein Schluchzen.

Der Hagel schlug noch immer wie kleine Gewehrkugeln auf das Dach des Hängers, Blitze rasten über den Himmel, der Donner folgte weniger als eine Sekunde später. Wir hatten den Höhepunkt des Gewitters erreicht, als ich endlich spürte, wie das gesamte Gefährt zum Stehen kam. Wenige Sekunden später riss Lukas die Heckklappe des Hängers auf. Wir scheuchten erst Flora hinaus, dann Salmiak und schließlich Primel. Alle drei trabten direkt in Richtung der anderen Kühe, die ein Stück entfernt unter den Bäumen standen. Ein greller Blitz leuchtete auf, der folgende Donner brachte die Erde unter unseren Füßen zum Beben.

»Zurück ins Auto!«, brüllte Lukas über den Lärm hinweg, und wir setzten uns in Bewegung. Ich sah an mir herunter. Noch immer klebte der Kuhmist an meinen Beinen, ich hatte irgendwas im Gesicht, und meine Hände waren tiefdunkelbraun verfärbt. Durch meine Brille sah ich schon lange nichts mehr, weswegen ich abgesehen von der großen Pfütze zu meinen Füßen kaum etwas erkennen konnte. Ohne weiter darüber nachzudenken, begann ich, mir mit dem Pfützenwasser den Dreck vom Körper zu spülen, und weil mittlerweile sowieso alles egal war, wusch ich mir mit beiden Händen damit auch noch das Gesicht. Wenige Sekunden später sprang ich zu den anderen beiden ins Auto, hockte mich in den Fußraum – und begann bitterlich zu weinen.

All die Tränen, die ich den ganzen Tag über heruntergeschluckt hatte, weil ich es mir schlichtweg nicht leisten konnte, zwischendurch zusammenzubrechen, brachen nun mit aller Heftigkeit aus mir heraus. Ich war fix und fertig und bekam nicht einmal mehr richtig mit, wie Lena mir eine halbwegs trockene Jacke reichte oder wie Lukas mir über den Rücken strich. Für eine Weile war ich schlicht und ergreifend nicht mehr anwesend – und es hat fast eine Stunde gedauert, bis ich wieder zurückkam.

Es waren insgesamt 26 Minuten, die ich im Hänger bei Flora, Primel und Herrn Salmiak zugebracht habe. Als wir den Zufahrtsweg zur Alm auf dem Rückweg wieder verließen, ließ der Hagel nach und blieb irgendwann ganz aus. Um 18:15 Uhr fuhren wir auf den Hof in Mörtschach, Lukas brach zwanzig Minuten später zu seinem Nachtdienst auf, während Lena und ich uns ans Melken machten. Alles wie immer. Und das, obwohl an diesem Tag absolut gar nichts wie immer war.

An jenem 18. Juli haben wir zu dritt sieben Kühe aus dem landwirtschaftlichen System herausgeholt: Birke, Gretel, Pflaume, Perin, Primel, Herrn Salmiak und Flora. Ich habe mich zwischendurch mehr als nur einmal gefragt, was wir hier eigentlich machen und ob wir den Tieren, insbesondere Flora, gerade überhaupt einen Gefallen tun. Wobei das noch freundlich ausgedrückt ist, denn während ich mit ihr im Hänger stand, habe ich mir in Wahrheit einen Vorwurf nach dem anderen gemacht. Ich musste an diesem Tag mehr denn je daran glauben, dass in manchen Fällen der Zweck die Mittel heiligt, denn andernfalls hätten wir diese ganze Aktion nicht durchstehen können.

Es dauerte mehrere Tage, bis sich mein Körper von den Strapazen dieser Aktion erholt hatte, denn vielleicht sollte man noch erwähnen, dass zwei Tage zuvor die Heuernte auf unserer Steilfläche stattgefunden hatte. Im Grunde bedeutet das nichts anderes, als dass Lena und ich fast sieben Stunden lang mit einem Zwölf-Kilo-Heubläser auf dem Rücken dreieinhalb Hektar Steilfläche bearbeitet haben, während Lukas und sein Bruder das ganze Heu eingesammelt und in den Heuladewagen verfrachtet haben. Wir sind innerhalb von wenigen Tagen zweimal über unsere körperlichen Grenzen hinausgegangen, und ich muss gestehen, dass ich mich bis heute frage, wie in aller Welt wir das überhaupt geschafft haben. Zudem ist mir das Ausmaß dessen, was wir da veranstaltet haben, und auch der Gefahr, der ich mich im Hänger und wir uns alle auf dieser Alm ausgesetzt haben, erst Tage später bewusst geworden. Was letztlich wohl auch besser so war.

Diese ganze Aktion klingt für Außenstehende wahrscheinlich denkbar wild, und womöglich kann man auch nicht jede unserer Entscheidungen an diesem Tag nachvollziehen, doch heute, mit ein bisschen Abstand, weiß ich ganz genau: Ja, es ist vieles schiefgegangen, aber wir hätten uns in keiner Weise auf solche Eventualitäten vorbereiten können. Und ja, für die Tiere war ganz besonders diese letzte Fahrt von der einen auf die andere Alm extrem stressig und in Floras Fall auch schmerzhaft, aber wir hatten an diesem Tag keine Wahl. Es gab nur *ganz* oder *gar nicht*, und wir hatten kein *dazwischen* und kein *vielleicht* zur Auswahl, denn *entweder* brachten wir die Tiere jetzt und so hier raus – *oder* sie würden zurückbleiben.

Mit dem Umzug der Kühe konnten wir also einen unglaublich wichtigen Punkt von unserer To-do-Liste streichen, und mir persönlich fiel dabei ein großer Stein vom Herzen. Die Mädels waren sicher – und der Rest? Den würden wir jetzt auch noch hinkriegen, denn nach diesem Erlebnis könnte uns wohl so schnell nichts mehr aus der Ruhe bringen. Dachte ich zumindest.

Tatsächlich nahm der Wahnsinn auch in den Folgewochen kein Ende. Ich weiß gar nicht genau, was grotesker war: Da wäre einerseits der Fakt, dass wir – so ganz nebenbei – die komplette Ernte noch selbst einholten und die Futterlager bis zum Bersten füllten. Dann kam der Umstand hinzu, dass die Kommission, die den Kauf des Hofs bewilligen musste, doch nicht so schnell arbeitete, wie es unser Notar angekündigt hatte, und die Bewilligung somit drei Wochen anstatt drei Tage dauern sollte. Doch auch das war noch nicht das Ende der Fahnenstange: Letztlich vergaß man bei der zuständigen Behörde allen Ernstes weitere drei Wochen lang, unseren Antrag überhaupt zu prüfen, weswegen wir am Ende volle sechs Wochen warten mussten. Ich wusste beim besten Willen nicht mehr, ob ich lachen oder weinen sollte. Ende Juli begannen wir langsam damit, den Umzug vorzubereiten: Lena und ich holten sämtliche Kräuter und alles, was mehrjährig war und mit in die Steiermark ziehen sollte, aus der Erde und setzten es in Blu-

mentöpfe. Ebenso sammelten wir in aller Stille und klamm-
heimlich all unsere auf dem ganzen Hof verstreuten Besitztümer ein und misteten unsere Habe dabei noch ordentlich aus.
Die Umzugskartons brachten wir ins Haus, als Lukas' Eltern
gerade Mittagspause machten, die neuen Katzentransportbo-
xen lagerte ich im Gewächshaus zwischen, und einige der leeren Futtersäcke befüllte ich mit etwas Heu, um die Kaninchen
in ihrem neuen Zuhause die ersten Tage versorgen zu können.
Wir orderten große, stabile Kunststoffkisten, um all die Mar-
meladengläser und Säfte von A nach B transportieren zu können, und für das eingefrorene Gemüse organisierte uns Lena
eigens dafür vorgesehene Thermoboxen. Lukas beschaffte uns
indes einen geräumigen Anhänger und mietete noch dazu
drei große Transporter, in denen wir – hoffentlich – all unsere
Besitztümer verstauen könnten. All das lief über Wochen hinweg im Hintergrund ab, während wir nach wie vor trotzdem
noch immer die Landwirtschaft betrieben und zweimal am Tag
Kühe molken. Und als ob das alles noch immer nicht genug
wäre, fanden wir uns Anfang September inmitten einer Katastrophe auf der Alm wieder.
Wir wollten die hochträchtige Serita pünktlich zwei Wochen
vor ihrem geplanten Abkalbetermin zurück ins Tal holen, doch
als wir oben ankamen, hatten ihre Wehen bereits eingesetzt. Es
schien keine leichte Geburt zu werden, im Gegenteil: Das Kalb
befand sich nicht in der richtigen Position, außerdem hatte
Serita offensichtlich heftige Schmerzen, weswegen wir sie
schnellstmöglich ins Tal bringen und vom Tierarzt behandeln
lassen wollten. Unglücklicherweise stand die Kuh am anderen Ende der Alm, sodass wir einen steilen Hang herunter-
und einen ebenso steilen Hang wieder hinaufsteigen mussten,
bevor wir uns mitsamt der bereits wehengebeutelten Kuh auf
den Weg in Richtung Hänger machen konnten. Kurz bevor
wir besagten Weg schließlich erreichten, kam es zur Katastrophe: Die Kuh hatte schlicht und ergreifend keine Kraft mehr,

ihre Hinterläufe knickten immer wieder ein – und schließlich konnte sie sich gar nicht mehr halten. Es geschah in Sekundenschnelle, doch rückblickend läuft vor meinem inneren Auge alles in Zeitlupe ab: Serita fiel, und ich umklammerte den Führstrick mit meinen Händen, als hinge mein eigenes Leben davon ab. Kurzzeitig hob es mich wortwörtlich von den Füßen, und ich stolperte einige Schritte vorwärts, doch im selben Moment stürzte Birte zu mir und griff ebenso nach dem Strick. Wie zwei Bobfahrerinnen saßen wir am Hang und stemmten die Füße in den Boden, während Serita an Schwung verlor und schließlich, alle viere gen Himmel gestreckt, zum Liegen kam. Das Seil brannte in unseren Händen, Lukas und Lena packten Serita an je einem Bein, und so bewahrten wir die Kuh vor Schlimmerem. Vorerst – denn das eigentliche Martyrium stand uns allen noch bevor.

Wir befanden uns rund zwanzig Meter unterhalb des Weges, hatten kein Handynetz, keine Seilwinde oder andere Hilfsmittel. Wir konnten die Kuh weder aus eigener Kraft umdrehen oder gar den Hang hinaufziehen, und vor allem konnten wir diesem leidenden Tier nicht erklären, was hier gerade geschah. Und so schlimm es auch klingen mag: Wir hatten nicht einmal die Möglichkeit, sie von ihrem Leiden zu erlösen. Wir hatten nichts. Und dann gab es da ja auch noch das Kälbchen, das eigentlich schnellstmöglich auf die Welt gebracht werden sollte. Wir versuchten nun also tatsächlich in dieser schier ausweglosen Situation, das Kalb zu holen, doch es hatte eine derart verquere Position eingenommen, dass wir mit bloßen Händen nichts ausrichten konnten.

Fast eine Stunde brachten wir dort zu; in gleißender Mittagshitze, die leidende Kuh in unseren Händen. Lukas hatte Lena, Birte und mich für einige Zeit allein zurücklassen müssen, um nach Unterstützung zu suchen, und glücklicherweise fand er tatsächlich drei Männer samt Traktor, die uns schließlich zu Hilfe eilten. Wie durch ein Wunder schafften wir es,

Serita mithilfe des Traktors und einiger an den Vorderläufen festgebundener Seilschlingen langsam den Hang hinaufzuziehen. Auf dem Weg angelangt, tat einer der Männer, ein erfahrener Milchbauer, gemeinsam mit Lukas sein Möglichstes, um das Kalb auf die Welt zu bringen. Nach einigen Minuten gelang es ihnen, doch zu diesem Zeitpunkt war das Kuhkalb längst tot. Alles, was nun folgte, gleicht einer vagen Erinnerung. Die Bilder sind verschwommen und gehen fließend ineinander über. Mir war, als hätte ich den Kopf unter einer Glocke versteckt: Alles um mich herum klang weit entfernt und drang kaum mehr zu mir durch. Da war einerseits die Tatsache, dass dem ersten Kalb ein zweites folgte, das – ebenso wie seine Schwester – bereits im Mutterleib verendet war. Dann der Umstand, dass Serita auch nach der Geburt des zweiten Kalbs nicht aufhörte zu pressen und somit im Begriff war, ihre Gebärmutter Wehe für Wehe aus sich herauszudrücken, woraufhin Birte und ich uns mit unseren in Bachwasser getränkten Shirts hinter die Kuh setzten und mit bloßen Händen dagegenhielten. Und Lukas, der es mit seinem Auto irgendwie geschafft hatte, den Viehhänger den holprigen Almweg hinaufzuzerren, um die Kuh an Ort und Stelle zu verladen. Der Flaschenzug, mit dem wir die am Boden liegende Serita in den Hänger heben mussten, der Notfallanruf beim Tierarzt, die Ankunft auf dem Hof. Die Kuh, die wir schließlich wieder nur mit Seilen aus dem Hänger herausholen konnten, die neugierigen Blicke von Lukas' Eltern nebst hämischen Seitenhieben und die Nacht, die langsam über uns hereinbrach. Es war ein Albtraum, der kein Ende nehmen wollte.

Ja, das ist die Kurzfassung von diesem grauenhaften 8. September, der rückblickend betrachtet der schlimmste und traumatischste Tag war, den ich auf diesem Hof jemals erlebt habe und der im Nachhinein dafür gesorgt hat, dass ich seitdem nicht wieder auf die Alm wollte. Kein einziges Mal. Ich habe mich nicht einmal gebührend verabschiedet, denn die jüngsten Ereignisse haben diesen ehemals schönsten Ort der Welt für mich zu einem Friedhof an schrecklichen Erinnerungen werden lassen. Das einzig Tröstliche an dieser Katastrophe war letztlich die Tatsache, dass Serita überlebte. Und nicht nur das: Schon am nächsten Tag wackelte sie, zugegebenermaßen noch etwas unsicher, wieder über die Weide, fraß und trank und wurde von Stunde zu Stunde fitter. Es ist mir bis heute ein Rätsel, wie dieses Tier derartige Strapazen durchstehen und wenige Tage später wieder zum gewohnten Alltag übergehen konnte.

Ja, das waren unsere letzten Wochen auf dem Hof in Mörtschach. Sie waren geprägt von Ereignissen, die uns die letzten Kraftreserven raubten und uns mental alles abverlangten, aber den Abschied am Ende auch sehr viel leichter machten, als wir uns jemals erhofft hatten. Am 22. September kam endlich der lang ersehnte positive Bescheid der Kommission. Es war unsere persönliche »Rettung in letzter Minute«, denn wir konnten eigentlich längst nicht mehr. Lukas fuhr noch am selben Tag zur Hofübergabe in die Steiermark, während ich mit unseren Helfer:innen den ersten Transporter belud. Am 23. September gingen wir morgens wie immer in den Stall, packten anschließend fast sieben Stunden lang all unsere Habe in die verbliebenen Transporter sowie den Hänger und verließen um 15 Uhr – *erstmal für immer* – den Hof in Mörtschach.

Während Lukas in seinem Auto samt Hänger unterwegs war und unsere Freund:innen Jasmin, Lena und Johannes die Transporter fuhren, bildete ich mit Birte in Jasmins VW das Schlusslicht der Kolonne – auf der Rückbank: zwei Kater, zwei Hühner, drei Kaninchen und eine ausladende Zimmerpflanze. Die Schwafe folgten unserer Truppe keine 24 Stunden später mit einem eigens für sie organisierten Viehtransport.

Und dann?

Dann hatten wir es geschafft.

Mir wurde oft prophezeit, dass es uns mit Sicherheit sofort besser gehen würde, wenn wir in unserem neuen Zuhause angekommen sind, doch so richtig glauben wollte oder vielmehr konnte ich es eigentlich nicht. Schlussendlich bewahrheitete sich diese Prophezeiung auf ganzer Linie, denn wir waren endlich angekommen. Nicht nur im wortwörtlichen Sinne mit Sack und Pack, sondern auch im übertragenen Sinn, denn wir fühlten uns bereits an unserem ersten Abend, inmitten des Chaos, schon mehr zu Hause als in all den Monaten zuvor auf dem Hof in Mörtschach.

Nun leben Lukas und ich in dem Haus im Wald. Und um uns herum? Alle und alles, was uns lieb und teuer ist. Wie gesagt: Ich habe so den leisen Verdacht, dass das alles ziemlich großartig werden wird.

Schauen wir mal, was uns die nächsten Jahre bringen.

Die Wald-WG

Lukas und Madeleine

dazu:

Findus
Herr Salmiak
Daphne und Mechthild: die Hühner
Chicorée, Christophorus und Cookie: die Kaninchen
Gretel, Birke, Oma Primel, Perin, Pflaume und Flora:
die Kühe
Frieda, Edna, Ole, Lasse, Wilma, Ida, Ronja, Rosa
und Gustav: die Schwafe
Ein Kater, der zufällig genauso aussieht, geht, steht,
schläft wie King H:
Wir nennen ihn fortan Heinrich

~~Erstmal~~ für immer

Oh, home, let me come home
Home is wherever I'm with you
Edward Sharpe & The Magnetic Zeros

August 2023

In den letzten vier, ja fast schon fünf Jahren gab es wirklich so
einige Dinge, mit denen ich nicht gerechnet oder die ich nicht
erwartet hätte, doch die Tatsache, dass Lukas und ich am Ende
dieser Reise noch immer *zusammen* sind und wir dieser Tage
sogar eine noch viel größere Reise *gemeinsam* antreten, ja, das
lässt mich (im besten Sinne) völlig erstaunt zurück. Denn auch
wenn es nach außen hin vermutlich selten zu sehen war: Wir
hatten zu kämpfen. Wir hatten in den letzten Jahren nicht nur
mit den Umständen, sondern über weite Strecken auch mit uns
selbst und vor allem mit dem jeweils anderen zu kämpfen.

In unserem ersten Jahr auf dem Hof von Lukas' Eltern gab es
zwar auch etliche Hürden und Unwegsamkeiten, doch unterm
Strich waren das Schwankungen, mit denen man in dieser sonst
eher von Leichtigkeit geprägten Verbindung irgendwie leben
konnte. Wir kochten gemeinsam, tanzten durch die Woh-

nung und unternahmen Ausflüge, bei denen wir stets die kleine Polaroid-Kamera mitnahmen, denn wir hatten uns das ambitionierte Ziel gesteckt, bei jedem Ausflug, und sei er noch so kurz oder vermeintlich unbedeutend, ein Polaroid-Selfie aufzunehmen. 2019 gab es zwanzig und 2020 fast vierzig dieser kleinen Fotos von uns beiden. Es waren Aufnahmen von der Alm, einem Kurzurlaub nach Italien, Ausflügen auf die Großglocknerstraße, Besuchen bei Freunden und Verwandten und Auszeiten auf der Almhütte. Auf jedem einzelnen grinsten wir wie Honigkuchenpferde.

Doch im darauffolgenden Jahr wurden die Hürden größer, die Ausflüge seltener, die Polaroids gerieten in Vergessenheit, und auch in den Untiefen von Handy und Kamera findet man nicht mehr als eine Handvoll Fotos, auf denen wir gemeinsam zu sehen sind. Irgendwann wusste ich nicht einmal mehr, wo wir die Polaroid-Kamera überhaupt zuletzt abgelegt hatten. Die Leichtigkeit war verschwunden; wir haben sie irgendwo zwischen aussortierten Kühen, eklatantem Schlafmangel und gleichzeitiger Überarbeitung, nicht abgewaschenem Geschirr und immer wiederkehrenden Differenzen mit der Familie aus den Augen verloren. Und ich hatte absolut keinen Schimmer, wo und wie ich sie wiederfinden könnte.

2021 begann ich das zu vermissen, was wir mal waren. Wir waren mal einfach, doch zu jener Zeit hätte ich dieses Wort am liebsten aus meinem Wortschatz verbannt, denn nichts war mehr einfach. Ich stand bisweilen vor dem großen Rahmen, in dem ich in der Vergangenheit meine liebsten Fotos von uns sorgsam nebeneinander archiviert hatte, und wurde tieftraurig. An besonders schlechten Tagen begannen wir miteinander zu streiten beziehungsweise ich war diejenige, die gestritten hat, denn Lukas blieb ruhig – zumindest nach außen hin. Er versuchte, das Ganze auszusitzen, abzuwarten und die Situation dadurch zu entschärfen, dass er einfach gar nichts mehr sagte. Eigentlich nicht unbedingt die schlechteste Strategie, doch bei mir hatte sie leider gegenteilige Wirkung: Je leiser Lukas während eines Streits wurde, desto lauter wurde ich. Weil ich die Situation lösen, weil ich eine Reaktion von ihm und weil ich letztlich auch einfach gehört werden wollte. Während ich also versuchte, mich und meine Gefühlswelt bis ins kleinste Detail zu erklären, machte Lukas einfach zu. Bisweilen seufzte er auch nur und versuchte die Situation mit einem »Okay« zu entspannen. In solchen Momenten wussten wir beide, dass hier eigentlich gerade nichts »okay« war, doch es war eben sein Versuch, dem Zwist den Wind aus den Segeln zu nehmen – meist leider vergeblich. Wir führten teilweise Streitereien miteinander, infolge derer ich so sauer war, dass ich eine Woche im Gästezimmer schlief. Manchmal sagte Lukas vor lauter Wut einfach kein Wort mehr zu mir – über Tage hinweg. In einigen Situationen liefen unsere Diskussionen derart aus dem Ruder, dass ich mir bloß noch die Autoschlüssel geschnappt, auf irgendeinen Wanderparkplatz gefahren und mir bei bis zum Anschlag aufgedrehter Musik die Augen aus dem Kopf geweint habe. Und wenn es ganz schlimm war, fingen wir an, miteinander zu streiten, obwohl der eigentliche Konflikt zwischen mir und Lukas' Eltern stattfand. Unser Streit war dann bloß ein Ventil, ein verzweifelter Versuch, den Druck irgendwie zu mindern. Ich habe mich bisweilen derartig alleine auf diesem Hof gefühlt, dass ich einmal in einer Kurzschlussreaktion sogar meinen Koffer gepackt habe. Erst als ich schon halb auf dem Weg zum Bahnhof war, haben wir uns dann schlussendlich doch irgendwie wieder eingekriegt.

Rückblickend kann ich heute gar nicht mehr sagen, worum es in diesen Auseinandersetzungen eigentlich genau ging und wie wir uns wieder gefangen haben. Ich weiß nur, dass es diese Situationen gab und dass ich irgendwann wirklich an unserer Beziehung gezweifelt habe. Das Jahr 2021 war eine Herausforderung ohnegleichen, und ohne es zu wollen, hatten wir für uns und unsere Zukunft eine Entscheidung zu treffen: entweder *getrennt weitermachen* oder *gemeinsam wachsen*.

Mit der Übernahme der Stallarbeit im Januar 2022 und dem Mehr an Verantwortung, die da plötzlich auf unseren Schultern lastete, veränderte sich unsere Beziehung erneut. Lukas hatte mich um dieses erste Jahr gebeten, denn offen gestanden war ich bereits damals schon so weit, dass ich gerne gegangen wäre. Doch er wollte wenigstens ein Jahr lang versuchen, den landwirtschaftlichen Betrieb zu übernehmen, nicht zuletzt auch in der Hoffnung, dass sich daraufhin womöglich einige Streitereien aus der Welt schaffen ließen. Lukas befürchtete, einen überstürzten Weggang irgendwann zu bereuen, daher entschieden wir uns, zumindest vorerst, gemeinsam zu wachsen, und funktionierten in diesem Jahr mehr denn je wie ein eingespieltes Team. Während all der Streitereien der letzten Jahre hatte ich bei der Vorstellung, gemeinsam den Hof zu schmeißen, ein ungutes Gefühl in der Magengegend gehabt. Tatsächlich war ich zeitweise sogar felsenfest davon überzeugt gewesen, dass wir auf keinen Fall tagtäglich zusammenarbeiten können, ohne dass dabei die Beziehung vollends in die Brüche ginge. Das lag in erster Linie daran, dass sich unsere Herangehensweisen bei vielen Arbeiten einfach grundlegend voneinander unterschieden. Während mein *Modus Operandi* »Highspeed« und »maximale Effizienz« hieß, folgte Lukas' Schema F eher einer sehr langsamen und ruhigen Art. Ich nenne es auch gerne mal *Arbeit in Zeitlupe*. Einmal hatten wir ein Zeitraffer-Video davon aufgenommen, wie wir gemeinsam Marillenknödel zubereiteten, und während meine Handgriffe kaum mehr als solche zu erkennen waren und in ihren Konturen beinahe verschwammen, bewegten sich Lukas' Hände in einem völlig normalen Tempo. Es sah aus, als hätte ich zwei verschiedene Videos zusammengeschnitten: er in »ganz normal«, ich in vierfacher Geschwindigkeit. Abgesehen davon ist Lukas ein Mensch, dem immer wieder noch drei Dutzend andere Dinge einfallen, mit denen man sich »zwischendrin« noch beschäftigen könnte – eine Angewohnheit, die mich innerlich im Dreieck springen lässt. Unsere unterschiedlichen Tempi waren wohl auch der Hauptgrund dafür, weswegen die Stallarbeit während des Sommers immer nur von einem von uns beiden, mit freundlicher Unterstützung der Praktikantinnen, erledigt wurde. Jeder von uns kümmerte sich um die anfallende Arbeit – doch wir taten dies nur selten zusammen. Wie sollten wir den Hof also je in kompletter Eigenregie *gemeinsam* bewirtschaften?

2022 belehrte uns jedoch eines Besseren, denn über weite Strecken des Jahres arbeiteten wir wie zwei gut geschmierte Zahnräder, die ohne ein einziges Ruckeln ineinandergriffen und einfach nur funktionierten – weil sie es mussten. Während es im Jahr zuvor noch die Leichtigkeit war, die ich in unserer Beziehung vermisste, so war es nun die Beziehung selbst, der ich viel zu oft nachtrauerte. Wir sahen uns den ganzen Tag, redeten miteinander, griffen einander unter die Arme, lagen am Abend gemeinsam im Bett – und trotzdem flüsterte ich kurz vor dem Einschlafen nur allzu oft ganz bestimmte drei Worte in die Dunkelheit hinein, doch es waren keinesfalls die, an die man nun als Erstes denkt. Es war ein geflüstertes *Ich vermisse dich* – an die Person gerichtet, die da neben mir und gleichzeitig doch meilenweit entfernt lag. Mir war bis dahin nicht klar, dass man manchmal die Menschen, die einem am allernächsten sind, am allermeisten vermissen könnte. Lukas und ich waren ein Team, ein richtig gutes noch dazu, doch darüber hinaus hatten wir scheinbar beide vergessen, wie das mit dem Paar-Sein noch gleich funktionierte, denn unsere Beziehung bestand damals nur noch aus Arbeit. Das *Pärchen*-Wir wurde von einem *Arbeits*-Wir abgelöst, das sich dieser Tage in erster Linie mit zwölf Kühen, zehn Jungtieren, drei Dutzend Hennen, drei (manchmal auch vier oder fünf) Katzen sowie den Kaninchen beschäftigte. Dazu kamen Krankheitsfälle, Geburten, liegen gebliebene Arbeiten, meine Selbstständigkeit, seine Teilzeitanstellung und am Ende des Tages auch so was wie der Haushalt. Wir befanden uns in dieser Bauernhof-Bubble und

steckten so viel Energie in kranke Kühe, Heuernten und Käl-
bergeburten, dass wir am Abend gerade so noch für uns selbst
sorgen konnten, und manchmal hat selbst das nicht funktioniert. Sich bei alledem dann noch um den jeweils anderen zu
kümmern, war schier unmöglich. Wenn wir uns dann doch mal
dazu aufraffen konnten, noch gemeinsam eine Serie zu schauen
oder uns von einem Podcast berieseln zu lassen, schliefen wir
binnen weniger Minuten einfach ein. Die Romantik hing in
der Warteschleife, und es war nicht ersichtlich, wie lange noch.

Die Ausgangssituation für alles, was da noch kommen
würde, war also eine denkbar ungünstige. Ich bin mir ziemlich sicher, dass es in Anbetracht der Gesamtsituation, der vielen Arbeit und der teils heftigen innerfamiliären Konflikte für
wirklich niemanden eine Überraschung gewesen wäre, wenn
wir einander aufgegeben hätten. Wahrscheinlich hätten es die
meisten Menschen sogar nachvollziehen können. Doch wie so
oft in den letzten Jahren haben wir uns auch in dieser Hinsicht
durchgebissen und einfach weitergemacht – bis sich ab einem
gewissen Punkt der Belastungsschwerpunkt von der Hofarbeit
zu den Konflikten mit Lukas' Eltern verlagerte. Im Winter
2022, spätestens aber nach dem gescheiterten Übergabetermin
am 15. Januar 2023, wurde Lukas langsam bewusst, dass es nicht
funktionieren würde. Das erste Jahr haben wir mit Sicherheit
nicht *wegen*, sondern *trotz* des Zutuns seiner Eltern geschafft,
doch es sollte dennoch das erste und gleichzeitig letzte Jahr für
uns bleiben.

Ich wollte niemals, dass Lukas in eine Situation gerät, in
der er sich zwischen mir und seiner Familie entscheiden muss.
Es sollte in einer Familie keine Seiten und kein *wir* und *die
anderen* geben, und ich für meinen Teil habe ihm nie das Mes-
ser auf die Brust gesetzt und gesagt »Sie oder ich!«, doch der
Umgangston war bisweilen absolut unterirdisch, und man schien
sich zeitweise massiv darum zu bemühen, einen Keil zwischen
uns zu treiben. Lukas erkannte daher ganz ohne mein Zutun,

dass er sich entscheiden *musste*. Und sosehr allen das Resultat dieser Entscheidung auch missfiel und so wenig man Lukas das Rückgrat und die Courage zutraute, diese Wahl für sich selbst getroffen zu haben, war sie doch eigentlich schon längst überfällig. Er entschied sich für uns, wenngleich das vermutlich die unbequemere Wahl und mit Sicherheit jene war, die ihn, solange ich im Haus war, von sämtlichen Familienzusammenkünften ausschloss. Um uns herum wurde es stiller, und während *die anderen* die Köpfe zusammensteckten und so taten, als wären sie die einzig wahre Gemeinschaft unter diesem Dach, geschah genau das Gegenteil von dem, was sie eigentlich bezwecken wollten: Je mehr man versuchte, uns auseinanderzubringen, desto enger rückten wir zusammen. Egal, wie schief der Haussegen hing, ob das Dach über unseren Köpfen lichterloh brannte oder um uns herum alles in Schutt und Asche zu fallen drohte – wir waren wir. Irgendwie anders, aber trotzdem noch wir. Und obwohl wir in den Jahren zuvor zu kämpfen und mit Sicherheit mehr als bloß einmal an der ganzen Beziehung gezweifelt hatten, passte nun kein Blatt Papier mehr zwischen uns. Während die Dinge um einen herum den Halt verlieren, hält man sich am besten gegenseitig. Und genau das taten wir von nun an.

Früher dachte ich immer, dass eine gute Beziehung einfach sein müsste. Dass sich alles immer irgendwie wie von Zauberhand fügen und nahtlos zusammenpassen müsste. Heute weiß ich, dass eine Beziehung Arbeit ist. Die Beziehung zu Lukas ist mittlerweile mit Abstand die längste, die ich bisher in meinem Leben geführt habe, und gleichzeitig ist es auch die Beziehung, die mir am meisten abverlangt und mich in vielerlei Hinsicht am meisten gefordert hat. Doch wir sind noch immer hier, wir sind noch immer wir. Mir ist klar, dass es viele Dinge in unserer Beziehung gibt, die *man* als Paar angeblich besser lassen sollte – angefangen von regelmäßigen Streitereien, gemeinsam leben *und* arbeiten oder gar am Abend mit dem Handy in der Hand nebeneinander im Bett liegen. Wenn man uns nach einem gemeinsamen Hobby fragen würde, fiele mir auf Anhieb wohl nur Essen ein, und manchmal schauen wir bei ebendiesem lieber eine Serie, als uns zu unterhalten. Wir sind also wahrlich nicht perfekt – zumindest nicht dann, wenn der Maßstab der Perfektion das ist, was die Gesellschaft gemeinhin unter einer guten Beziehung versteht.

Die Umstände, das Leben drum herum und alles, was dazu-gehört, können furchtbar schwierig und kompliziert sein, und oftmals ist auch die Beziehung eher anstrengend als angenehm, doch das ist für mich heute alles noch im Rahmen, solange die Liebe *einfach* bleibt. Ich habe in den letzten Jahren so oft an wirklich allem gezweifelt, doch nie auch nur eine Sekunde an der Zuneigung, die wir füreinander empfinden. Sie ist nach wie vor da, und entgegen dem, was ich in vorangegangenen Bezie-hungen bisher erlebt habe, wird sie mit der Zeit nicht weniger, sondern mehr. Lukas und ich mussten viele Bewährungsproben über uns ergehen lassen, und es hat verdammt lange gedauert, bis wir ein wirklich eingespieltes Team wurden. Uns blieb nicht viel anderes übrig, als an den Herausforderungen, aneinander und auch gemeinsam zu wachsen.

Der Abnabelungsprozess indes, den Lukas in den letzten Jahren durchlaufen hat, war mit Sicherheit alles andere als leicht und oft genug vermutlich sogar richtig schmerzhaft. Es gehört sehr viel dazu, in dieser Welt hier aufzuwachsen, all die Werte und all die Dinge, die »man halt so macht« (oder eben auch nicht), eingetrichtert zu bekommen – und am Ende trotz-dem ganz anders zu werden. Die Sachen, die bisher stets mit »so ist das nun mal« erklärt wurden, plötzlich infrage zu stel-len; selbst wenn dieses Hinterfragen mit Argwohn, viel Belä-cheln und noch mehr Kopfschütteln von anderen quittiert wird. Das fängt mit Widerworten gegenüber der eigenen Familie an und hört bei zurückgeholten Stierkälbern auf. Natürlich wird vieles, vor allem Lukas' neu entdeckte rebellische Art, in erster Linie auf meinen schlechten Einfluss geschoben, und manche meinen sogar, dass ich ihn sogar ausnutzen oder völlig unter den Pantoffel stellen würde, dabei wissen diese Menschen rein gar nichts über uns. Ich habe mich lange Zeit darüber geärgert, wenn andere alles in ihrer Wahrnehmung Schlechte auf mich zurückgeführt haben; als wäre ich der Teufel höchstpersönlich. Dieser Ärger ist bis heute nicht verschwunden und in seiner Intensität sogar noch weiter angeschwollen, doch der Grund ist dieser Tage ein völlig anderer: Mir stößt es mittlerweile nicht mehr sauer auf, dass ich von allen für das Problem gehalten werde, sondern ich störe mich vielmehr massiv daran, dass Lukas dabei von allen so kleingemacht wird. Dass ihm niemand eine eigene Meinung, einen eigenen Kopf und eigene Entscheidungen zutraut, er bei vielen noch immer als kleiner Junge, als der Jüngste der drei Brüder abgespeichert ist und es schier ein Ding der Unmöglichkeit für ihn ist, aus dieser Schublade je wieder rauszukommen. Wenn ich mich schon so darüber aufrege, möchte ich gar nicht erst wissen, wie kränkend das für Lukas selbst sein muss. Vermutlich ist seine eigene Meinung deshalb ein derartiger Affront für alle Beteiligten, weil bisher sonst noch niemand jemals Nein gesagt hat, wenn das Gegenüber ein Ja hören wollte. Der Respekt, den man innerhalb dieses Systems von anderen erwartet, basiert im Grunde nur darauf, keine Widerworte zu bekommen und in der eigenen Meinung, so krude sie auch sein mag, stets bestätigt zu werden. Es ist also in jeder Hinsicht ein Leichtes, als respektlos zu gelten; zumindest haben Lukas und ich das fortwährend bestens hinbekommen.

Das Band zwischen Lukas und seiner Familie begann langsam auszufransen, und als der Konflikt im Spätsommer 2023 vollends ausuferte und somit seinen traurigen Höhepunkt erreichte, schaute wieder jeder einfach nur weg. Niemand aus der Familie stellte sich schützend an Lukas' Seite oder stärkte ihm den Rücken, obwohl es so dringend nötig gewesen wäre.

Während sich an dieser Stelle das eine Band vollends in seine Einzelteile zersetzte, wurde ein anderes umso stärker. Vermutlich hat man bei all dem Groll und der Missgunst dabei das Wesentliche übersehen: einerseits die Tatsache, dass Lukas die Sache mit dem Hof wirklich unendlich gut gemacht hat, und andererseits, dass er noch bis weit in den Sommer 2023 hinein gewillt gewesen wäre, irgendwie im Guten auseinanderzugehen. Doch es hat nicht sollen sein.

Im Grunde genommen trugen wir uns die letzten Wochen auf dem Hof einfach nur irgendwie gegenseitig, denn wir waren beide am Ende unserer Kräfte. Und wieder waren es die Tiere, die vieles wieder gut gemacht haben – und das nicht nur bei mir. Lukas' Verbindung zu den fedrigen und felligen Bewohnern des Hofs war mittlerweile eine ähnlich innige wie die meine. Ich habe es in den letzten Monaten kein einziges Mal erlebt, dass er an einer Kuh oder Katze vorbeiging, ohne ihr dabei liebevoll über das Fell zu streichen oder mit ihr zu reden. Er stellt sich, ohne zu zögern, in den mühevoll mit dem Rechen zusammengearbeiteten Laubhaufen und verwandelt alles wieder in völliges Chaos, nur weil es für die Kälber gerade nichts Schöneres gibt, als im Laubregen zu toben. Er deckt schlafende Ferkel am Abend vorsichtig mit einer Handvoll Stroh zu, geht mit durchfallgeplagten Kälbern spazieren, um das Bauchweh schnell wieder in den Griff zu bekommen, und fährt durch das halbe Land, um ein ganz bestimmtes Stierkalb wieder zurückzuholen. Manchmal rauft Lukas so sehr mit den Kälbern herum, dass ich dazwischengehen muss, bevor es auf irgendeiner Seite Verletzte zu vermelden gibt, und meistens sagt er dann (ziemlich trotzig) so was wie »Aber sie hat angefangen!«. »Sie« heißt meistens Rosine (seltener auch mal Sahne oder Pudding) und ist sich dabei natürlich absolut keiner Schuld bewusst. Trotz der Kabbeleien genießt Lukas bei den Kälbern ein extrem hohes Ansehen: Während ich bei den erwachsenen

Kühen eine Art Sonderstatus innehabe und sie zum Gebürstet-Werden schon mal Schlange stehen, lassen mich die Kälber eiskalt links liegen, sobald Lukas in der Nähe ist. Dabei ist es völlig einerlei, ob ich beim Kraulen die perfekte Stelle finde oder den tollsten Striegel und die leckersten Knabbereien dabeihabe: Sobald Lukas aufkreuzt, bin ich abgemeldet. Nicht selten steht er dann, umringt von einer Traube aus flauschigen kleinen Kälbern, die ihm gerade so bis zur Hüfte reichen, im Auslauf und schaut mich mit einem süffisanten Grinsen an. Die Kälbchen folgen ihm auf Schritt und Tritt, weshalb es wohl nicht von ungefähr kommt, dass sein Freund Micha ihm einen Hirtenstock mit der Gravur *Kälberpapa* geschenkt und sich dieser Spitzname mittlerweile etwas verselbstständigt hat. Ich kann nur noch lächelnd den Kopf schütteln, wenn Lukas wie ein Popstar mit einer Heerschar von Groupies im Schlepptau über die Alm spaziert und sich vor lauter Kälbern kaum noch retten kann, während meine Wenigkeit für die Damen nach wie vor völlig uninteressant zu sein scheint. Lukas echauffiert sich zwar immer mal wieder mit gespieltem Entsetzen darüber, bei mir nach den Kühen nur an zweiter Stelle zu kommen, doch letzten Endes ist es andersherum ganz genauso. Die Tiere und deren Wohlbefinden waren in den letzten Jahren seine oberste Priorität, und ich habe so die vage Vermutung, dass sich das auch in unserem neuen Zuhause nicht wirklich ändern wird. Unser Leben wäre nicht unser Leben, wenn nicht auch ein wilder Haufen Vierbeiner dazugehören würde, der ständig unsere volle Aufmerksamkeit einfordert.

Auch wenn wir uns im Alltag über irgendwelche belanglosen Dinge unterhalten, kommen sehr oft *die Kühe* ins Spiel. Es fallen Sätze wie »Was würden *die Kühe* wohl dazu sagen?«, »Beeil dich, *die Kühe* warten schon auf uns« und auch Äußerungen wie »Schalt das Radio an, *Perin* wird nervös, wenn sie die 18-Uhr-Nachrichten verpasst« sind keine Seltenheit. Ich bin nicht mehr verwirrt, wenn allabendlich um 21:00 Uhr Lukas'

Handywecker klingelt, er »den Anruf« mit ernster Miene ent-
gegennimmt und sich nach einer energischen Diskussion mit
den Worten »*Die Hühner* haben angerufen, du sollst endlich
die Hühnerklappe zumachen« an eine maximal verwirrte Praktikantin wendet.

Manchmal lachen wir nur darüber, aber sehr viel öfter ist
es unser voller Ernst, denn *die Kühe* und *die Hühner* sind wie
alle anderen auch Teil unserer kleinen Welt. Ich mag diesen
Umgang, denn er schafft Nähe und Verbundenheit zu den Tieren, für die man tagtäglich die Verantwortung trägt. In gewisser
Weise werden sie dadurch zu Familienmitgliedern, weswegen
der Satz »Ist in Ordnung, wenn du keine Lust auf die Heuernte
hast und zu Hause bleiben magst – aber dann gehst du jetzt
bitte zu Pflaume in den Stall und sagst ihr ins Gesicht, dass es
im Winter nichts zu Fressen für sie gibt« vergangenen Sommer dazu geführt hat, dass ich sofort wieder in meine Wander-
schuhe geschlüpft bin und mich der Heuernte gewidmet habe.
Lukas ist auf dieses argumentative Meisterstück (man könnte
es auch *Totschlagargument* nennen) bis heute immens stolz.

Für uns war und ist diese Art, die Dinge nicht allzu ernst zu
nehmen und sie stets mit einem Augenzwinkern zu betrach-
ten, die beste Methode, um mit diesem Bauernhof-Wahnsinn
irgendwie klarzukommen. Wir sind kindisch und versuchen
nicht einmal, ein Geheimnis daraus zu machen. Ich glaube fest
daran, dass es genau dieser Umgang ist, der letztlich auch dafür
sorgt, dass man mit der Zeit nicht abstumpft und über die Jahre
hinweg verlernt, den Lebewesen um einen herum mit der notwendigen Wärme und Empathie zu begegnen. Es ist nie ver-
kehrt, das Kind in sich nicht völlig aus den Augen zu verlieren.
»Mehr Spaß am Leben durch infantiles Verhalten«, ja, dieser
Spruch prangte während des Studiums lange Zeit an meiner
Zimmertür, und er trägt bis heute sehr viel Wahrheit in sich.

Ich bin felsenfest davon überzeugt, dass Lukas und ich nicht
gemeinsam alt werden, sondern auch in dreißig Jahren noch

die herumalbernden Kinder sein werden, die wir jetzt sind. Das Leben hat in den letzten Jahren seine Spuren hinterlassen, und über weite Strecken haben wir die Leichtigkeit und das Alberne völlig verlernt, doch heute glaube ich mehr denn je daran, dass wir es wiederfinden werden. Dass am Ende alles gut werden wird.

Was bleibt nun also von diesem bedingungslosen *für immer*, das wir uns in den letzten Jahren so sehr gewünscht haben? Wohin ist diese Ewigkeit nun eigentlich verschwunden?

Die Wahrheit ist: Sie ist noch immer da, denn manche Ewigkeiten sind nicht an einen Ort gebunden; manche Ewigkeiten sind größer. *Für immer* ist das Leben, das wir führen – mit den Tieren, der Natur, miteinander.

Für immer sind *wir*.

Und das ist fürs Erste schon mehr als genug.

Zum Soundtrack geht's hier lang:

https://open.spotify.com/playlist/oLDAwL8TdZjT3SO3m
robEV?si=997ee19ee3534386

Weg

Young Blood – The Naked And Famous
Home – Edward Sharpe & The Magnetic Zeroes
Perfect Places – Lorde
Punching In A Dream – The Naked And Famous
Spitting Games – Snow Patrol
You've Got The Love – Florence & The Machine
Hypnotized – Purple Disco Machine, Sophie And The Giants
New Romantics – Taylor Swift
Jaded – Miley Cyrus
Oh My God – Adele
Auf Und Davon – Casper
Nachts Wach (Lila Wolken Bootleg) – Miksu/Macloud, makko
Ich Hass Dich – Nina Chuba
Miss You – Oliver Tree, Robin Schulz
Clarity – Zedd, Foxes
Glatteis – Nina Chuba
…Ready For It? – Taylor Swift
Don't Delete The Kisses – Wolf Alice
Higher – The Naked And Famous
Der Letzte Song (Alles Wird Gut) – KUMMER, Fred Rabe
My Number – Foals
Mein Erstes Lied – Madsen
Lonely Boy – The Black Keys
Im Ascheregen – Casper

Nachwort

Ja, ich habe lange mit diesem zweiten Buch gehadert, in erster Linie deshalb, weil ich von Anfang an wusste: Dieses Buch wird schwerer. Und damit meine ich nicht den Schreibprozess an sich, denn die ersten Zeilen entstanden bereits im Januar 2021; kurz bevor *Erstmal für immer* erschienen ist. Dass mein erstes Buch nicht das Ende unserer Geschichte sein würde, war mir irgendwie von Anfang an klar, doch mit dem Lauf, den diese Geschichte nehmen würde, hatte ich definitiv nicht gerechnet. Diese letzten Zeilen schreibe ich nun im Oktober 2023. Zweieinhalb Jahre lang hat mich dieses Projekt begleitet, wobei es durchaus auch Phasen gab, in denen ich über Monate hinweg keine Zeile zu Papier gebracht habe, weil um uns herum die Welt in Flammen zu stehen schien. *Wer möchte so was denn lesen?*, habe ich mich mehr als nur einmal gefragt, doch trotzdem habe ich es zu Ende gebracht. Für mein Empfinden ist *Hin und Weg* noch viel ehrlicher, roher und echter, als es *Erstmal für immer* ist; vermutlich, weil ich mein Herz und meine Seele in dieses Buch gesteckt habe. Doch es gibt auch einige Menschen, ohne die das nicht möglich gewesen wäre (oder die zumindest einen wesentlichen Beitrag dazu geleistet haben, dass ich während der vergangenen Jahre nicht völlig den Verstand verloren habe). Wo fange ich bloß an?

Danke an Bella, dass du immer an dieses Buch (und mich) geglaubt hast und jede Menge Verständnis und Feingefühl für die ein oder andere Ausnahmesituation aufgebracht hast.

Danke, Jan, für all die wunderbaren Bilder, die das Cover sowie auch einige Seiten dieses Buchs zieren, und danke, Marie, dass du die Klappen wieder zu etwas so Besonderem gemacht hast.

Danke, Micha und Justina, für all eure Ideen und eure Unterstützung bei Chicago Care. Ohne euch hätten wir das vermutlich noch immer nicht auf die Beine gestellt.

Danke an Leonie für die ungefähr coolste Buchparty, die ich mir hätte erträumen können, und für das offene Ohr bei dem ein oder anderen Notfallanruf.

Danke, Mama und Papa, für das Rückenstärken aus der Ferne, das Anfeuern, Trösten und Bejubeln.

Danke, Anna-Lena, ehrlich und von Herzen. Du warst die Einzige, die nicht geschwiegen hat, sondern das Rückgrat besaß, den Mund aufzumachen – und auch wenn es nichts geändert hat, hat es für mich in diesem Moment im Sommer 2022 dennoch einen entscheidenden Unterschied gemacht.

Ja, und dann wären da noch Lena und Birte. Ich fürchte, ihr habt nicht die leiseste Ahnung, wie sehr ihr uns durch diesen letzten Sommer getragen habt. Es ist nicht übertrieben, wenn ich sage, dass wir all das wohl niemals ausgehalten hätten, wenn ihr nicht an unserer Seite gewesen wärt, und dass es auf dieser Welt wohl niemanden sonst gibt, mit dem wir all die Katastrophen hätten meistern können. Seien es die zum dreihundertsechsundfünfzigtausendsten Mal ausgebrochenen Kälber auf der Alm, Handfegertage oder abgestürzte Kühe – ihr habt alles mit uns durchgezogen, und ich bin unendlich dankbar dafür. Es ist bemerkenswert, wie sehr man in wenigen Monaten miteinander und aneinander wachsen kann und sich Fremde am Ende wie Familie anfühlen. Ich hab euch lieb.

Im gleichen Atemzug möchte ich unsere ganze Umzugshelfertruppe erwähnen – was ihr da in nicht ganz 48 Stunden mit uns abgerissen habt, ist übermenschlich. Ich habe keine Ahnung, wie wir diesen Auszug ohne euch hinbekommen hätten (vermutlich einfach gar nicht…). Jasmin, Johannes, Birte und Lena: Ihr seid meine Helden. Operation Wasseramsel erfolgreich durchgeführt.

Ich danke meiner Hofpostcommunity, meinem *Inner-Social-Media-Circle*, für die tröstenden und aufbauenden Worte, die ihr stets für mich übrig hattet – auch wenn die Katastrophen Woche für Woche bloß immerzu größer wurden. Ein ebenso großer Dank geht überhaupt an die gesamte Instagram-Community raus, an die Herde – oder wie ihr euch selbst gerne nennt: die Kuhmunity. Ich schätze eure Aufmerksamkeit, eure Geduld und euer Engagement wirklich sehr. Sei es die Unterstützung bei Patenschaftsprojekten, bei unserer Suche nach einem neuen Zuhause oder auch einfach nur bei meinen Kooperationen: Ich kann mich auf euch verlassen. Daher: vielen, vielen Dank. Das – oder vielmehr ihr – seid für mich nicht selbstverständlich. Und auch wenn ich nicht immer dazu komme, alle Nachrichten und Kommentare zu beantworten: Ich sehe euch.

Lukas. Ich bewundere dich. Keiner der zahllosen Stürme der letzten Jahre konnte dir etwas anhaben – du bist trotzdem deinen Weg gegangen. Danke, dass die Dinge nicht immer so bleiben müssen, nur weil sie bisher immer so waren. Danke, dass wir beide so ein gutes Team sind und auch für dich klar war, dass wir nicht ohne unseren Anhang gehen werden. Ich liebe dich.

Mehr gibt es nicht zu sagen.